石油教材出版基金资助项目

石油高等院校特色规划教材

# 油气田开发智能化技术

（富媒体）

曾顺鹏　朱诗杰　葛继科　主编

石油工业出版社

## 内 容 提 要

本书是以近年中国石油工业开展数字化、智能化建设成果为基础,以智能技术在油气田开发工程中的应用进展为主题编写的教材。全书分为九章,包括油气田智能化的发展历程、智能化建设的关键技术、智能勘探技术、智能钻完井技术、智能油气藏开发管理技术、智能油气开采技术、智能储运技术、智能生产保障技术等核心内容,以及我国油气田开发智能化建设的典型案例。

本书可作为石油高校的石油工程、油气储运工程、海洋油气工程及油气开发相关专业的教学用书,也可供科研人员及现场工程技术人员参考。

### 图书在版编目(CIP)数据

油气田开发智能化技术:富媒体／曾顺鹏,朱诗杰,葛继科主编. —北京:石油工业出版社,2024.9

石油高等院校特色规划教材

ISBN 978-7-5183-6314-8

Ⅰ.①油… Ⅱ.①曾… ②朱… ③葛… Ⅲ.①智能技术-应用-油气田开发-高等学校-教材 Ⅳ.①TE3-39

中国国家版本馆 CIP 数据核字(2023)第 169612 号

---

出版发行:石油工业出版社

(北京市朝阳区安华里二区1号楼　100011)

网　　址:www.petropub.com

编辑部:(010)64523733

图书营销中心:(010)64523633

经　销:全国新华书店

排　版:三河市聚拓图文制作有限公司

印　刷:北京中石油彩色印刷有限责任公司

2024 年 9 月第 1 版　2024 年 9 月第 1 次印刷

787 毫米×1092 毫米　开本:1/16　印张:14

字数:357 千字

定价:36.00 元

(如发现印装质量问题,我社图书营销中心负责调换)

版权所有,翻印必究

# 前言

我国石油工业的智能油气田建设起源于 20 世纪的 90 年代初。从石油企业的独立、小规模的信息化建设，到 1999 年"数字油田"概念的诞生，我国三大石油集团公司在 2000 年后纷纷将"数字油田"建设列为中长期建设目标，坚持"业务导向、数据整合、技术集成、自主研发"的原则，通过"十五"到"十三五"近 20 年的规划与建设，实现了包括数字油气藏概念、油气藏数据链、专业软件融合、空间智能分析、油气藏可视化等核心技术的创新，全面形成了数字化油田系统。与此同时，20 世纪初提出的"智能油田"概念，加快了物联网、云计算、智能化管理、辅助决策、人工智能等先进技术的不断发展，极大地推动了油气资源的勘探开发、生产管理及经营管理等重要领域的智能化建设，实现了油气藏勘探开发与管理的技术革命，也为应对新能源挑战、国际油气市场冲击起到了至关重要的作用。

本书基于我国石油企业以降低生产成本、加速资金流动、提高采收率为核心目标，深度融合信息化技术与要求、勘探开发基础理论与技术，探索形成了智能油田建设整体框架，制定油气田数据标准，规范油气田勘探开发流程，创新油气藏数据中心管理技术，实施油气田大数据的分析、学习与挖掘，应用油气藏数值模拟预测与优化调控技术，开展油气藏勘探开发全流程的研究与决策，改善和提高油气藏生产经营质量，实现非常规、复杂油气田开发的智能化管理。

本书由重庆科技大学石油与天然气工程学院"智能油气开发技术团队"的教授、专家编写而成。为了更好地满足石油高校相关专业开设智能油气田技术方面的课程，全书以新颖视角、最新技术进展和油气田智能化建设案例为素材，从油气勘探开发全流程的智能化技术应用进行系统化的编写。全书共九章，第一章、第二章、第九章由曾顺鹏编写，第三章、第四章、第五章由朱诗杰编写，第六章、第七章、第八章由葛继科编写，全书由曾顺鹏统稿，研究生杨双来、马欣健、何咏轩、胡鑫、谢鑫、潘悦、王月荻等参与了文字整理和资料收集工作。

本书在编写中得到了长庆油田、新疆油田及"智能油田专家论坛"、石油圈的支持与帮助，还参考了国内众多专家学者的研究专著及论文，在此一并表示感谢。

由于编者水平有限，书中错误在所难免，不足之处敬请读者批评指正。

编者<br>
2024 年 6 月

# 目录

## 第一章 油气田智能化的发展历程 ... 1
第一节 数字油田的建设与发展 ... 1
第二节 数字油田发展中的智能化技术 ... 8
第三节 油气田智能化的业务内容及组织框架 ... 12
第四节 油气田智能化的发展现状及趋势 ... 17
复习思考题 ... 24

## 第二章 智能化建设的关键技术 ... 25
第一节 油气田智能化技术概述 ... 25
第二节 感知技术 ... 35
第三节 自动控制技术 ... 42
第四节 分析模拟技术 ... 44
第五节 决策支持技术 ... 45
第六节 优化技术 ... 51
第七节 知识管理和搜索技术 ... 53
第八节 信息集成技术 ... 60
第九节 云计算技术 ... 65
复习思考题 ... 70

## 第三章 智能勘探技术 ... 72
第一节 油气勘探智能化研究现状 ... 72
第二节 数字盆地 ... 76
第三节 智能战略选区 ... 93
第四节 井位协同设计 ... 95
第五节 探井现场跟踪研究 ... 98
复习思考题 ... 100

## 第四章 智能钻完井技术 ... 101
第一节 智能钻井技术的发展现状及趋势 ... 101
第二节 智能钻井系统 ... 106
第三节 智能钻井工具 ... 110
第四节 智能完井技术 ... 113
复习思考题 ... 128

## 第五章　智能油气藏开发管理技术 ··············································· 130
 第一节　智能油气藏开发管理技术概述 ········································· 130
 第二节　油气藏数值模拟技术 ····················································· 132
 第三节　智能油气藏动态监测技术 ·············································· 136
 第四节　智能油气藏动态分析优化技术 ········································ 138
 第五节　措施选井和方案评估智能化 ··········································· 141
 第六节　智能产量管理技术 ······················································· 142
 复习思考题 ···············································································144

## 第六章　智能油气开采技术 ······················································· 145
 第一节　智能采油技术的研究现状 ·············································· 145
 第二节　智能井管理技术 ·························································· 147
 第三节　智能机采技术 ····························································· 150
 第四节　智能注水技术 ····························································· 157
 复习思考题 ···············································································159

## 第七章　智能储运技术 ····························································· 160
 第一节　智能储运技术的研究现状 ·············································· 160
 第二节　管网监控与预警 ·························································· 165
 第三节　集输储运模拟分析 ······················································· 166
 第四节　油气管网全网自动调节 ················································· 167
 第五节　西气东输智慧管网 ······················································· 168
 复习思考题 ···············································································173

## 第八章　智能生产保障技术 ······················································· 174
 第一节　智能生产保障技术概述 ················································· 174
 第二节　生产运行和应急指挥一体化协同技术 ······························· 176
 第三节　智能水电供应管理系统 ················································· 179
 第四节　智能物质仓储管理技术 ················································· 182
 复习思考题 ···············································································183

## 第九章　油气田开发智能化建设的典型案例 ································· 184
 第一节　智能化的应用领域 ······················································· 184
 第二节　新疆油田的智能化建设 ················································· 193
 第三节　长庆油田的智能化建设 ················································· 202
 第四节　海上气田的智能化建设 ················································· 209
 复习思考题 ···············································································214

## 参考文献 ················································································ 215

# 富媒体资源目录

| 序号 | 对应章节 | 名称 | 页码 |
|---|---|---|---|
| 1 | 第一章 | 视频 1-1 德国工业 4.0 | 1 |
| 2 | 第一章 | 视频 1-2 中国制造 2025 | 1 |
| 3 | 第一章 第一节 | 视频 1-3 数字油田 | 1 |
| 4 | 第一章 第二节 | 视频 1-4 智能油田 | 9 |
| 5 | 第一章 第二节 | 视频 1-5 长庆油田数字化 | 9 |
| 6 | 第二章 | 视频 2-1 油气田智能化建设的发展与未来 | 25 |
| 7 | 第二章 第二节 | 视频 2-2 物联网 | 37 |
| 8 | 第二章 第三节 | 视频 2-3 DCS 系统 | 43 |
| 9 | 第二章 第三节 | 视频 2-4 SCADA 系统 | 43 |
| 10 | 第二章 第五节 | 视频 2-5 数据仓库 | 48 |
| 11 | 第二章 第七节 | 视频 2-6 知识管理系统 | 54 |
| 12 | 第二章 第八节 | 视频 2-7 信息集成技术 | 60 |
| 13 | 第二章 第九节 | 视频 2-8 云计算 | 65 |
| 14 | 第三章 第二节 | 视频 3-1 三维地质建模 | 77 |
| 15 | 第四章 第一节 | 视频 4-1 复杂油藏智能导向钻井 | 103 |
| 16 | 第四章 第二节 | 视频 4-2 随钻测量技术 | 107 |
| 17 | 第四章 第二节 | 视频 4-3 导向钻井技术 | 108 |
| 18 | 第四章 第三节 | 视频 4-4 智能钻机 | 110 |
| 19 | 第四章 第三节 | 视频 4-5 智能钻头 | 113 |
| 20 | 第四章 第三节 | 视频 4-6 贝克休斯公司自适应钻头 | 113 |
| 21 | 第五章 第一节 | 视频 5-1 智能油气藏开发模拟及生产优化一体化系统 | 130 |
| 22 | 第五章 第二节 | 视频 5-2 油气藏动态模拟 | 132 |
| 23 | 第六章 第三节 | 视频 6-1 智能人工举升 | 150 |
| 24 | 第六章 第四节 | 视频 6-2 注聚井分层智能配注 | 157 |
| 25 | 第七章 | 视频 7-1 智能储运技术 | 160 |
| 26 | 第七章 第四节 | 视频 7-2 智能油气管网 | 167 |
| 27 | 第九章 第四节 | 视频 9-1 海上智能油田 | 209 |
| 28 | 第九章 第四节 | 视频 9-2 东方气田群 | 209 |

# 第一章 油气田智能化的发展历程

随着传感技术和信息化技术的飞速发展与广泛应用，全球油气公司都大力推进以计算机技术和传感技术为核心的"数字油田"建设。特别是近年，为了进一步促进油气田开发"降本增效"，国内外知名油气公司开启了"智能油气田"的探索及建设，"智能油气田"是"数字油田"进一步发展的高级产物，能够全面感知、自动控制、预测趋势、优化决策的油气田，已成为对智能油气田的形象化定义。

在全球提出"工业4.0、互联网+"（视频1-1）理念后，我国实施了"中国制造2025"（视频1-2）战略，加速了油气田走向智能化的步伐。为此，本章基于数字油田向智能油田演进的发展历程，阐述了油气田数字化与智能化概念的主要区别与相互关系，明确了智能油气田的基本内涵。

视频1-1　德国工业4.0

视频1-2　中国制造2025

## 第一节　数字油田的建设与发展

"数字油田"（视频1-3）的概念源于"数字地球"。数字地球（Digital Earth）是1998年时任美国副总统戈尔提出的，是由海量数据组成的、能立体表达的虚拟地球，是地球科学与信息科学的高度综合。它不仅以地球表层自然的或人工的物体和信息为研究的主要对象，而且还把上至电离层、下至莫霍面的物质和能量等信息包括在内。全球兴起了一场数字地球学术创新热潮，国外一些大型石油公司也提出了可被统称为"xField"的概念，如Shell公司的Smart Field、bp公司的eField、Chevron公司的iField，还有"未来油气田"Field of the Future、Intelligent Field、Digital Oil and Gas Field等。从含义上看，xField侧重于现场和远程监控，field不同于oilfield，可翻译为"现场或野外"，其内涵比广义数字油气田的内涵小。同时，"数字油田"还是一个较为模糊的新概念，尚处于构想阶段，但其基本思想得到了全球油气界的充分重视和肯定。1999年末，我国大庆油田首次提出了"数字油田"的概念，国内主要油气公司都提出了基于自身特点的"数字油田"概念与构想。

视频1-3
数字油田

# 一、数字油田的定义

数字油田是以信息集成、信息共享和工作协同为主要特征的综合管理系统。建设数字油田，将油气资源的发现与开发工作从分类资料的顺序处理发展为实时处理，建立快速反馈的动态油藏模型，对油气田生产过程和经济活动进行动态的把握和快速的控制，油气田的所有操作活动实现实时或近似实时的监视和管理。数字油田是涉及多学科的复杂系统工程，其支撑技术涉及信息技术、地学、石油工程、管理学等学科，它本身是多维的，应该有不同的分析和认识视角：

（1）数字油田是数字地球的分支，与数字城市、数字农业等是同类，强调数字地球的指导作用和 GIS（Geographic Information System，地理信息系统）的作用；

（2）数字油田是油气田专业应用系统的集成体，强调应用系统的整合、数据共享和整体实用性；

（3）数字油田是油气田地质的数字化模型，强调对地质实体的模拟功能、模型的互动性和地质属性的精细度；

（4）数字油田以 MIS（Management Information System，管理信息系统）为主，强调数字油田是企业的神经系统，强调信息流、业务流、知识管理、协同工作环境和决策支持；

（5）数字油田是数字化的油田，强调信息技术在油田全面的、深层次的应用，兼顾各流派数字油田的技术功能和对企业实体的改造作用，重视资源的重整与优化，突出数字油田的战略意义。

## 1. 我国对数字油田的定义

由于各方的视点不同，对数字油田的理解也不尽相同，我国石油领域的学术专家从不同角度给出了不同的定义。

1）从信息化的角度出发

田锋、王权认为："从广义角度看，数字油田是全面信息化的油气田，即以信息技术为手段全面实现油气田实体和企业的数字化、网络化、智能化和可视化；从狭义角度看，数字油气田是一个以数字地球为技术导向、以油气田实体为对象、以地理空间坐标为依据，具有多分辨率、海量数据和多种数据融合，可用多媒体和虚拟技术进行多维表达，具有空间化、数字化、网络化、智能化和可视化特征的技术系统，即一个以数字地球技术为主干，实现油气田实体全面信息化的技术系统。"

2）从地理空间信息角度出发

何生厚、韦中亚认为："数字油田是油气田企业的信息基础设施和企业管理层的基础信息平台"。数字油田的应用是建立在数字地球框架下的"在线油气田空间信息服务"。数字油田由三部分组成：（1）基础地理信息，包括国家基础地理信息和油气田地理空间信息；（2）油气田企业的专业数据库；（3）一组基于 GIS 的油气田专业应用方案。

3）从地球物理专业角度出发

陈强、王宏琳认为："数字油田是数字地球在石油勘探开发中的直接应用。在一个数字油气田环境系统中，人们可把复杂的地表三维地形和地下地质情况经过地球物理成像，转换成动态、可视和可交互的三维图像,可随意沉浸其中直接寻找油气圈闭和油藏,直接设计井位和开发方案、确定钻井轨迹、发现剩余油藏和隐蔽油藏,配合油藏模拟软件可以身临其境地追踪油藏的生产史、识别死油区和绕流区、优化开发方案、改善油藏管理。"

计秉玉认为:"纵向一体化,也就是从数据源头开始,沿着数据的流向,规定了一个流程,构成一体化的环境,'即专业数据库→数据资产管理中心→项目研究环境'。横向一体化,就是数字意义上的勘探开发一体化,即'勘探阶段→油藏评价阶段→开发阶段'。无论是哪个阶段的数据成果都进入了中心数据库,如果第二阶段需要第一阶段的数据,申请就可以了,第三阶段需要第二阶段也是如此。从实际工作的客观需求来说,这三个阶段是密不可分的,前后关联,也就是要求勘探开发的一体化。这样,最终实现了地震解释、地质建模和数值模拟各阶段成果的无障碍交流以及地质认识的数字化传递。同时,也大幅提高了资源的可利用率和科研人员的工作效率。"

### 2. 国外对数字油田的定义

对于数字油田,国际石油公司和相关研究机构从不同角度给出了许多不同的定义,主要包括以下几种。

#### 1) 英国石油公司(bp)

bp公司开展了名为"未来油气田"(Field of the Future)的创新项目,开始于2003年。项目建设的目标是实现实时监测地下油藏和设备的数据,并传送到远程中心进行快速分析和处理,提高公司运营的绩效。bp公司认为未来油气田建设的关键任务有两个:一个是完善数据,特别在油藏管理方面;另一个是增强自动处理能力,减少日常运营的人为干预,包括远程监控和诊断、信息整合与共享、建模与优化、远程运营支持等。实现层次可分为三个:(1)优化,即油藏、井和设备等模型驱动的决策制定;(2)远程效率管理,为决策者提供数据;(3)自动化和通信基础设施,传递实时数据。实现技术主要是传感器、自动化及信息技术等。

#### 2) 沙特阿美石油公司(Saudi Aramco)

沙特阿美石油公司开展了名为"油气田智能化"(I-Field)的项目,项目的目标是通过及时掌握生产状况,提早通过高效井下作业、全油气田优化、降低作业成本及远程监控与报警等手段,提高油气田的采收率。

油气田智能化可从四个层次来实现:一是创新层面,在知识管理流程,存储整个油气田生命周期中优化进程的事件及相应措施;二是优化层面,动态优化全油气田业务,并提供油气田管理方面的建议;三是一体化层面,信息整合,实时监测储层动态趋势及异常情况;四是监控层面,连续监测与生产和注入相关的信息,新老油气田都部署永久性井下和地面传感器,以监测油藏动态。

油气田智能化的实现技术主要有传感器、智能完井技术、自动化技术、数据集成、管理和挖掘、建模和分析、一体化运营集成环境等。

#### 3) 剑桥能源研究所

剑桥能源研究所(Cambridge Energy Research Associates,CERA)是一家专业研究机构。CERA从四个层面展望了未来数字油田的发展方向,需要"行业""企业""运营单元"和"员工"等各层级配合实现。CERA认为,未来数字油田应该包括以下四个方面:

（1）全面感知。全面感知体现在先进的传感器技术、稳定快捷的通信方式、高效的数据管理技术方面。先进的传感器技术，包括更好地承受高压和高热环境的传感器、海底光缆传输传感器（如井口嵌入装置、智能激光模块）和新的传感器类型（如井筒积液探测和井底多相流量计）。稳定快捷的通信方式，包括无线网络、有线光缆网络及实时跟踪设备的RFID（Radio Frequency Identification，射频识别）系统。高效的数据管理技术，包括数据获取、校验、整合和共享的IT解决方案。

（2）加速分析过程，提升决策质量。一是自动更新模型，即自动将实时数据整合进优化模型，并且进行解释；二是整体优化，即注重系统整体，克服地表/地下的分隔而取得整体系统优化；三是可视化，即对展现数据方面有更清晰的可视化方案。

（3）及时执行业务。一是更全面的自动化系统，包括井场的自动化设备，如智能完井、井测试装置、自动阀门和喷嘴；二是快速、及时的现场指导，包括远程操作指令和决策，快速反馈到现场并远程执行；三是作业流程的安全，即建立经过充分验证的作业流程进行控制和反馈，以保证远程自动操作的安全性和稳定性。

（4）远程、集中的运营中心。为远程中心的信息环境和人员提供实时信息和在线模拟环境，集中技术人员、专家资源和管理人员，建立重点远程中心，如实时钻井中心、设备监控中心。

4）IBM公司

近年来，IBM公司一直推广"智慧地球"的理念，其核心是3I，即Instrumented、Interconnected、Intelligent，分别代表物联化、互联化和智能化。物联化就是将设备、系统或流程变得可以随时随地感知、测量、捕获和传递信息，从而使世界变得可感知；互联化就是人员、系统和物体可用全新方式进行沟通和互动，使世界变得更全面地互联互通；智能化就是通过预测和优化未来事件，更迅速而准确地应对变革，获得更好的结果，从而使世界变得可更深入地利用智慧。

IBM将智慧地球的理念同样运用于油气田生产。IBM所理解的"油气田智能化"主要包括以下三个方面：（1）勘探生产优化。利用先进数据模型发现、定位、分析更多油藏；部署先进传感器优化生产，提升油藏采收率；在问题发生前调整操作，降低环境和安全风险；借助数据挖掘优化油气田运营管理，延长井寿命，优化设备效率。（2）全球化协作。以整合全供应链数据为基础，综合不同运营单元、管理成本，提升客户满意度，实现现场情况和应急情况的快速反应，达到全球资源优化整合。（3）资产管理提升。提升资产生产适应性和合理部署；提升可视化、数据时效，促进及时决策；基于预测分析提升资产的可靠性、可用性；借助专家经验提高管理科学性，迅速回应市场波动。

分析上述各种观点可以看出，各方对未来数字油田的描述有以下三个特点：（1）均以分层次描述技术实现的框架；（2）主要内容基本上是监测、自动化、协作、分析和优化、知识管理；（3）均侧重在描述目标的实现路径方法上。

## 二、数字油田的特点及研究内容

综合数字油田的概念和实际实施的情况，数字油田的特点可以归纳为以下四点：（1）数据中心建设是数字油田的核心任务之一；（2）数字油田以地理空间信息为基础，并融合多种学科和技术；（3）数字油田是多学科综合集成的油气田信息系统，包括"纵向一体化"和"横向一体化"；（4）数字油田的实质是对真实油气田整体及其相关现象的统一性认识与数字化再现,是一个信息化的油气田。

数字油田的主要研究内容包括:(1)数字油田的总体技术框架;(2)地理信息系统(GIS)在油气田的应用;(3)多学科地质模型研究;(4)勘探开发业务与信息一体化模式;(5)应用系统、数据和网络基础设施体系;(6)企业信息门户(Portal);(7)海量数据存储方案;(8)虚拟现实技术的应用;(9)数据与应用系统的标准体系;(10)企业的数字化概要模型;(11)信息流、业务流、物流、知识管理、协同环境、决策支持等业务模型;(12)人力资源的数字化、智能化;(13)数字油田的发展战略。

以大庆油田为例,它创建了具有自己油田开发管理特点的数字油田基本参考框架,如图1-1所示。

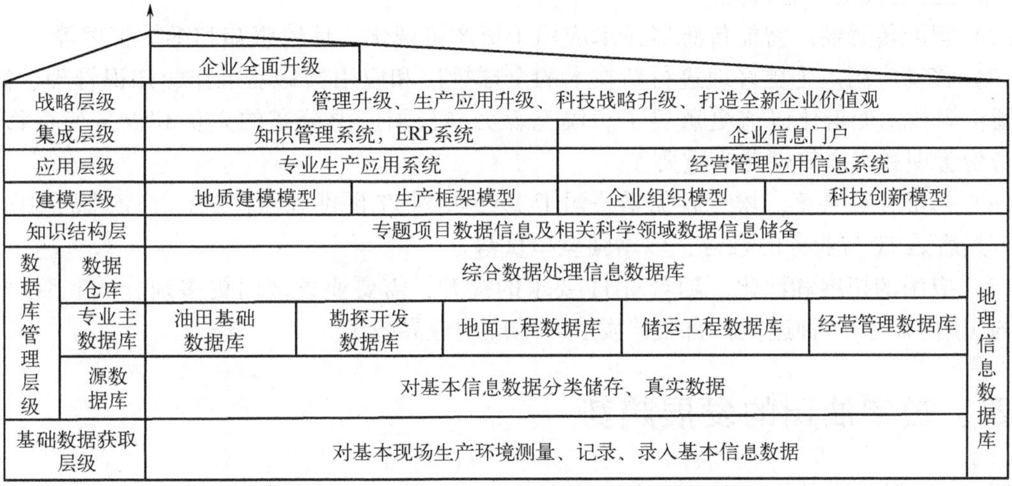

| | | | | | | |
|---|---|---|---|---|---|---|
| | 企业全面升级 | | | | | |
| 战略层级 | 管理升级、生产应用升级、科技战略升级、打造全新企业价值观 | | | | | |
| 集成层级 | 知识管理系统、ERP系统 | | | 企业信息门户 | | |
| 应用层级 | 专业生产应用系统 | | | 经营管理应用信息系统 | | |
| 建模层级 | 地质建模模型 | 生产框架模型 | | 企业组织模型 | 科技创新模型 | |
| 知识结构层 | 专题项目数据信息及相关科学领域数据信息储备 | | | | | |
| 数据库管理层级 | 数据仓库 | 综合数据处理信息数据库 | | | | 地理信息数据库 |
| | 专业主数据库 | 油田基础数据库 | 勘探开发数据库 | 地面工程数据库 | 储运工程数据库 | 经营管理数据库 |
| | 源数据库 | 对基本信息数据分类储存、真实数据 | | | | |
| 基础数据获取层级 | 对基本现场生产环境测量、记录、录入基本信息数据 | | | | | |

图1-1 大庆油田的数字油田基本参考框架

从组织体系上看,数字油田是一种由下而上的层级结构:底层是基础数据获取;往上是对获取的数据进行储存、整理、分类;接着是对真实有用的信息进行建模分析,对分析的结果进行总结应用;集成层级是对采集分析处理应用全过程的综合管理;战略层级是企业的战略方向的判断和决策。大庆油田对数字油田的深入研究、建设和推广应用,发挥了很好的示范引领作用。

## 三、典型的数字油田建设模式

数字油田经过二十多年的发展,已经表现出广阔的应用前景。借助数字油田,可实现跨地域协同工作,紧密连接生产经营的各个环节;可快速获得企业外部环境信息的支持;可实现油气田业务与技术的整合;可实现数据集成与应用集成,形成统一的信息支持平台;可建立虚拟的数字地质模型,实现油藏描述的可视化和交互性;可实现油气田状态自动监测;可促进资源整合,大大增强企业竞争力。

下面以埃克森美孚公司的数字油田建设为例进行介绍。埃克森美孚与微软合作,在其二叠纪盆地油田开发中应用数据湖、机器学习和云计算等技术,进行智能油气田建设。从广泛的传感器网络中收集数据(例如来自井口的压力和流量等)并存储在云平台中,科学家和分析人员可以从任何地方进行无缝、实时的访问,使用人工智能和机器学习等先进的数字技术，深入挖掘数据价值，支持业务决策优化和工作流自动化，并希望在未来十年通过改进分析和提高资产运行效率创造数十亿美元的净现金流，在油田的整个生命周期中，实现降低成本、提高产量并减少甲烷排放。

埃克森美孚公司对数字油田的建设着重于以下五个方面：

（1）集成。覆盖全部上游业务领域的集成扩展，包括地下、地表和经营三个部分。其中，地下部分主要关注对油藏的了解和管理，利用先进技术对油藏、钻井、油气生产进行图形化、模型化展示，业务目标是生产更多的油气；地表部分主要关注通过设计、管理、操作设备设施获取、聚集、处理、运输产出油气，以及设备完整性、可靠性、安全生产，业务目标是降低成本；经营部分主要关注财务、记账系统和业务的集成，从而支持不同的业务部门（包括不同上游板块的运营）。

（2）智能传感器。智能传感器技术应用于资产可视化、环境感知和维护管理等。

（3）移动应用。为更好地进行新技术的全球推广和应用，移动工作、知识管理、协作、无线通信等技术变得比以前更重要了。埃克森美孚公司广泛分布的人员和设备使得移动应用、身份管理和安全管理尤为重要。

（4）标准化和共享。埃克森美孚公司于1999年对IT硬件和软件进行了全球范围内的标准化，然后是IT与业务的融合，以增强竞争优势。

（5）应用的拓展和深化。随着对IT要求的提升，需要业务部门更多地介入和管理数字技术的应用，包括两种途径：自主研发和评估应用业界技术。

## 四、数字油田的发展趋势

数字油田的发展趋势可以从两个方面来看：一是数字油田自身的完善；二是向更高的层次发展。

### 1. 数字油田自身的完善

从自身完善的角度，数字油田的发展趋势体现在以下四个方面：

（1）提高数据精度和密度。高精度的地震数据、高清晰的岩心图片、更加精准的测井仪和录井仪、各种自动化的井场监测数据，使得数据量快速增长。物联网技术使得数据采集的自动化程度提高，实时性增强，数据量大幅增长。为适应这一发展趋势，各种海量数据存储与管理技术将不断应用到数字油田。

（2）数据中心集成的数据范围扩展到全油气田业务。从核心的勘探开发数据中心向数字经营、管理方面扩展，从单一的成果数据扩展到过程数据，数据资源中心将由单一的勘探开发成果数据库扩展为多个领域数据库群。

（3）数据管理水平不断提升。随着数据采集、管理、服务规范的不断完善，数据生命周期管理逐步走向日常化，数据集成技术也不断发展。数据集成度增强，数据之间的关联更加紧密。数据模型具有自适应性，能满足数据类型的需求。数据管理水平的提升反过来会刺激油田各专业数据的建设。

（4）应用软件向服务化方向发展。传统的、单一的软件系统向基于云计算模式发展。不同的软件系统之间不仅仅是数据共享，更是功能共享、服务共享。专业应用软件的开发逐渐变得简单，领域专家很容易将自己的想法植入应用软件。

## 2. 向更高的层次发展

数字油田不断发展创新，体现在以下几个方面：从数据层、信息层向知识层、智能化方向发展；协同工作模式变得普及化；更加重视提升数据资源为油气田带来的价值；虚拟现实技术得到广泛应用。

1）从数据层、信息层向知识层、智能化方向发展

对人的心智模式研究分析认为，人对世界的认识过程存在如下的认识过程链：事实→数据→信息→知识→智能。（1）事实指现实世界的客观存在。（2）数据是指对客观事实或人、事、时、地、物的记录，反映了现实世界的状态。（3）信息是被赋予一定的意义和相互联系的事实。数据是形成信息的基础，也是信息的组成部分，数据只有经过处理、建立相互关系，并给予明确的意义、加上相应的背景资料后，才能形成信息。信息是进行判断、决策所需的资料。（4）知识是对信息的推理、验证，从中得出系统化的规律、概念或经验。知识是有价值的信息，是对信息的提炼和总结，能指导人们开展价值创造的实践活动。知识不简单地等同于数据或信息。如果企业拥有大量的信息，但并没有从这些信息中悟出商机，也没能利用它们指导生产实践，这些信息就不是知识。（5）智能，也称智慧，是人们应对复杂问题的隐性能力。也有人把知识和智能简单合并为广义的知识。智能建立在知识的基础之上，微软的创始人和领航人物比尔·盖茨（Bill Gates）曾指出："知识管理的目的就是提高企业的智能，也就是企业智商。"知识偏重于解决问题的法则、方法和程序等操作方面，而智能则偏重于隐性、直觉的判断。在企业管理中，智能常指偏向预测、发现并定义模糊度与复杂度较高的战略问题的隐性能力。

数据、信息、知识和智能之间的关系如图1-2所示。

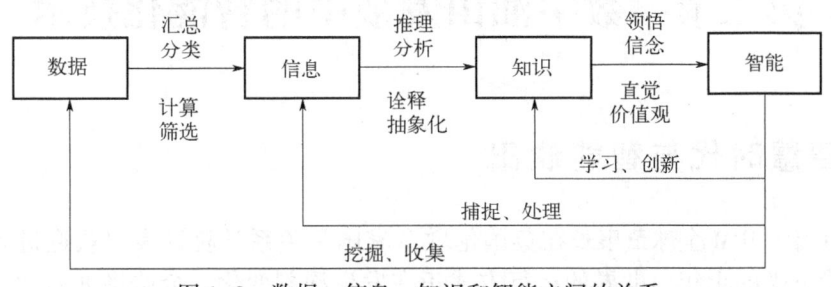

图1-2 数据、信息、知识和智能之间的关系

知识与智慧的玄妙关系，用一个比喻来说，就是饱读诗书的年轻秀才大都被认为拥有知识，而已经参悟佛性的老和尚被称为拥有智慧。在自动控制领域，人们把能自动适应环境参数变化的仪器称为智能设备，增加了模仿人类心智模式的功能，准确地说应该是模仿智能的设备。也有学者将数据、信息、知识、智能的关系表示成金字塔模型。从数据向上到智能，每一层都会附加价值，越往上获取难度越大。

信息和知识存在于该过程链的不同层次，尽管它们有时以同样的形式出现，但本质上存在着差异。

数字油田以数据管理和信息管理为中心，通过数字化和数据管理，将现实油气田转换为数据，并使之为人们了解地下油气资源状态服务。在数字油田的运行中，通过信息管理使数据转化为人们可以理解的信息，包括报告、图表等。

在此基础上，进一步的发展将上升到知识层面，即实施油气田知识管理。知识管理是信息管理的延伸与发展，知识管理使信息转化为知识，并用知识来提高油气田企业的应变能力和创新能力，即在适当的时候把相关的知识传送到油气田决策层、管理层、生产层，使其能够有效地利用知识进行生产、经营、管理，为油气田产生效益。

2）协同工作模式变得普及化

协同工作模式由传统的、单一的信息传递，向"云端"式协作化发展。人们的协同内容不仅仅是流程式的工作，也包括数据、思想、技术、知识的协作。单纯的工作协同向人员协作转化，社交网中的许多模式逐步应用到油气田企业网中。

3）更加重视提升数据资源为油气田带来的价值

如果把油气田数据中心的成功运行作为数字油田发展的一个里程碑，那该阶段仅相当于建立了面向储蓄的银行系统，形成了统一的货币和存取机制。但仅为用户提供简单的储蓄服务还不够，银行还要建立各种投资体系，将储蓄在银行中的钱集中起来进行投资，获取更大的价值。因此，应充分利用油气田数据资源，利用数据挖掘、油藏资料的再解释等技术，提高数据的附加价值。

4）虚拟现实技术得到广泛应用

数据的精细化和全面性为虚拟现实技术提供了应用的基础。可视化三维地质建模中的虚拟油藏场景将为油藏工程师提供一个新的协同解释、分析的平台；高危作业培训降低作业的风险，提高生产安全系数，同时也提供更加生动的知识培训手段；物联网与虚拟现实的结合，为油气田生产、经营、管理提供更加翔实的信息。

## 第二节　数字油田发展中的智能化技术

### 一、智慧时代与智能油田

2009年伊始，IBM全球董事长在英国伦敦皇家国际关系学院发表"欢迎进入智慧时代"的演讲，称接下来的十年，世界的运行方式正在发生深刻变化，全球将进入"智慧"时代。如今，人们已经有了足够的处理能力和先进的分析能力，各类信息、市场动向、社会百态正在被转化成智慧。有了这份能力，无论是面对产品还是企业，甚至是城市，面对几乎所有的事务，人们都可以找到办法来降低成本、减少浪费、提高效率和生产力，最终推动社会越变越好。

智慧时代的核心是以一种更智慧的方法通过利用新一代信息技术来改变政府、公司和人们相互交互的方式，以便提高交互的明确性、效率、灵活性和响应速度。为此，智慧方法具体来说有以下三个方面的特征：更透彻的感知、更全面的互联互通、更深入的智能化。

(1) 更透彻的感知。利用任何可以随时随地感知、测量、捕获和传递信息的设备、系统或流程，任何信息都可以被快速获取并进行分析，便于立即采取应对措施和进行长期规划。

(2) 更全面的互联互通。互联互通是指通过各种形式的高速的高带宽的通信网络工具，将个人电子设备、组织和信息系统中收集和储存的分散的信息及数据连接起来，进行交互和多方共享，从全局的角度分析形势并实时解决问题。

(3) 更深入的智能化。智能化是指能够深入分析收集到的数据，以获取更加新颖、系统且全面的洞察力来解决特定问题。这要求使用先进技术（如数据挖掘和分析工具、科学模型和功能强大的运算系统）来进行复杂的数据分析、汇总和计算，以便整合和分析海量数据及信息，并将特定的知识应用到特定行业、特定的场景、特定的解决方案中，以更好地支持决策和行动。

视频 1-4
智能油田

部分石油公司智能油田案例见表 1-1，智能油田介绍见视频 1-4。

表 1-1 部分石油公司智能油田案例

| 企业 | 项目名称 | 主要内容 |
| --- | --- | --- |
| 英国石油<br>（bp） | 未来油气田<br>（Field of the Future） | （1）优化<br>（2）远程绩效管理<br>（3）自动化和通信基础设施 |
| 壳牌石油<br>（SHELL） | 智能油气田<br>（Smart Fields） | （1）智能井（Smart Well）<br>（2）单井优化、油藏优化、设备优化<br>（3）远程自动操控 |
| 挪威国家石油<br>（STATOIL） | 一体化运营<br>（Integrated Operation） | （1）离岸一体化运营中心<br>（2）远程自动化控制、机器人<br>（3）生产优化 |

纵观这些石油公司 IT 建设的发展历程，在 2005 年前，各石油公司 IT 建设的重点集中在数据集成和专业集成方面，即开展油气田的数字化建设。2005 年后，各石油公司更加关注现场数据自动采集与监控、油气田生产优化，呈现智能化趋势，部分石油公司开展了一些油气田智能化的建设项目（视频 1-5）。

事实上，无论是数字油田还是油气田智能化，其建设目标都是一致的，即促进实现油气企业的核心生产经营目标，包括新增储量、提高采收率、提高生产效率、保障安全生产、提高经济效益等方面。

视频 1-5 长庆油田数字化

通过数字油田或油气田智能化的建设，可以提升宏观生产经营决策的科学性，快速应对生产和外部因素的各种变化情况，提升选定勘探目标的科学性，进行勘探部署，提升油藏管理水平，提高油藏采收率，提升生产运行管理水平，提高生产效率，可以更加全面地掌握地面、地下动态信息和生产经营状况，增强安全管控、提高突发事件的应急反应速度，并有效促进各专业领域、各部门的协作。

近几年，随着物联网、云计算和大数据处理等技术的发展，数字油田与智能油气田的建设获得了新的动力。新技术帮助油气田获得了海量的数据，油气田需要从这些海量数据中，做针对性的挖掘分析，从中找出规律。

从业务层次角度看，实现决策科学（智能系统辅助宏观决策）、管理优化（基于模型的模拟/预测/优化系统）和操作自动化（自动化监测、分析和处理）。数字油田的建设可以代替现场人员的大多数任务，降低安全操作风险；增强人员的分析/研究和管理能力，降低管理风险，提高管理决策能力；支持部分决策工作，降低决策风险，提高宏观决策能力。

## 二、数字油田的高级阶段

智能油气田是数字油田发展的高级阶段。特别是近几年来，国际石油公司和研究机构在智能油气田方面，投入了相当多的关注，这点从相关国际论文数量上可见一斑。

从2000年开始，关于智能油气田的论文数量快速上升，成为当今国际石油公司和研究机构关注的中心议题，这从一个侧面体现出智能油气田代表了数字油气田的发展趋势。虽然在建设目标上，智能油气田与数字油气田一致，但两者的内涵和侧重点仍有区别。"数字油田"的重点是油气田实体数字化，即把油气田的所有生产及流程都用计算机语言（0和1）来表示，将油气田业务与计算机、网络、自动化设备、数据、应用系统与专业软件相结合，并在计算机中完成油气田业务的管理。而"智能油气田"是在数字化反映油气田动态信息的基础之上，利用各种业务模型和知识库、专家库等来模拟油气田的生产活动，发现运行规律，指导油气田进行自动处理、生产优化和科学决策。智能油气田不仅是将油气田业务搬到计算机上，还要实现业务的优化、提升、创新。

智能油气田与数字油田相比，主要在以下三个方面将有较大的提升：

（1）提高数字化的精度和自动化程度。通过传感器技术和传感网络，实现全油气田实时监控系统，精准掌握地面情况和地下情况，并借助智能化系统，进行远程诊断、远程分析，及时指导现场。

（2）在预测和优化油气田生产能力上大幅提升。借助先进的模型，预测油气田的发展，事前预防将替代事后被动反应，生产过程将得到持续优化，生产效益将持续提升。

（3）通过知识管理，充分利用专家知识和经验为研究和决策提供支持。智能油气田将利用现代信息技术、先进的专业技术来运行和管理油气田，使油气田更加高效、持续、安全。智能油气田能够发挥智能特性，实现可观测、可预测、可控制、自动化、一体化、系统综合优化和科学决策。

智能油气田是数字油田的高级阶段。数字油田实现了油气田业务的数字化，都以"数据"方式存在计算机中。单纯的数据并没有更大的价值，而智能油气田则更进一步对这些数据做针对性的分析，期望从数据中发现规律，充分发挥数据的价值，这是智能油气田的关注点和着力点，即对数据的分析和处理及知识的获取。

## 三、智能油气田的发展趋势

从数字油田迈向智能油气田的发展主要体现在以下四点：由静态信息为主转变为动态信息为主、由人工操作为主转变为自动操作、数据的分析与应用由简单转向深入、油气田管理由被动向主动转变。

### 1. 由静态信息为主转变为动态信息为主

在数字油田阶段，主要是把油气田实体数字化，在计算机中建立油气田的整体描述，然后借助软件工具在计算机中完成油气田业务。油气田实体状态发生变化，或业务进展后，需要人工向计算机反映这些变化。尽管有些仪器设施进行自动数据采集，但这仅局限于部分生产现场的自动数据采集。部门之间的关系、业务活动状态的变化不能及时反映到计算机中，即使是生产动态大多是以"日"为单位进行跟踪。可以说数字油田中的数据以"静态"数据为主，只有少量可实时跟踪的数据。而智能油气田会有大量的实时动态信息，现场仪器、设施、车辆的信息及时反映到物联网，物联网将覆盖全油气田，人员状态、工作状态也通过企业内的即时通信系统、协同工作环境、视频会议系统等实时得到反映，油气田勘探开发工作通过大量的系统之间的交互、人员之间的协同来完成。

## 2. 由人工操作为主转变为自动操作

生产现场的自动控制是生产智能化的一个重要标志。实现自动控制的一个基本条件是控制系统可根据现场的实时数据做出分析和判断，将操作指令反馈到操作台和制动系统。在油气田井场施工作业、车辆调度、野外勘探作业中，许多决策的判断逻辑十分复杂，如钻井作业中的取心、提升、钻进操作，都需要地质专家根据钻井液、岩屑的成分，按照专家的传统经验和理论知识，做出判断后向司钻人员下达作业指令，现场车辆的调度也需要调度员根据天气、路线、任务和经验做出指挥。因此，在数字油田阶段主要是进行数据采集存储，遇到特殊情况进行报警，操控作业主要由人工完成。随着现场与基地的在线网络连接，在全方位的数据库、知识库、专家库支持下，具备了对现场状态自动判断和控制的条件，现场作业的自动化程度将大幅提升。

## 3. 数据的分析与应用由简单转向深入

在数字油田阶段，主要以数据的收集、存储和管理为主，大部分数据都是直接提供给专业人员进行综合研究。在智能油气田阶段，数据集成能力增强，地震数据、测井数据、录井数据更加精细，数学分析模型库、专家经验等知识库逐步建立，精细油藏数字模拟、辅助生产决策、数据挖掘、智能搜索等技术得到广泛应用，数据的附加值不断提升，数据由简单应用向深层应用发展。

## 4. 油气田管理由被动向主动转变

这是一个逐步转变的过程，长期以来传统油气田生产主要采取监控现场、及时反映、事后反馈、事后处置的运行模式，对油藏、区块、井、注入系统、管输系统等生产对象的管理主要基于已经发生的变化采取一系列响应动作。油气田智能化是一个与业务目标紧密结合、持续完善的过程，如图1-3所示。

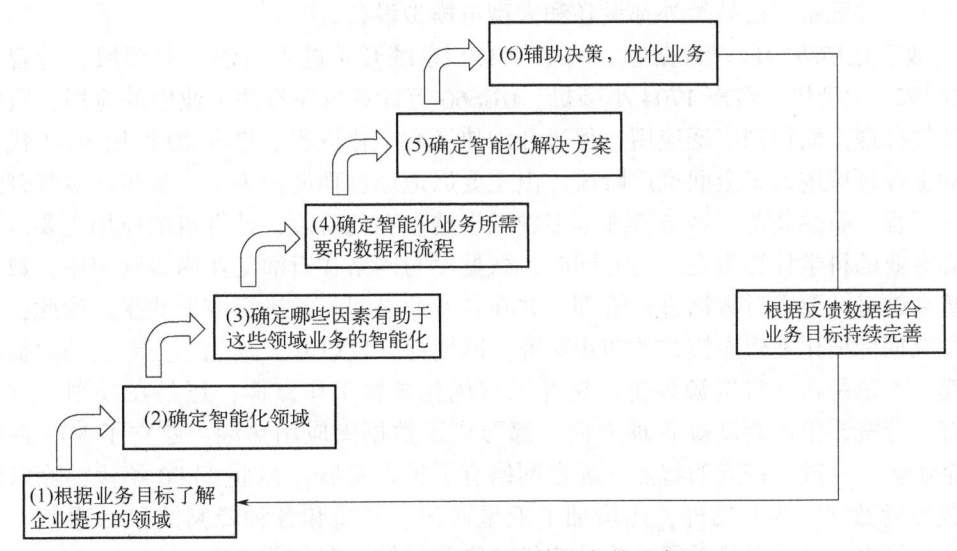

图1-3 油气田智能化的持续完善示意图

在智能油气田环境下，在预警预测、趋势分析、专家经验、优化设计等集成智能业务环境的支撑下，管理人员和研究人员能够主动发现潜在问题，预防安全隐患，预测生产对象的发展趋势，提前采取干预措施，主动优化生产，进而有效规避可以避免的储量、产量损失和安全事故，实现油气田生产运行和管控的最优化。

## 第三节　油气田智能化的业务内容及组织框架

油气田信息化建设过程是伴随计算机在石油工业中的应用而发展的，首先回顾一下计算机技术在石油工业中的应用历程，如图1-4所示。

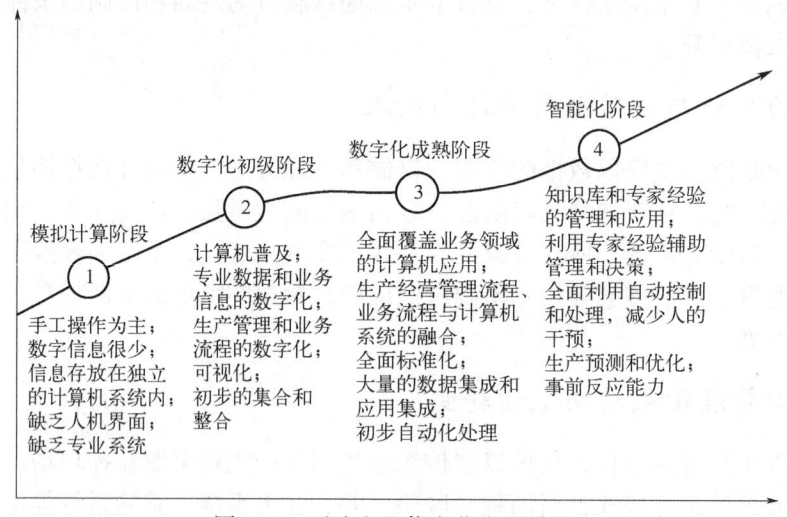

图1-4　石油企业信息化发展阶段

（1）模拟计算阶段。油气田最早利用计算机的领域就是地震勘探，主要以模拟式电子计算机为主，并配备了磁鼓等外部设备和大型电模拟设备。

（2）数字化初级阶段。数据库、网络与MIS系统开始进入石油工业领域。随着百万次级的CDC1724大型机、雷声1704小型机、IRIS60等计算机在石油工业中的应用，资料处理系统在油气勘探方面得到广泛应用，促进和加快了数字化进程。进入20世纪80年代，计算机在石油工业领域进入了全面推广阶段，由主要以地球物理勘探为主，逐步向油气开采、测井、地面工程、石油装备、经济管理等多领域渗透。在此阶段，计算机的应用主要以面向油气田核心专业的科学计算为主。与此同时，数据库与网络在石油工业内得到应用。数字化资料积累越来越多，要求对数据进行管理，并在各专业之间能够进行数据共享。为此，开展了勘探开发数据标准化和建库模式的初步研究。除勘探开发以外，其他相关专业的数据库也在蓬勃兴起，不论是在油气资源评价、钻井工程优化参数工作方面，还是在计划、财务、人事、教育、劳资、生产调度等管理方面，都形成了数据库应用热潮，建立了MIS系统。针对石油企业多、分散、僻远的特点，通信网络有了很大发展。20世纪80年代，除以微波干线（先模拟后数字）为基础外，还增加了卫星通信、光缆和各种蜂窝式移动通信、一点多址、特高频等多种无线通信手段，为计算机互联网提供了有利的介质。

（3）数字化成熟阶段。随着各专业MIS系统的建立，数据孤岛的问题也越来越严重，各系统之间数据无法共享，石油工业急需要建立数据和软件集成化标准。为此，1990年10月，

bp Exploration（英国石油公司）、Chevron（雪佛龙股份有限公司）、Elf Aquitaine（法国埃尔夫阿奎坦公司）、Mobil（美孚公司）、Texaco Inc（美国德士古公司）五大石油公司发起成立了石油技术开放标准联盟（Petrotechnical Open Standards Consortium，POSC），目的是解决石油勘探开发软件集成化方面的标准问题。与此同时，各石油公司开始从战略层次，对企业的信息化建设进行全面规划。进入21世纪，国内外各石油公司纷纷开展IT规划，并开展"数字油气田"建设。当前，大多数石油公司都处于第三阶段。

（4）智能化阶段。这是当今与未来的发展趋势，国际上知名石油公司和研究机构都在紧锣密鼓地进行着油气田智能化创新与建设。

## 一、油气田智能化的定义

油气田智能化的定义归纳为：油气田智能化是在数字油田基础之上，借助先进信息技术和专业技术，全面感知油气田动态，自动操控油气田行为，预测油气田变化趋势，持续优化油气田管理，科学辅助油气田决策，使用计算机系统智能地管理油气田。也就是说，油气田智能化就是能够全面感知的油气田，能够自动操控的油气田，能够预测趋势的油气田，能够优化决策的油气田（图1-5）。

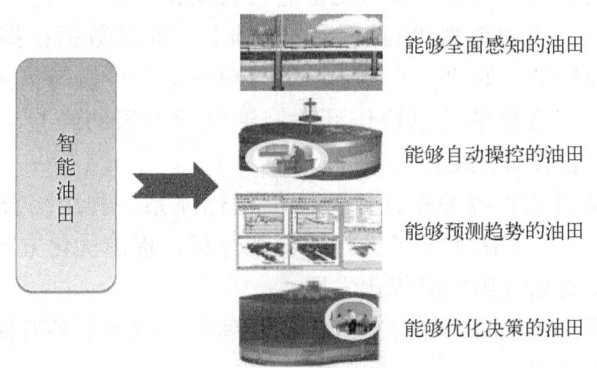

图1-5 智能油田概念

更为具体的描述如下：（1）油气田智能化将借助传感技术，建立覆盖油气田各业务环节的传感网络，实现对油气田各业务环节的全面感知。（2）利用先进的自动化技术，对油气井与管网设备进行自动化控制，对油气管网进行自动平衡与智能调峰，实现对生产设施的远程自动操控。（3）利用模型分析技术，进行油藏的动态模拟、单井运行分析与预测、生产过程优化、智能完井和实时跟踪，利用专业数学模型提高系统模拟与分析能力、预测和预警能力、过程自动处理能力，实现对油气田生产趋势进行分析与预测。（4）利用可视化协作环境为油气田提供信息整合与知识管理能力，充分利用勘探/开发地质研究专家的经验与知识，实现油气田勘探的科学部署，提高系统自我学习能力、生产持续优化能力，真正做到业务、计算机系统与人的智慧相融合，辅助油气田进行科学决策、优化管理。

油气田智能化的特征主要体现在6个方面：（1）实时感知；（2）全面联系；（3）自动处理；（4）预测预警；（5）辅助决策；（6）分析优化（图1-6）。

（1）实时感知就是利用传感网络实现对油气田各业务环节的全面感知。不仅要对油气

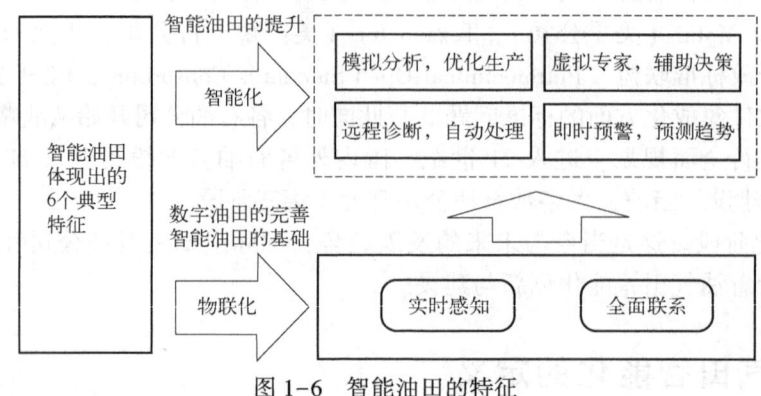

图 1-6　智能油田的特征

田生产现场的设施进行实时数据采集，还可通过视频技术直接查看工作场地、会议场所等的实时场景。

（2）全面联系就是在实时感知基础上，进一步提供油气田现场与指挥室之间、人与仪器之间的相互协同，远程操作。

（3）自动处理就是利用自动化技术、优化技术，通过对采集到的数据进行计算分析，将操作指令反馈到现场，对油气井与管网设备进行自动化控制。

（4）预测预警是在对历史数据进行分析的基础上，通过数据挖掘、模型分析，对油气田生产趋势进行模拟和预测，如油藏的动态模拟、单井运行分析与预测、生产事故预警。

（5）辅助决策利用可视化的信息协作环境、油气田专家的经验、专业领域知识、成功项目研究成果，进行综合分析，提出决策建议。

（6）分析优化是通过建立各种标准化的评价指标体系，利用综合评价技术，对生产运行的状况、油气藏地质条件、决策结果进行评价和分析，提出优化方案，使油气田生产、管理不断优化和完善，实现油气田的最优化发展。

在进行油气田智能化建设时，针对决策层、管理层、执行层各有侧重，不同应用层次对智能化特征的体现有所不同。

对于执行层次的智能化而言，主要是通过传感网络的全面覆盖，实现油藏和油井的实时监测，利用自动化预警技术，实现现场异常情况的智能预警，提升反应速度；利用自动化控制技术，实现对现场情况的实时反馈和控制，实现闭环管理，提升自动化处理能力，进而实现整个生产过程的智能化监测、预警、分析、反馈和优化。

对于管理层次的智能化而言，主要是采用大规模计算技术和先进的勘探生产一体化数据模型进行油藏分析和动态模拟，提高储量发现和开采效率；对区块和单井开发生产数据进一步有效综合分析，提高采收率；有效管理专家经验和数据资产，形成知识库和方法库并充分应用于现场决策、生产决策和经营决策。

对于决策层次的智能化而言，主要是建立现场决策、生产管理决策、宏观决策三级决策支持体系及可视化的信息协作环境，使公司的经营战略从操作管理的被动响应，转变为智能化的主动管理。在综合各类开发、生产数据的基础上，对数据进行有效分析，为生产经营决策提供量化依据；对单井、区块产量进行预测，为生产部署提供依据；实现勘探与产量的科学部署和合理生产安排，进而建立整个油气田公司的协同管理与决策指挥智能化。

## 二、油气田智能化的业务内容

油气田智能化包括宏观和具体业务两个目标任务,其中,油气田智能化建设的宏观目标是新增储量、提高采收率、提高生产效率、保障安全生产及提高经济效益,而具体业务则包括业务层次和业务领域两方面。

### 1. 业务层次的智能化

从业务层次角度看,决策层、管理层和操作层分别有不同的目标和作用,见表1-2。

表1-2 智能油田分层次业务目标

| | 组织机构 | 目标 | 作用 |
|---|---|---|---|
| 决策层 | 油田公司领导层:<br>制定公司战略;<br>把握总体方向;<br>指导管理单位的工作 | 提升宏观决策能力,达到:<br>建立实时跟踪KPI的可视化系统;<br>建立专家系统辅助决策管理体系;<br>建立快速反应的自动决策系统 | 分析对决策执行的跟踪工作;<br>支持部分决策工作;<br>降低决策风险,提高宏观决策能力 |
| 管理层 | 油田公司各机关处理室:<br>贯彻公司战略;<br>制定具体业务管理流程;<br>指导执行单位的工作 | 提升分析研究和管理能力,达到:<br>建立执行层信息的可视化集成环境;<br>建立跨部门的一体化协作环境;<br>建立基于模型的模拟、预测、优化系统;<br>利用专家经验辅助综合研究与决策 | 代替大部分的分析工作;<br>支持部分研究工作;<br>增强对人员的分析、研究和管理工作要求;<br>降低管理风险,提高管理决策能力 |
| 操作层 | 采油采气厂与各专业公司等:<br>循环公司管理规定;<br>执行具体业务;<br>反馈执行状况 | 提升自动处理能力,达到:<br>全面监测能力;<br>自动采集、预警、控制、处理;<br>建立快速反应的自动决策系统;<br>辅助快速诊断的工作环境 | 代替人员大部分操作;<br>减轻人员的工作量;<br>降低操作风险;<br>提高现场决策能力 |

### 2. 业务领域的智能化

从业务领域的角度看,勘探、生产、储运和生产保障等领域有其具体的智能化目标。

1) 勘探领域

勘探领域智能化的主要目标是辅助勘探综合研究,即实现各专业数据关联,建立协同数据平台,进行统计分析和挖掘;建立参考成果库,做比对分析,提供论证和评价的依据;建立知识库和专家系统,辅助研究;现场实施的跟踪分析和及时调整。

勘探领域智能化的具体内容有:专业数据的集成、分析与应用;不同勘探区块选择和井位选择的类比、对比分析;辅助战略选区;地震、地质构造、流体、测井、井筒数据等历史数据的面向主题挖掘;现场跟踪研究环境;专家系统和知识库辅助研究等。

2) 生产领域

生产领域智能化的主要目标是实现生产各环节的主动持续优化,即全面监测和数据自动采集;基于油藏模型的模拟、分析和预测;基于油井模型的模拟、分析与问题诊断等;对生产运行和各环节的监控与应急处理。

生产领域智能化的具体内容有:实现地面、地下情况的自动监测;模拟油藏、油井、地面活动,分析问题、预测发展趋势;分析产量变化因素,预测产量趋势;单井的模拟与问题诊断；动态跟踪、调整、优选和评估各类方案；利用专家经验辅助生产决策；实现一体化协作的生产运行指挥等。

3）储运领域

储运领域智能化的主要目标是实现储运各环节的主动监控和分析，即储运各环节数据的监测，建立监控平台；储运全系统模拟分析，并完成可视化展现；获得预测预警信息，及早发现并处理问题。

储运领域智能化的具体内容有：储运全系统信息综合；自动化监测和控制；全系统模拟分析和优化。

4）生产保障领域

生产保障领域智能化的主要目标是实现生产保障各环节主动监控和分析，即供水、供电各层级数据监测；获得预测预警信息，及早发现并处理问题；用水、用电的分析和智能调节。

生产保障领域智能化的具体内容有：辅助水量分配和水质管理；实现水质自动监测与预警；监测生产用电情况；电力需求预测和智能调节。

## 三、智能化油气田的组织框架

智能化油气田的一般组织构架可表示为"8233"模式，即8个应用领域、2个管理中心、3类基础设施改进、3种协同工作环境。

### 1. 8个应用领域

8个应用领域包括战略决策、勘探与评价、油藏管理、油气井管理、生产管理、生产保障、油气储运和井场管理。

（1）智能战略决策：利用决策模型，综合决策信息，模拟分析决策效果，跟踪执行情况，辅助宏观生产经营决策。

（2）智能勘探与评价：利用专家系统、智能多井对比、智能战略选区辅助勘探地质研究、评价和勘探目标选择、探井井位选择。

（3）智能油藏管理：利用油藏模拟和专家系统辅助生产计划，注采关系分析和优化，辅助措施选井、措施方案评估和效果分析，以及开展油藏动态模拟、自动更新、历史拟合、预测和优化。

（4）智能油气井管理：单井动态模拟和监测、单井分析预测和优化、单井产量因素分析。

（5）智能生产管理：建立生产运行指挥环境、实时钻井跟踪环境等一体化协作环境，实现现场操作和生产过程的自动预警、自动判断和自动处理，提升反应准确性，减少人为影响，实现智能的应急指挥管理。

（6）智能生产保障：实现智能化的水质、水量管理及用电管理和用电情况分析。

（7）智能油气储运：实现储运全系统（包括产源、管线、站库）的监测、模拟和分析。

（8）智能井场管理：部署井筒传感器、储层永久传感器，获取地下信息，实现智能化油井、智能化水井、智能化气井，利用智能完井和实时钻井技术，提升储层的控制能力和钻井跟踪能力。

2. 2个管理中心

2个管理中心包括一体化运行中心、基于云计算的数据中心。

3. 3类基础设施改进

3类基础设施改进包括传感网络改进、自动化设施改进、IT基础设施改进。

4. 3种协同工作环境

3种协同工作环境包括生产分析优化协作环境、综合研究协作环境、实时工程技术协作环境。

## 第四节　油气田智能化的发展现状及趋势

纵观石油行业当前所处的环境，勘探开发成本上升、新的安全环保法实施、国家对清洁可代替能源的关注等对油气田企业的生产经营提出了更大的挑战。石油行业由21世纪初的"资源为王"时代真正开始向"技术为王"时代转变。

### 一、油气田智能化的国内外现状

自1997年8月首次安装智能井设备以来，智能井技术得到了迅速的发展。特别是21世纪以来，现代完井技术的总体发展趋势从科学化完井的成熟阶段逐步走向自动化完井阶段。20世纪80年代末，通常只限于对采油树和油嘴附近的地面传感器进行远程监控，对地下安全阀进行远程液压控制，对采油树阀门进行液压或电/液压控制。

在智能化油气田建设实践中，走在前列的壳牌公司被认为是世界上"智能油气田"开发投资最大的公司，21世纪初投产70口智能井，仅1年就创造了约200万美元的额外净产值。随着技术的发展，智能控制系统的成功运用及各种永久性传感器可靠性的提高，油气田工程师们设计出了一种能提供监测和控制功能的油气田智能化开发系统。从2005年开始，国外一些公司提出了油气田智能化开发模式，并开发了油气田智能化井下监测及地面控制系统，该系统主要包括使用智能完井、遥控监控设备和永久性井下测试工具，以及地面多相流测试技术。该系统能够使地面操作人员通过对各生产井段安装的井下控制阀的监测控制，获得生产井段的流量数据。有了这套先进的测试系统，操作人员在遥控室内就能完成各种测试工作，而不需要到井场测试。开发人员通过使用该系统在地面控制室就能遥控操作井底节流阀对井底流态进行管理。2015年后，壳牌智能油气田的实施重点转向中央协同的全球化部署，打造协同工作环境（CWE），在全球建立围绕资产、设备、生产运营、开发等领域的不同类协同工作中心，关注对应用、工作流和技术的集成能力。通过整合应用解决方案、标准化技术组件及基础设施架构，进一步推进了智能油气田的建设实现。壳牌在马来西亚Borneo海面的SF30油田开展智能油气田试点建设，利用油井生产测试数据和地质油藏等数据，建立可靠的大数据模型，通过模型对生产状况进行精准预测，实时优化油井举升效率。基于预测结果更快地调整举升流量、温度与压力等参数，实现每1~5min调整一次，极大地提升了举升效率。井下压力和温度传感器与液压单元控制阀开关同时接入DCS（分布式控制系统），对井下流量进行实时监控；通过远程调节液压驱动各层段的控制阀，实时优化控制井下各层段的流量，实现油井多层段优化组合采油，提高采收率0.25%。

从2018年开始，挪威国家石油公司在数字技术方面投资约20亿克朗，并计划在未来10年通过产量增加创造约100亿克朗的价值。在北海，挪威国家石油公司的智能采油平台标志着新一代智能油田的诞生，该技术拥有更广泛的监测能力和数字传感器，以及更好的油井管理能力。在挪威卑尔根设置综合运营支持中心（IOC），连接挪威大陆架（NCS）上的所有设施，超过十万个传感器借助海底光纤将数据从平台发送到综合运营中心，并通过跨学科合作及运营数据、数字技术的充分利用，简化生产、防止停机、加强安全和减少温室气体排放。

沙特阿美石油公司将提高勘探成功率和生产采收率的技术作为智能油气田建设的重点，利用地面和地下井技术的数字开发来优化油田开发和运营策略，通过实时作业中心、多学科集成中心、培训中心三个协作中心来实现勘探开发一体化协同。GOC（地质导向运营中心）配备了行业领先的软件、硬件和可视化技术，提供对探井随钻研究的监测、分析和建模。EOR（勘探作业室）为战略勘探和开发项目提供集中的井场地质专业知识，配备行业领先的现场和办公室地质分析技术，除集中的日常钻井报告和钻井决策外，EOR还监控并提供关键勘探和开发井的实时随钻决策分析（如地层评估和录井），包括套管点、取心和钻柱测试选择管理。DRTO（实时钻井操作）提供集中的钻井操作专业知识，以降低与钻井相关的非生产性时间，如卡钻、井眼失稳和井眼紧闭。

埃克森美孚数字油田建设，在智能传感的基础上，实现地下、地上、生产经营的全业务集成，通过标准化，实现IT与业务的融合、业务一体化的运行和管理流程的变革。埃克森美孚对IT硬件和软件进行全球范围内的标准化，实现IT与业务的融合，增强了竞争优势。随着移动办公、协作、无线通信等技术的发展，广泛分布的人员和设备使得移动应用、身份管理和安全管理尤为重要，埃克森美孚同步建设了智能油气田的移动应用。

道达尔公司通过搭建油气生产一体化协同研究平台，实现了油气藏—注采井—地面集输等生产全系统的模拟与优化，支持多学科综合研究、跨部门协同工作、多模型集成共享、油气藏可视化管理和管理层辅助决策。油气藏、注采井、地面管网和设备各环节进行生产一体化动态模拟，将单个生产环节紧密连接起来，在投产前进行各种开发方案的对比评估，在投产后进行开发效果的跟踪与评价，优化整个生产运行系统，实现技术研究目标高度统一，为油气田开发的智能管理提供一体化模拟模型，提高了油气田开采效率和经济效益。

尽管在商业方案和市场应用上各家的智能井系统不尽相同，但在技术组成和业务观点上智能井基本方案具有内在的一致性，概括来看，智能井技术实现模式包含以下七个核心技术模块。

（1）智能完井。智能完井技术作为一项新型技术，为石油开采提供了一种更智能化和更灵活的管理模式。智能完井可以实现对井下各生产井段进行封隔控制，通过安装井下节流控制设备和井下永久性监测控制设备，达到延长油井稳定开发和减缓见水见气的目的。对生产井的流态和井底流压的实时监测，有利于制定最优的生产制度。智能完井的主要优点在于：保持生产井稳产，提高波及效率，对各井段产量进行控制、控水控气、减小各生产井段之间的干扰。

(2) 分段封隔。为了确保对各井段的有效控制，一般选用封隔装置将各生产井段进行封隔，可回收式封隔器可用来封隔水平井段的高渗透带或天然裂缝带，从而确保水平井段井筒内流态的稳定。为了确保封隔效果，一般在同一井段点上安装两个这类封隔器。机械式封隔器能对高压地层进行封隔。高压地层的封隔系统，是指在生产管柱上安装一系列的机械式封隔器，为后期完井增产作业提供基础。在水平井开发中，已经有很多好的先进的技术在试用，在高压油藏开发中，机械分段封隔已经比较常见，分段封隔在某些开发条件下是十分有效的。

(3) 井下节流控制。分段压裂水平井和分支开发井能有效提高原油采收率，但由于储层泄流面积的不均匀改变，若井筒内流态没有得到合理控制，一些潜在的地层破坏就会发生。由于井筒内不稳定流引起的摩擦压降，很容易引起地层坍塌和气/水锥进，而且这种现象在开发中很常见。由于地层的非均质性，部分井段很容易发生气水侵，最终导致开发井提前报废。使用井下节流控制阀，能使全生产井段井筒内流态稳定，对井筒内流态还能进行有效控制，从而有效防止气/水锥进。使用井下节流阀能对各井段的产液量进行控制，安装多级节流阀能很好地协调油层压力与产液量、生产层位和生产井段间的关系。智能井中的节流阀还能缓解天然裂缝对产量的影响，对井内流量高的生产井段、水或气高渗透裂缝井段的回流效应也能进行控制。对于存在气顶和流体补充边界的非均质储层，预计何时水侵或气侵是很困难的，如果安装井下节流阀，就能有效地控制各井段的产气量和产水量。

(4) 动力传输和控制。智能井使用一套封闭的水力控制系统，通过改变该水力系统的压力，对井底节流阀的开关程度进行控制，井下每个节流阀都有专门用于控制其开关的水力控制管线，因此所需要水力控制管线的总数是由井下节流阀的多少来决定的。这些阀门开关程度的控制都可以通过改变水力系统压力来实现，通过控制水力系统压力能使井底工具的活塞移动，由于活塞移动造成的压力液体积的改变通过补偿管线来补偿。

(5) 井下仪表和信号传输。在下完井管柱过程中，井下测量仪器也一同下入，这些仪器主要包括永久性温度测量仪和永久性压力测量仪。它们将对测量点处的压力和温度进行监测。压力测量主要使用石英片共振技术，井底温度监测主要使用光纤测温，压力信号和温度信号通过安装在油管外的电缆传送到地面，井场遥控设备再对电缆传回的数据进行记录存储并发送至控制中心。

(6) 井场控制设备。井场上的智能控制设备主要包括打压/降压系统、电子控制器和数据记录仪，该系统中的电子控制器结合打压降压系统，直接对井下控制阀进行控制，引导地层流体通过井下控制阀的孔眼流入油管。同时，它还能通过对井底各处流压的实时监测，及时控制井底的回流效应和生产压差。

(7) 地面数据搜集、分析和反馈系统。该系统包括一台计算机和分析数据用的软件包。计算机收集储存生产数据，软件包帮助使用者对数据进行分析处理并做出最佳决策。反馈系统可根据工程师们做出的最优决策对井底设备下达执行指令并监测指令的执行。地面数据采集设备配有用于手工输入数据的键盘、鼠标、监控显示器及用于测量的全套供电、信号传输、信号处理和控制系统。

国内油田企业高度重视智能油气田技术研究和建设工作，"十二五"以来，在开展数字化、网络化建设的基础上，将智能油气田建设作为企业转型升级发展战略，先后启动了智能油气田相关技术研究和试点应用。

中国石油"十三五"以来围绕智能油田发展，以"勘探开发统一数据湖，统一技术平台，通用应用环境"为核心，建设勘探开发梦想云，实现上游企业全业务链数据互联、技术互通、业务协同,构建共创、共建、共享、共赢的信息化建设与应用新生态,支撑业务数字化转型、智能化发展。2019年11月,勘探开发梦想云2.0投入运行,融合了人工智能、大数据、云计算、物联网、移动应用等新技术,通过数据湖及统一技术平台工作的推进,突破了以往存在的"数据难以共享、业务难以协同"的瓶颈,为油气勘探、开发生产、协同研究、生产运行、经营管理、安全环保等六大业务领域提供智能化应用支持,并在四川盆地风险勘探、塔里木油田圈闭审查、油气水井生产管理中开展了应用。

中国石化自2013年选择九江石化、镇海炼化、燕山石化、茂名石化等4家企业,围绕生产管控、设备管理、能源管理、安环管控、供应链管理、辅助决策六大领域开展了智能化应用试点建设,实现了智能化工厂1.0上线运行,初步形成了中国石化智能工厂基本框架。2014年8月,中国石化总部签发了"关于全面开展中国石化智能化管线管理系统建设的通知",长输管线智能化工作也全面展开,已完成7家试点管线的实施,中国石化智能化管线系统在试点企业已经正式上线运行,完成了项目顶层设计和管线数字化管理、管道完整性管理、管线运行、应急响应管理、综合管理五大类功能的研发。"十三五"以来,中国石化智能油气田建设重点围绕生产运行、集成协同、智能油田建设示范等稳步推进,研发并推广应用了生产指挥系统(PCS)及勘探开发业务系统平台(EPBP)、勘探开发云平台(EPCP)等协同平台,打造了全面感知、集成协同和全局优化三项基本能力,实现了数据和专业软硬件的统一管理。2017年选择中原普光、胜利海洋、西北油田、江汉涪陵4家试点开展智能油气田建设工作,总体架构如图1-7所示。目前,西北油田已经实现油藏数字化、现场可视化、生产自动化、管理信息化、决策智能化的智能油田建设目标。

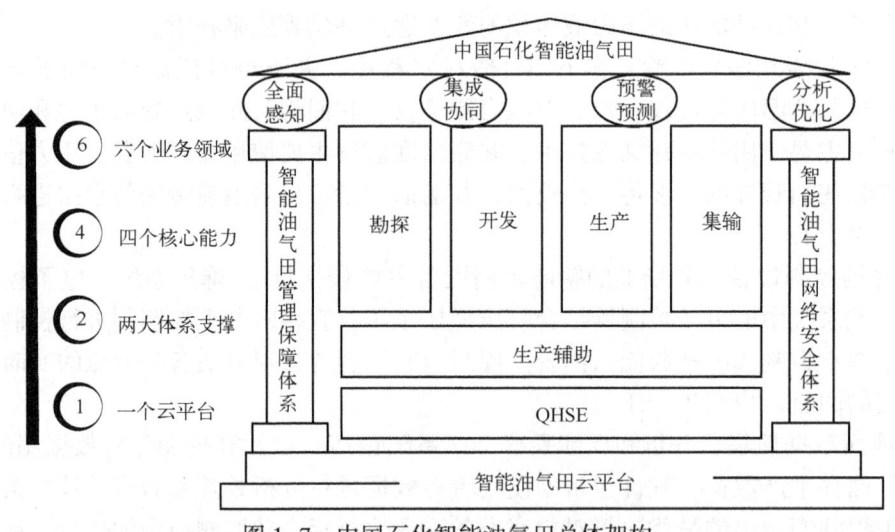

图1-7 中国石化智能油气田总体架构

中国海油2019年开展了数字化转型顶层设计工作,提出了以"云化+平台化+敏捷开发与交付+云边协同"为建设思路,基于"数据+平台+应用"的云架构开展信息系统建设,利用开发运维一体化协同(DevOps)体系进行系统研发,采用"数据+算力+算法"的智能应用技术体系进行系统部署,实现集成、协作、共享。面向勘探开发等业务场景,开展智能油田功能设计、技术实现、功能研发,为智能油田提供稳健的技术支撑。面向油气田全生命周期,从综合研究、现场作业、业务管理到战略决策四个层次,聚焦"透明化油藏、无人化操作、协同化运营、知识化决策"四类典型场景，利用先进信息技术手段，建设新型油气田勘探开发模式，实现油田高效运营和价值提升。2020年中国海油在智能油田顶层设计指导下，进行生产操控中心统一规划设计，并选取秦皇岛32-6、白云/东方和中联晋南/晋西作业公司，分别作为海上油田、海上气田、陆上非常规气田的试点，同步开展生产操控中心建设。2022年，深圳分公司白云作业公司和湛江分公司东方作业公司操控中心基本完成；天津分公司秦皇岛32-6油田智能化主体功能6月底正式上线运行；中联公司生产操控中心年底部署上线。中国海油以"秦皇岛32-6智能油田建设"为突破口，探索智能化发展的新路径，打造"智能、安全、高效"的新型海上油气开采运行模式。秦皇岛32-6智能油田建设基于统一的技术平台和数据湖，将物联网、云计算、人工智能、大数据等信息技术与油气生产核心业务深度融合，建设内容包括明确现场智能化升级、数据采集及工控安全、生产操控中心建设、智能化应用4个方面17项任务，总体架构如图1-8所示。

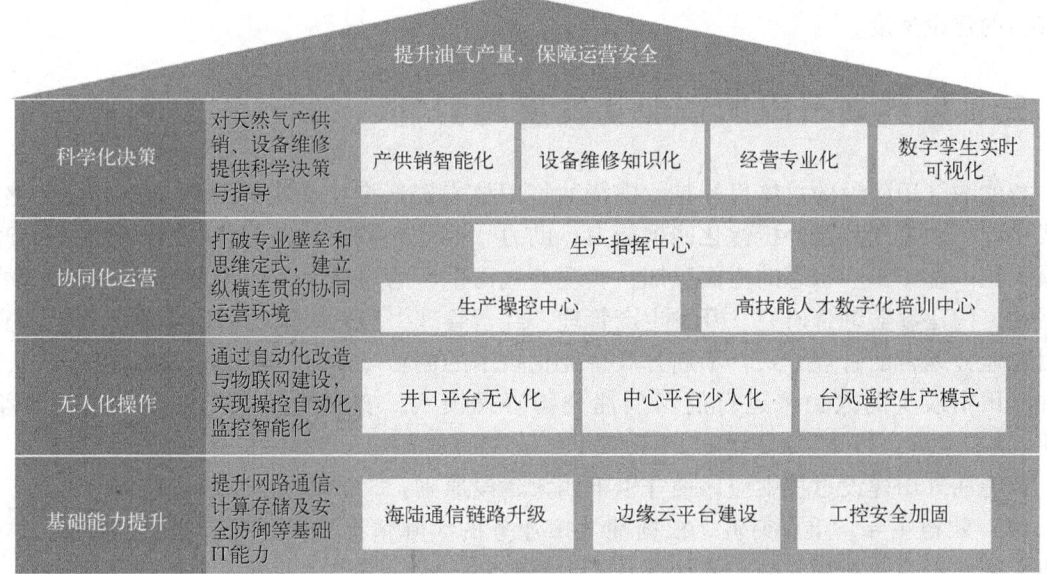

图1-8　中国海油智能油气田总体架构

## 二、普遍存在的问题

在信息化应用建设方面，油气田目前都使用统一的生产、经营、办公类系统。经营管理和综合办公类采用通用流程化系统，如油气田办公平台、中国石化公文系统；生产类系统则使用各业务板块分别建设的系统，如市场管理信息系统、开发数据库应用平台、井下作业一体化管理、车辆调度管理系统、生产运行信息管理平台等。虽然满足了信息化，但无法达到智能化，目前仍存在以下问题。

（1）公司已有系统在项目部一级为分散、独立的系统，条块化管理，系统多，缺少匹配油气田区块生产管理、运营管理的完整一体化生产运营信息化支撑手段。

（2）目前的业务管理、工程管理、设备管理等缺乏统一标准化的管理流程，在运行过程中对于业务流程节点及变更、中止、新增等异常情况不能有效监控，传统的信息化系统无法满足油气田区块项目化管理的模式。

（3）系统间缺乏有效关联，业务间横向协同能力低，信息手工重复录入造成数据冗余、工作量重复等问题。

（4）建设标准不统一。在国内外智能油气田建设过程中，由于所面临的油气田建设基础不同、建设者对智能油气田理解不统一等原因造成智能油气田建设标准不统一。有些智能油气田建设仅仅处于建设的初级阶段，而有些智能油气田建设已经处于深化阶段，有效提高了油田现场的生产率。

（5）数据安全风险大。数据是智能油气田建设的核心。由于国内目前物联网软件和加密技术还不太成熟，海量数据的采集、传输和存储更多的是依靠国外的技术，因而油藏状态、原油产量、井位坐标等机密信息存在被泄露的风险，大大增加了数据安全的风险性。

（6）建设改造成本高。智能油气田建设是一项高投入的大型工程，主要包含现场设备升级改造、数据采集装置安装的费用；系统软件开发、运维的费用；现场网络环境搭设的费用；智能油气田基础建设的费用等。因智能油气田建设成本较高，在一定程度上制约了智能油气田的建设速度。

## 三、世界油气田的智能化发展趋势

智能油气田建设的总体目标是：围绕油气田核心资产全生命周期管理，打造全面感知、集成协同、预警预测及分析优化四项能力，助力"高效勘探，效益开发"，实现企业资产价值最大化。基于生产状态的全面感知，实现油气田生产的远程操控、无人值守；借助智能化云平台，构建涵盖综合研究、开发生产管理、经营管理、监管决策的一体化业务管控，支撑项目化业务运营的管理方式，不断开展智能化技术的创新与建设，初步形成智能油气田，支撑油气田用最少的人力来运行的新型油公司管理模式，实现劳动生产率最大化及效益最优化。

智能油气田建设过程中应该遵守以下四大建设原则：

（1）效益主导、重点突破。根据油气田业务的实际情况，以运营、投资与收益为立足点研究油气田企业对物联网、云计算、大数据等新技术的需求，探索未来智能油气田的应用服务模式，选择油气田的痛点需求重点突破，优先开发与企业运营收益关联度高的应用与功能，确保平台在实施后能够真正发挥作用，为油气田的运营带来实际效益。

（2）顶层设计、试点先行。引入顶层设计理念，从油气田业务体系逐步深入，科学地规划和论证本项目的设计方案及实施路线图，保证最终油气田业务与云平台之间的无缝衔接，从而保证各项设计方案的可行性和落地性。同时，结合目前油气田自动化基础、油气藏特点和建设效益等方面因素选择条件合适的优先实施项目成果，并在建设过程中确立智能油气田的各项规范和标准。

（3）继承优化、整合共享。继承过去多年的信息化建设成果与资源，充分考虑油气田目前的信息化现状，分析与研究未来已建信息系统与智能油气田云平台的整合关系（如集成、云化、微服务化等），优化与提升已有系统应用，并通过智能油气田云平台共享成熟的信息化资源，最大限度地复用信息化建设已有成果。

（4）立足业务、统一协同。从油气田业务的实际管理需求和应用需求出发，进行业务需求分析和功能设计，以实际业务为驱动，指导智能油气田项目的规划、设计与实施过程。在项目建设过程中坚持统一规划、统一标准、统一管理、协同开发、协同测试和协同运营的原则。由于油气田地域分布广泛、组织机构独特和实际业务复杂，保证统一性与协同性是发挥信息技术优势、避免重复投资和浪费的重要前提。

我国智能油气田技术研究和试点建设虽取得了长足进步，但与国外先进水平相比仍存在一定差距，在支撑石油行业数字化转型、智能化发展方面仍存在较多技术问题需要攻关解决。

## 四、中国油气田的智能化发展趋势

我国智能油气田未来发展主要包括以下四个方面：油田生产现场动态自动监测与智能控制技术；新一代油田工业大数据智能化技术；油藏开发智能优化技术；油田数字孪生与智能运营指挥技术。

### 1. 油田生产现场动态自动监测与智能控制技术

随着物联网、人工智能、5G等新技术的发展，聚焦油田智能开采能力发展需求，围绕油田生产现场无人、少人、自动化管理需要，研究油田工业互联网标识编码标准、标识载体标准和标识解析关键技术，支撑油田生产全流程、全过程、全节点物联化，实现油田生产动态实时感知和设备设施、物资物料等全生命周期管理；攻关油藏动态智能监测技术及现场电子巡检、无人管控技术手段，替代传统的人工操作，研究井筒举升、地面注采输生产全过程连锁控制和闭环优化控制系列模型，攻关油水井、站、管线等关键环节智能控制技术，为油田现场少人、无人管理提供技术保障；研究形成油田边缘计算技术系列，攻关云边协同关键技术，支撑油田远程实时管控体系高效运行，为大幅减少基层一线用工、提高劳动生产率、保障设备设施高效长寿命生产提供技术保障。

### 2. 新一代油田工业大数据智能化技术

以大数据、人工智能技术为切入点，以智能化技术与油气勘探开发领域深度融合为主要战略方向，在数据资源中心建设基础上，基于数据、业务、算法科学匹配，开展小任务、多数据、强关联、混合技术、大数据分析，实现人工智能学习、记忆、判识，让海量数据为生产实践赋能。结合石油大数据管理需求，利用数据湖、数据仓库等先进的数据管理技术，开展湖仓一体数据融合方法研究，建立我国石油行业统一的数据模型、数据服务和数据管理规范，实现数据资产化管理。根据跨专业数据共享和系统联动需求，研究勘探开发应用数据智能服务技术，支撑跨专业、跨类型的大数据应用，研究各类专业软件之间的共享标准，开展油田应用系统联动和流程整合智能化技术研究，支撑业务流程智能优化。

### 3. 油藏开发智能优化技术

研究地质建模知识体系，结合大数据、人工智能技术，构建储层建模新方法、新算法，形成油藏智能地质建模技术，提高建模效率和模型精度；在此基础上研究油藏智能数值模拟技术，突破油藏自动历史拟合技术瓶颈，研发新一代油藏井筒地面数值模拟器，提高油藏数值模拟自动化、智能化水平，为开发方案自动模拟优化提供支撑。研究油藏开发动态智能分析、方案智能优化、效果智能评价技术，实现油藏开发矛盾和潜力自动分析及方案的智能推送，形成开发部署、分析、调整、优化、评价等油藏全生命周期管理模式，为优化油藏开发技术政策、动态实施综合调整、降低自然递减提供支撑。

### 4. 油田数字孪生与智能运营指挥技术

依托油气生产信息化建设成果，研究油藏、井筒、地面一体化"数字孪生体"构建技术，提升油田可视化监控能力；研究油田开发生产过程风险预警技术，实现指标变化、产量波动、安全环保、油藏经营等开发生产过程风险的预警预测。

总之，智能油气田是油气田的必然发展方向，智能油气田关键技术是解决油气田勘探开发、生产运行等难题的必要手段，是推进油气田业务数字化转型的基本支撑。通过人工智能、大数据、物联网等技术与勘探开发关键业务融合，形成具有领先水平的智能采集、全面感知、智能控制、预警预测等智能油气田基础关键技术系列，支撑油气田主体技术更新换代，变革传统的油气田勘探开发管理模式，提高劳动生产率、降低开发成本，提高应对和防控风险的能力，保障国家能源安全。

## 复习思考题

1. 简述数字油田的基本概念。
2. 数字油田的特点有哪些？
3. 数字油田与智能化油气田的关系是什么？
4. 智能化油气田的发展趋势是什么？
5. 简述油气田智能化的定义。
6. 油气田智能化的业务内容有哪些？
7. 简述油气田智能化的研究现状。
8. 简述油气田智能化的实时进展（结合当前时间，调研油气田智能化的实时进展）。

# 第二章　智能化建设的关键技术

我国现代化建设进入新时期，油气行业面对低油价的挑战和物联网、大数据、人工智能等新一代信息技术的蓬勃发展，"要推动智能化信息基础设施建设，提升传统基础设施智能化水平"成为转型发展的重要任务，加快智能油气田建设成为油气田企业实现提质降本增效的重要途径。加快油气田智能化建设，需要开展各个方面、各个层次的技术创新，尤其是感知技术、自动控制技术、分析模拟技术、决策支持技术、优化技术、知识管理和搜索技术、信息集成技术、云计算技术等八大核心关键技术的创新与实现（视频2-1）。

视频2-1　油气田智能化建设的发展与未来

## 第一节　油气田智能化技术概述

油气田公司的主要工作包括勘探开发、产能建设、地面建设、经营管理、资源能源、矿区服务、矿区民生等多个方面，也可归结为地质、工程、管理、民生四个方面。"油气田智能化"就是充分运用信息技术手段，透彻地感知、全面地互联互通、深入地智能化以及有效地整合油气田运行核心系统的各项关键信息，并对油气田生产、管理、居民生活等各层次需求做出智能响应，为油气田管理者提供科学高效的管理手段，为油田区域内居民提供更好的生活工作品质。

### 一、油气田智能化的建设方向

智能化技术下的油气田是指能够全面感知的油气田，能够自动操控的油气田，能够预测趋势的油气田，能够优化决策的油气田。同时，智能化技术也为油气田中不同工作层次的办公人员提供智能化的工作环境和手段。例如，针对油气勘探开发和生产的现场监控、现场监督、现场操作的操作人员，智能化就是面向油气勘探开发和生产的现场监测、现场操作的智能监控环境；针对业务的运行管理、过程管理、计划管理和面向盆地、圈闭、油藏、井等生产对象的分析、评价与研究的管理/研究人员，智能化是面向业务运行的智能数据分析、运行管控环境和面向圈闭、油藏、井等生产对象的分析、评价和研究的智能环境；针对勘探开发的方向性及选择性决策、生产决策和宏观生产经营决策的决策人员，智能化是面向勘探开发的方向性及选择性决策、生产决策和宏观生产经营决策的智能环境。

为有效地实现智能化建设，根据智能化技术对油气田应用的内涵提出了四个层次的智能化目标：全面感知、自动操控、预测趋势、优化决策。因此油气田智能化的建设工作需要4个层次的智能化技术，见表2-1。

表 2-1　油气田智能化建设的需求技术

| 技术需求 | 具体实现内容 |
|---|---|
| 感知类技术 | 为感知油气田实体、建立全面信息联系提供技术实现 |
| 自动处理类技术 | 为自动控制油气田实体、自动处理现场问题提供技术实现 |
| 分析模拟类技术 | 为分析研究油气田运行动态、预测发展趋势提供技术实现 |
| 辅助决策类技术 | 为有效支持油气田各级决策提供技术实现 |

根据各层级人员的工作特点和智能化需求，油气田智能化的应用技术需要为油气田企业三个层级的工作人员搭建全面的智能环境，以辅助监测、控制、管理/研究、决策的油气田业务全过程，如图 2-1 所示。

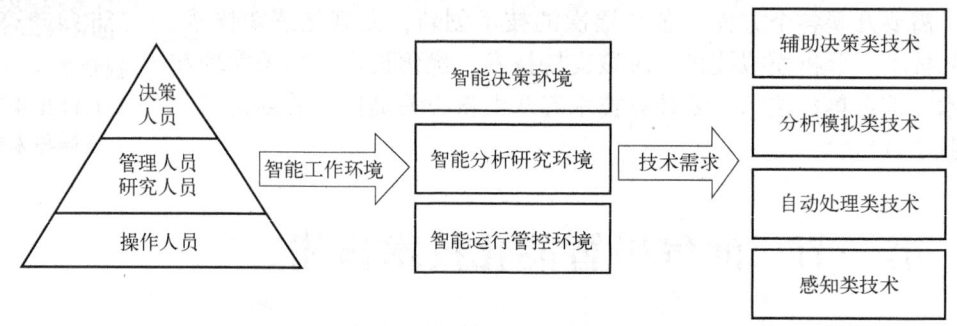

图 2-1　油气田智能化技术的建设过程

在图 2-1 中，对不同层次的人员进行了不同智能化工作环境的划分，提出了对应的四种智能化技术的需求，即不同的技术解决不同工作人员的需求：（1）辅助决策类技术，为决策人员提供基于分析数据、模拟数据、专家经验的决策支持环境；（2）分析模拟类技术，为管理人员/研究人员提供数据深入分析、数值模拟、预测、优化系统和环境；（3）自动处理类技术，为操作人员/管理人员提供自动控制系统和自动处理的运行控制环境；（4）感知类技术，为操作人员/管理人员提供全面动态监测的现场管理环境。

在油气田智能化的整体概念中就是"全面感知、自动操控、预测趋势、优化决策"的四个战略发展方向，并提出了实现"实时感知、全面联系、远程诊断—自动处理、即时预警—预测趋势、模拟分析—优化生产、虚拟专家—辅助决策"六个智能化特征的建设目标，见表 2-2。

表 2-2　油气田智能化建设的发展方向

| 概念 | 技术层次 | 技术内涵 |
|---|---|---|
| 全面感知 | 感知类技术 | 地面传感器的广泛应用；自动化采集和传输；地下传感器；随钻技术 |
| 自动操控 | 自动处理类技术 | 远程自动化控制、自动预警；问题的自动诊断；系统自动运行调控；智能井 |
| 趋势预测 | 分析模拟类技术 | 基于数据、资料的实时分析；发现潜在问题和规律；基于数学模型的实时动态模拟分析；趋势预测；全面优化 |
| 优化决策 | 辅助决策类技术 | 知识和经验的管理与应用；基于分析数据、模拟数据、知识的决策支持；决策系统辅助业务决策 |
| 整体 | IT 技术 | 跨专业的一体化协同环境；集中数据管理、应用管理，云计算环境 |

## 二、油气田智能化建设的技术特点

从技术角度分析,油气田智能化建设具有面向对象的闭环管理体系、定量分析与定性分析结合、业务导向三个典型的技术特点。

### 1. 面向对象的闭环管理体系

油气上游企业的业务核心一直围绕油气田生产的实体(勘探区块、油藏、井、管线、站库等)展开。数字油气田阶段数据和应用主要是面向现场数据、面向业务流程的,主要对油气田业务提供覆盖性的信息化支持,而油气田智能化则更侧重于对业务对象进行深入了解、分析、预测、决策。以业务对象为核心,组织油气田智能化的技术应用,实现对业务对象整个生命周期的动态监测、控制和优化,实现以油气田实体生产对象为核心的全面闭环控制技术体系,是油气田智能化技术需求的显著特点。

面向对象的闭环控制过程主要分为"监测—分析—决策—操作"四个主要步骤,油气生产企业可以通过以上过程达到对区块、油藏、井、管线等实体对象的全面掌控和深入理解,并以此为基础优化生产管理和决策质量,产生可观的业务价值。

图2-2体现了以油气田实体为中心的(面向对象的)闭环控制业务运行模式。

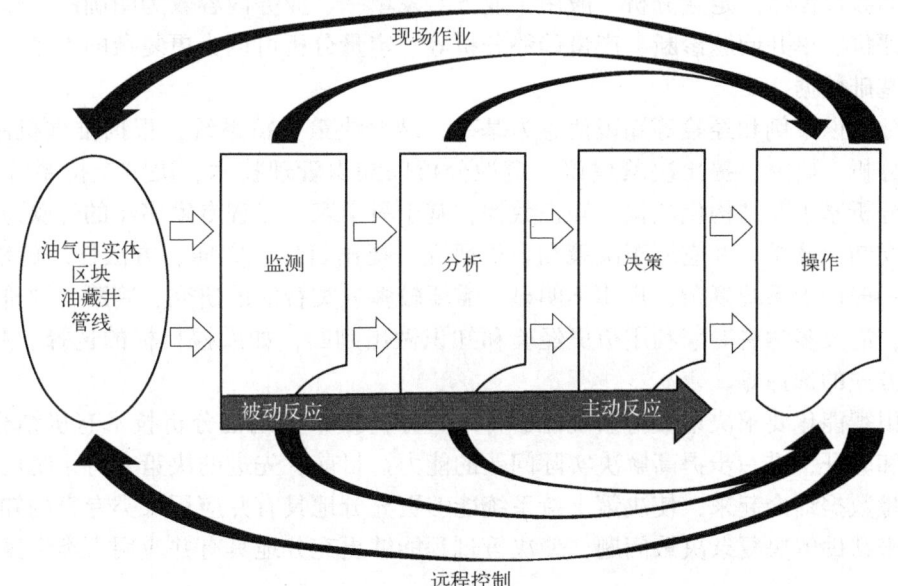

图2-2 面向对象的闭环控制业务运行模式

从信息化的角度看,油气田智能化的应用和数据应以面向油气田实体的方式展开,以生产实体为核心组织数据、应用和一体化协作环境,以面向对象的应用体系和数据体系来有效支持以业务对象为核心的深入分析和研究,有利于跨专业的业务协作,有利于数据内容的统一,避免数据争议和应用重复建设。面向对象的数据体系和应用体系的基本技术要求包括两个方面内容:面向对象的数据组织和构建基于闭环的应用体系。

面向对象的数据体系应以油气田实体为唯一索引,联系实时数据、管理数据、分析数据、模拟数据、知识数据,为闭环控制的全过程提供集成的、标准的数据基础。在数据体系设计和管理上需要基于面向对象的技术概念,实现以对象为核心的全生命周期的数据关联和组织,包括时间维度、地理维度、地质维度、动态静态、管理维度等多个角度的数据关系建立。

构建基于闭环的应用体系设计要覆盖监测、分析、决策、操作这四个控制环节,不能缺失。针对油藏、井等生产实体,基于适当的技术手段设计和建设应用系统,实现监测、分析、模拟、辅助研究、辅助决策、控制的闭环应用体系,提供完整的智能闭环控制应用环境。

### 2. 定量分析与定性分析结合

油气勘探开发具有典型的知识密集、专业密集、数据密集的业务特点。无论是勘探地质研究、油气藏评价还是油藏开发动态管理、油水井运行管理等业务过程,业务人员都需要进行大量的、精细化的专业数据解释分析和研究工作,并基于经验和规律进行问题判断与决策。为油气勘探开发的管理、研究工作提供有效的分析研究工具和决策支持工具是油气田智能化的显著技术特征和重点方向。一般来说,为分析研究和决策过程提供技术环境主要有定量分析和定性分析两个方向。

定量分析以专业分析数据、数值模拟结果等量化数据为基础,结合决策支持系统,辅助勘探开发分析、研究,提出决策建议和决策影响因素的数据依据。定量分析以数据仓库、数值模拟、决策支持系统为代表技术。定量分析基于结构化数据,用于对影响因素较为固定、规律性较强的业务方面进行数据抽象、分析展示和行为预测,能够为管理、研究、决策提供较为准确的数值参考。定量分析一般用于业务对象单一、业务内容较为明确的工作过程,如随钻地质评价、单井问题诊断、产量趋势分析等。定量分析可以为更复杂的大型研究和宏观决策提供基础数据。

定性分析以案例和经验等知识信息为基础,结合决策支持系统,根据推理机制和案例,辅助生产分析、研究,提出决策建议。定性分析以知识管理技术、决策支持系统为代表技术。定性分析基于非结构化数据、知识数据,基于科学家、工程专家多年的经验总结和方法归纳,建立知识体系,并应用于决策和分析研究,提出目标、方向、方法性质的输出结果。定性分析一般用于系统复杂、规律不明显、需要较多人类智能的研究、判断、评价、决策等工作过程,需要多学科专家利用历史经验和知识做出判断,如勘探目标的选择、井位部署、油藏开发方式的选择等。

油气田智能化要求决策支持系统能够将定量分析技术与定性分析技术有机结合在一起,互为补充和验证,进一步提高解决实际问题的能力。目前,先进的决策支持系统已经可以将知识和定量数据结合起来,使决策支持系统能够更充分地具有并应用人类专家的知识,通过逻辑推理来帮助解决复杂决策问题,使决策过程能够更充分地具有并应用人类专家的知识。

### 3. 业务导向

从油气田信息技术应用的视角来看,在数字化油气田阶段,更多地体现出信息技术推动的特点,网络技术、数据集成、Web应用等信息技术的出现和发展,直接推动了油气田的数字化建设。在油气田智能化的阶段,需要业务、信息、专业技术前所未有的密切融合,业务战略和业务发展的需要是智能化的根本动力,体现出业务导向的特点。

业务导向的特点贯穿在油气田智能化战略的提出、规划、建设的全过程,也直接决定了技术体系的选择、技术创新的方向和技术实现的核心内容。

(1)业务主导智能化战略方向。油气田智能化的提出主要源于业务的智能化需求与储量发现、产量实现、现场安全等核心业务目标密切关联。油气田智能化的核心目的是直接辅助核心业务环节，提升业务能力，实现业务价值。因此，业务方向将直接决定智能化的方向，业务战略将直接影响油气田智能化的战略、整体规划和建设内容。

（2）业务推动技术创新。油气田智能化的技术体系中，相关技术均为市场成熟技术，在国内外油气田企业中得到了广泛应用，但没有达到完整的智能应用体系和应用深度。在具体的应用过程中，注重应用创新而非发明新的信息技术，充分体现业务导向，从技术的业务应用深化上体现业务效果和价值。

（3）业务经验是智能化技术实现的核心。油气田智能化将达到业务知识、信息技术、专业技术的深入融合。业务经验、知识直接决定油气田智能化技术实现的核心内容：自动控制、自动处理的参数、指标、步骤均来自业务处理过程的经验和规律总结；业务经验和知识的总结是数据分析方法、数学建模的核心；业务抽象是建立模型公式、参数体系、推理规则的基础，并通过业务应用提高模型适用性，知识库来源于专家经验和业务场景的总结与归纳。

业务需求的提出和业务内容的抽象将是决定智能化建设技术实现的关键因素。

## 三、油气田智能化建设的技术框架

根据油气田智能化的基本概念、技术需求和技术特点，结合信息化技术在油气田企业的技术应用案例和发展趋势，提出了油气田智能化的技术框架，为油气田智能化的建设和实现提供体系化的技术路线及框架性的技术参考。

### 1. "八大技术"

油气田智能化建设的框架在"现场、操作、管理和决策"的基础和发展方向上，可以概括为"感知技术、自动控制技术、分析模拟技术、决策支持技术和优化技术"五个层次的应用技术及"知识管理和应用、信息集成和云计算"三个信息支撑技术，如图2-3所示。

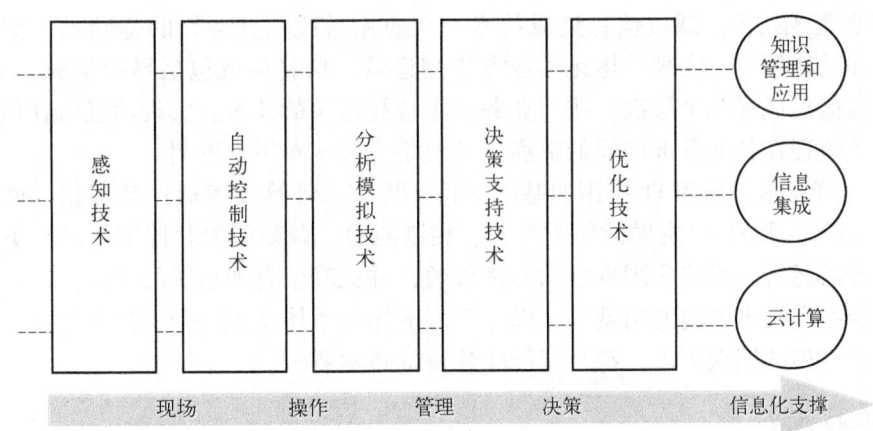

图2-3 油气田智能化的"八大技术"组成

感知技术、自动控制技术主要面向油气勘探开发现场，分析模拟技术、决策支持技术主要面向管理、研究和决策，而优化技术渗透到各个环节中，持续优化业务对象、系统和业务过程，为智能化的进步提供推动力。油气田智能化系统运行的信息支撑技术和环境，重点体现在知识管理、信息集成、云计算三个方面，整合到一起，可以理解为油气田智能化建设的"八大技术"。

（1）感知技术。感知技术是智能化的前提，为所有信息系统提供数据。感知技术以物联网技术、先进传感器技术为基础，通过无线通信、工业总线等各种网络接入技术，实现设备、人、观测点等物理对象和信息系统的互联互通。

（2）自动控制技术。自动控制技术首先依托于工业控制领域的自动化技术，在尽量减少人工直接干预的情况下，按预期的目标对现场运行设备进行数据采集、测量、报警、操控、参数调整等自动信息处理和自动过程控制。进而，依托于计算机软件技术与工业控制的结合，形成自动分析诊断、系统的自动运行平衡和调节、优化等高等级的智能化。

（3）分析模拟技术。分析模拟技术以油气田历史数据和生产动态数据为基础，对油气田的勘探、开发提供专业的分析数据和模拟运算结果，以支持判断和研究。通过物理模型和数学模型的建立，以及模拟算法和优化算法的处理，为勘探研究、油气生产提供特征分析、评价分析、问题分析、趋势分析等分析模拟结果。

（4）决策支持技术。决策支持技术提供决策所需的各种信息和知识。通过知识管理体系的建立，实现对非结构化知识的管理、共享和文本挖掘，提高知识的利用效率和协同工作能力；通过数据仓库、联机分析、数据挖掘等技术，提供定量的决策信息支持，提高对勘探生产的运行规律的认识水平。

（5）优化技术。优化技术是在优化算法和数学模型的理论基础上，结合生产实际，对特定对象和工艺流程进行优化。优化问题的提出和寻求解决的过程可以基于数据的分析模拟运算结果实现，也可以基于知识库提供的专家经验来实现。在油气田企业，优化技术的应用方向主要为开发优化、生产优化等方面。

（6）知识管理和应用技术。知识的有效管理和应用是智能油气田体现人类思维及经验特征的重要标志，是分析模拟、优化、决策支持技术的知识基础。知识管理软件由知识采集、知识库、知识发布展示、知识搜索等模块组成，为适应智能油气田的要求，内容上包括案例库、经验方法库、决策场景库等。

（7）信息集成技术。通过信息集成技术，在应用系统独立运行的基础上，实现系统间的数据交换和功能调用，实现一体化的业务管理运营。信息集成包括界面集成、流程集成、应用集成、数据集成等几个层次，按照业务需求选择适用的技术，实现信息流在信息系统间的流通、业务流程在各业务部门间的贯通，并使集成技术对用户透明。

（8）云计算技术。作为IT应用的基础支持环境，云计算技术通过动态化、虚拟化的体系，节约IT资源，提高IT资源的集中管理、控制能力、调整能力和使用效率，更好地支持业务系统的按需运行，最终实现良好的经济效益，并提升信息和系统的安全。

从技术层次和技术方向的角度看，以上五层应用技术体系和三个信息支撑技术可以有效地覆盖智能油气田的层次需求，符合智能化建设的技术要求。

## 2. 基本技术组成

从面向对象的角度看，以上技术体系可以有效地满足对生产实体对象的监测—分析—决策—操作闭环控制的技术需求，体现智能油气田的技术特点，并通过优化技术对整个过程进行优化，持续提升业务能力。智能油气田的技术框架可以通过如图2-4所示的基本技术组成进行实现。

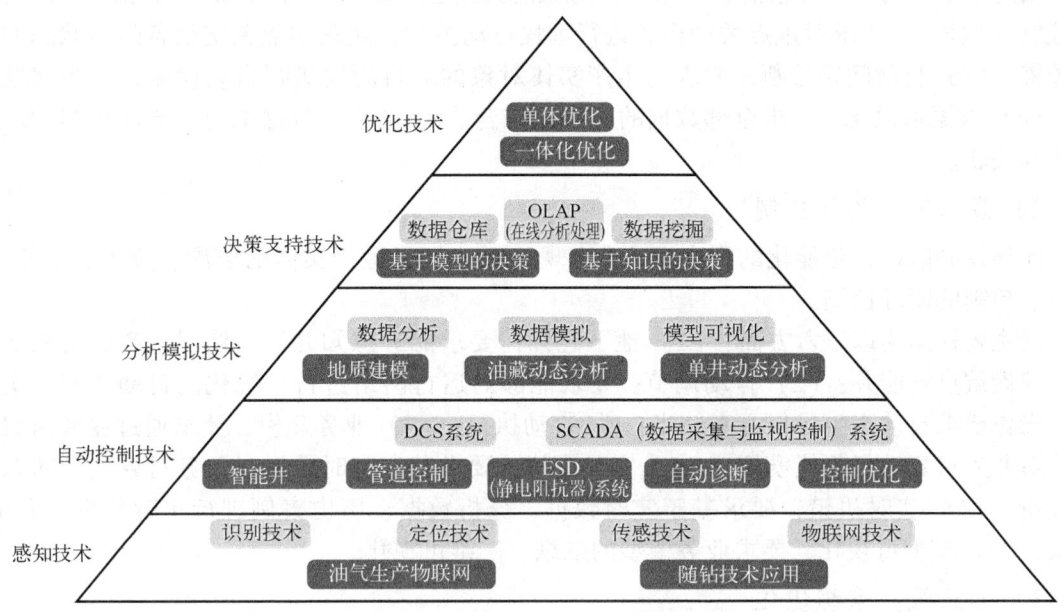

图 2-4 智能油气田的基本技术组成

通过技术框架的深入应用，实现油气田智能化的业务目标是一个渐进的过程，是逐步发展和上升的过程。考虑到油气田智能化建设的技术深度和长期性，从技术角度对油气田智能化建设进行了等级划分，以衡量所达到的智能化程度，并为每一阶段的技术发展给出方向。

油气田智能化建设的技术等级共划分为 4 级，分别为全面感知、闭环控制、系统优化和智能决策，如图 2-5 所示。

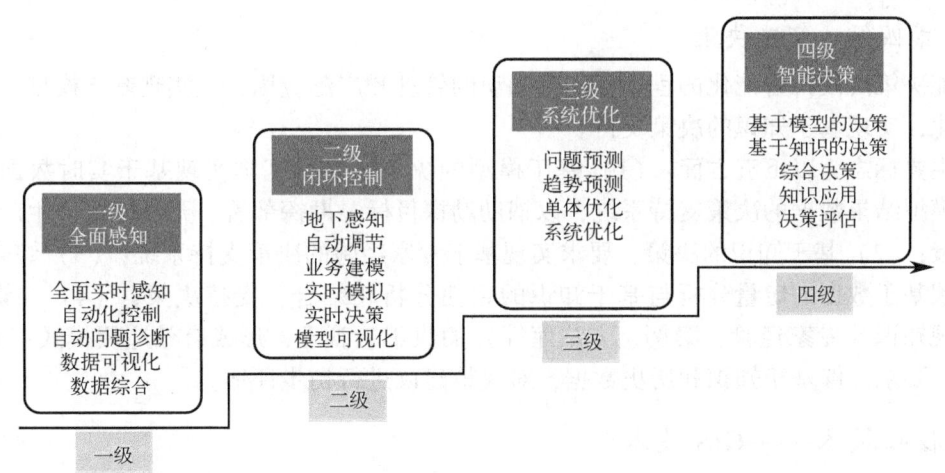

图 2-5 智能油气田建设的技术等级

1) 第一级：全面感知

基础智能阶段，智能化的程度应达到油气田生产实体和业务过程信息的全面感知、综合展示，并建立数据之间的广泛联系，应达到初步的自动化控制。

其主要标志为以下五方面：（1）全面实时感知，要求获取全部生产实体对象的动态、实时信息或录入的非实时信息，要求感知对象的数据基本做到实时化/准实时化；（2）自动化控制（预警），要求对重点关键设备进行远程自动控制，实现重点关键设备运行状态的自动预警；（3）自动问题诊断，要求对生产实体对象的运行问题进行自动诊断，分析问题原因；（4）数据可视化，要求全部数据的可视化综合展示；（5）数据综合，要求数据的广泛集成和关联。

2）第二级：闭环控制

闭环控制阶段，智能化的程度应基本实现针对油气田生产实体的监测、分析、（实时）决策、控制的闭环控制。

其主要标志为以下六方面：（1）地下感知，要求能够感知井下、储层、产层的地下情况，建设重点智能井；（2）自动调节，要求能够对运行网络进行系统化的自动调节，实现针对操作要求自动产生操作方案，半自动/自动执行；（3）业务建模，要求通过业务模型的方式对业务对象进行数值模拟；（4）实时模拟，要求基于实时数据对业务对象进行动态模拟分析；（5）实时决策，要求基于实时数据、分析数据、历史案例进行实时分析、评价、决策；（6）模型可视化，要求业务模型的二维、三维可视化。

3）第三级：系统优化

全面优化阶段，智能化的程度应基本实现针对油气田生产实体的单体优化，应实现为系统优化提供基础的问题预测和趋势预测，应实现基于模型的决策支持。

其主要标志为以下四方面：（1）问题预测，要求基于实时数据、历史数据对业务对象进行潜在问题预测，并提出问题的解决方案；（2）趋势预测，要求基于实时数据、历史数据对业务对象进行发展趋势预测，并提出优化可能；（3）单体优化，要求根据业务要求，针对特定方向，对独立生产实体进行全面优化；（4）系统优化，实现针对系统一级的操作优化、方案优化、工艺优化。

4）第四级：智能决策

智能决策阶段，智能化的程度应实现知识的管理和广泛应用，应实现基于模型、知识的系统优化，实现基于知识的决策支持。

其主要标志为以下五方面：（1）基于模型的决策，要求基本实现基于实时数据、分析数据、模拟结果数据的决策支持系统，以辅助勘探目标、勘探部署、开发方式、生产管理等重要决策；（2）基于知识的决策，要求实现基于专家经验的决策支持系统；（3）综合决策，要求实现基于数据的定量分析与基于知识的定性分析相结合，支持决策；（4）知识应用，要求实现知识（专家经验、案例、方法库等）的收集、管理，形成有效应用模式；（5）决策评估，要求能够基于知识和历史数据，对决策建议进行初步评估。

### 3. 核心技术——GIS技术

随着信息化技术在石油行业的推广和应用，数字化油田的管理模式已逐步取代了传统石油工业的管理模式，实现了油田管理革命化的升级换代。GIS技术的应用在数字化油田建设中有着浓墨重彩的一笔，它是油田数字化应用的成功典型。GIS技术能将石油行业的海量空间组成要素，如油井、管线、设备、油井出口、储油罐，以及涉及的周围环境等集成在一个公用的数据库里，以可视化的样式在地图或者3D模型中展示出来，实现用户与数据间的交互性"交流"，便于对日常工作的管理。

GIS 技术在数字化油田中的应用主要可以分为 2D GIS 和 3D GIS：2D GIS 主要以电子地图为载体，管理相关的信息要素；3D GIS 则是以三维模型为依托，进行相关信息的管理。虽然 GIS 从建立到发展，至今已有 40 多年历史，但它作为各种先进科学技术的结合体，发展速度之快、应用之广、影响之大是其他地理科学无法比拟的。GIS 技术在数字化油田建设中的应用，改变了传统的数据管理和浏览模式，以可视化的化方式将数据呈现在数字地图或者模型上，便于日常工作的管理，使用户的工作效率得到了很大的提升。因此 GIS 技术在数字化油田的应用具有较高的经济价值和社会价值。

1) GIS 技术的优势

GIS 是地理信息系统（Geographic Information System）的简称，它是一种特定的十分重要的空间信息系统。它是在计算机硬、软件系统支持下，对整个或部分地球表层（包括大气层）空间中的有关地理分布数据进行采集、储存、管理、运算、分析、显示和描述的技术系统。

GIS 技术与其他信息管理类技术相比，主要优势在于它的空间分析能力。GIS 是将地图学、地理学和信息管理学结合起来的综合性学科，GIS 的数据源是地理信息类数据，GIS 软件处理过的数据所呈现出的图或者模型具有一定现实性，还可以根据现有的数据分析、处理获得更高层次的地理信息，新获取的数据具有一定的动态预测性和宏观决策性，具有较高的参考价值。

2) GIS 的平台技术架构

GIS 平台系统采用 B/S 体系结构模式，基于.NET 平台开发，整体上采用面向服务的架构，将 Web 地图服务、Web 瓦片服务、元数据服务等各单元功能以服务形式发布出来，为应用层及其他应用系统提供服务支持。GIS 平台的技术架构分为四层：表现层、应用服务层、数据处理层、数据层。

（1）表现层。通过跨浏览器的、跨平台的插件 Microsoft SilverLight（微软银光）为用户呈现一个丰富的、具有高交互性的可视化界面，以图文一体化的方式显示空间和属性信息，实现空间操作、空间分析、业务导航等客户端操作。

（2）应用服务层。这是负责响应客户端请求并提供各类服务的核心层。应用层接收来自客户端的操作请求，根据用户操作类型做出响应。通过.NET 应用服务器与 ArcGIS Server 服务器响应客户端请求，瓦片服务、业务数据服务分别从磁盘阵列和专业数据库中提取影像图及矢量图等空间数据，渲染成一张图片返回给客户端，并对空间数据进行分析和控制。

（3）数据处理层。采用 Oracle 和 AreSDE 空间数据引擎共同管理空间数据，实现对空间数据的查询、存储和管理。Oracle10g（大型关系数据库管理系统）能够在多用户环境下管理海量数据，具有分布管理数据的高可靠性和安全特性，AreSDE 作为 Oracle10g、AreGIS 和应用服务层的接口，可以实现空间数据在数据库中的有效存储与管理。

（4）数据层。它是系统的底层，负责空间数据、业务数据、元数据的储存和管理，维护各种数据之间的关系，采用 Oracle10g 存储管理矢量地形图和三维地图等空间数据，而影像数据以文件管理方式存储在磁盘阵列中。

3) GIS 的关键技术

（1）服务式 GIS 技术。服务是为其他应用程序提供数据和服务的应用程序逻辑单元，在基于 SOA（Service-Oriented Architecture）架构的系统中，具体应用程序的功能是由一些遵守统一协议的松散耦合的服务组合构建起来的。服务式 GIS（Service GIS）采用面向服务的架构方法，把 GIS 的全部功能封装为 Web 服务（Web Service），从而实现了被多种客户端跨平台、跨网络、跨语言地调用，并具备了服务聚合能力以集成来自其他服务器发布的 GIS 服务。在 GIS 平台系统中，将数据资源中心的基础地图数据和专业空间数据及空间操作、控件分析等功能都封装为服务，供各业务部门的系统调用，实现网络、跨平台的空间数据共享和功能共享。

（2）地图缓存技术。地图缓存技术就是按照一定的数学规则，把地图切分成一定规格的静态图片保存到计算机硬盘里。数据被预先按照不同比例尺分层分块生成图片，当用户通过客户端访问影像服务请求数据时，服务器不需要实时生成数据，而是根据用户请求的范围和尺度，直接返回当前视角区域所对应的"瓦片"，不再需要根据每个请求实时渲染平台。这种模式可以极大地降低服务器和网络带宽的负担，提升地图浏览速度的效果。

（3）数据存储与处理技术。在 GIS 平台的开发过程中，大量空间数据的更新维护和管理是影响应用系统的关键。系统对矢量地形图和三维数据的管理是由 Oracle 关系数据库和 AreSDE 空间数据引擎实现的。首先自定义一种数据格式，将 DXF 格式转换为自定义的格式，然后通过 AreSDE 的 CAPI 函数将自定义格式的数据导入 Oracle 数据库。同时开发属性数据管理功能，针对 DXF 数据格式的特点（无属性数据），通过交互方式将图形数据与属性数据的关键码输入，然后开发属性数据批量入库功能，将属性数据读入数据库与图形数据统一管理。最后，提供空间数据的查询和检索功能。

## 四、油气田智能化建设的基本原则

油气田智能化建设在技术实现的整体设计和决策时需要考虑以下七项基本原则，以规范技术方案的路线选择，这些原则体现了技术实现的业务驱动性、可实施性、可集成和灵活性等方面（这里列出的七项原则是指导性的原则，可根据业务和信息技术的发展或应用情况的变化进行调整）。

（1）成熟技术与成熟软件包原则。应用系统的技术实现应充分考虑运用成熟的技术，特别是成熟软件包。支持新的业务需求的应用系统的开发，首先应考虑现有系统的重用或扩展，若现有功能不能满足或扩展成本过高，应采购符合要求的现成的软件包。自主开发应局限于时效短、变化快、特定领域内的应用。企业级的应用应尽可能地避免自主开发。在油气田智能化建设过程中，创新过程主要针对应用创新和业务模式创新，不建议进行新技术的研发。

（2）最佳实施成本与效益原则。技术实现应综合考虑可实施性、实施效益与实施成本，兼顾技术先进性和可用性，以达到最佳的实施效果。技术先进性不是智能化的唯一目标，可根据具体需要，适度降低技术要求以满足项目建设的实际需求。

（3）可集成原则。应用系统的设计和技术实现必须按照统一技术要求提供灵活、可网络访问的各级集成接口，包括界面集成、应用集成、数据集成等。一般来说，封闭系统的技术实现方案不予考虑。

（4）可扩展性原则。应用系统的设计和技术实现必须支持业务规则的变化和业务的扩张。这种业务变化引起的应用系统改变必须快速地得到实施。以标准化、兼容性的技术体系支持业务变化，以扩展性的技术体系支持应用的扩展。

（5）基础技术组件共享原则。支持业务和应用系统的基础技术组件最大化地共享，包括基础设施和平台、信息集成总线、数据处理平台、信息安全保障体系、企业门户、系统管理等。

（6）信息系统安全性原则。所有应用系统的整体性、保密性和安全性必须得到保证。应用系统的安全性必须得到决策管理机构的审查批准，并遵循国家和油公司的相关安全政策、标准和法规。油气田智能化建设必须包含整体的安全管理规范和安全技术标准，并完整定义用户授权、安全认证及数据加密等统一的技术标准和工具。

（7）信息系统资源集中支配原则。应用系统是企业共同拥有的资源，对信息系统的应用应服务于全企业的业务战略目标，并通过统一的规划及建设过程来实现。应用系统建成后，进行集中管理、集中配置和集中监控等运维工作。

## 第二节　感知技术

感知是指对客观事物的信息直接获取并进行认知和理解的过程。感知技术泛指一切获取信息的技术，在油气勘探生产的应用场景下，主要是指把油藏、井场、站库、管网等油气田生产制造现场作为数据采集源点；采用自动化数据采集设备（比如传感器），通过局域光纤网、GPRS/CDMA、微波通信网等传输手段，将油藏数据、井下测量的地层和井筒数据、井口测量的设备运行和属性数据等进行实时采集；按照科学的过程，进行数据的组织与管理，并用于实时监控和问题诊断。

在感知数据的基础上，通过大量的业务模型进行知识集成，通过应用智能识别、数据融合、移动计算、云计算等技术，进而支持石油地质综合研究、油藏分析等科学研究和在线模拟，完成生产实时诊断，科学研究的成果支持油气田生产的综合决策，决策信息反馈到生产现场进而完成生产监测、单元整合、过程模拟、参数优化和控制等。

### 一、感知技术的内涵

感知技术主要包括识别技术、定位技术、传感器技术、物联网技术等。

（1）识别技术（Recognition Technology）：感知目标的外在特征信息，证实和判断目标本质的技术。目标识别过程是将感知到的目标外在特征信息转换成属性信息的过程，即将目标的语法信息转换成主义信息和语用信息的过程。识别技术的重要作用是确定目标的敌我属性、区分目标的类型、辨别目标的真假及其功能等。识别技术包括条形码技术、磁卡（智能卡）技术、生物识别技术、图像识别技术等。

（2）定位技术（Location Technology）：测量目标的位置参数、时间参数、运动参数等时空信息的技术。定位技术主要包括雷达定位技术、电子侦察定位技术、全球卫星定位技术和声纳定位技术。

（3）传感器技术：现代信息技术的主要内容之一（包括计算机技术、通信技术和传感器技术）。计算机相当于人的大脑，通信相当于人的神经，而传感器就相当于人的感官。传感器是将能感受到的及规定的被测量内容按照一定的规律转换成可用输出信号的器件或装置，通常由敏感元件和转换元件组成。其中敏感元件是指传感器中能直接感受或响应被测量（输入量）的部分；转换元件是指传感器中能将敏感元件感受的或响应的被探测量转换成适于传输和（或）测量的电信号的部分。传感器和信息技术的结合是传感器发展的重要方向。通过数字采样和网络模块、通信模块等的结合，使得传感器获取的信息能够实时采集，使得实时信息监控、工业控制、动态分析等成为可能。

（4）物联网技术：通过射频识别（RFID）、红外感应器、全球定位系统、激光扫描器等信息传感设备，按约定的协议，把任何物品与互联网连接起来，进行信息交换和通信，以实现智能化识别、定位、跟踪、监控和管理的一种网络技术。

## 二、感知技术的实现方式

感知技术由数据采集、数据传输和数据管理三个部分来实现，如图 2-6 所示。应该看到，在实际应用中，信息感知和分析模拟、决策、操控形成一个闭环的处理过程，感知是信息的源头，是信息处理和应用的基础。

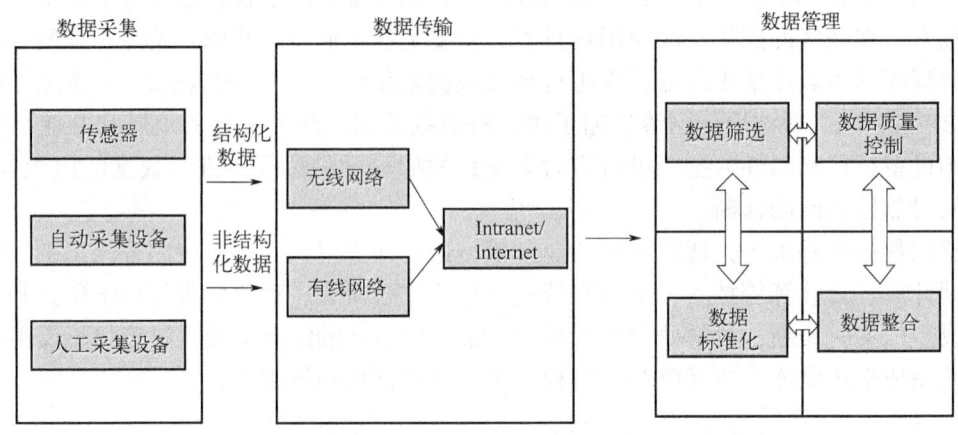

图 2-6 感知技术的实现方式

（1）数据采集主要通过传感器、RTU（远程控制单元）等设备自动采集、存储、处理油气生产对象的生产数据，通过摄像头、危害气体监测等装置，自动采集现场生产的环境信息，将这些信息传输到采油厂实时数据库，支撑生产监控等应用。同时，通过 ESD、控制阀等自动化控制设备，实现生产过程自动控制。数据采集也包括通过人工采集的方式，把计量仪表、统计等各种现场数据，进行抄录和填报。

（2）数据传输通过工控网/传感网及信息网络。工控网主要采用现场总线技术。现场总线技术是综合运用微处理器技术、网络技术、通信技术和自动控制技术的产物，将微处理器置入传统的测量控制仪表中，使其具有数字计算和通信能力，成为能独立承担某些控制、通信任务的网络节点。这样，现场总线使自控系统与设备加入信息网络的行列，成为企业信息网的底层，改变了原有控制系统的结构，产生"控制网"（也称底层网）。传感网是随机分布的集成有传感器、数据处理单元和通信单元的微小节点，通过自组织的方式构成的无线网络。信息网络包括通信网络、各种无线/有线网络、Internet/Intranet 技术等。数据传输是数据从生产现场到信息系统的过程，并不处理或改变信息。

（3）数据管理包括数据筛选、数据质量控制、数据标准化和数据整合等内容。数据筛选是对数据对象进行过滤，只采集系统关注的、有效的数据内容；数据质量控制是对现场数据的错误、缺失、噪声等进行自动识别，并进行处理；数据标准化是对来自不同产品、不同协议、不同格式的信息，按照业务对象进行统一处理，或者按照业务需要的方式进行数据格式转换；数据整合是对来自不同业务领域的数据按照可识别的关键特性进行关联、验证、合并等处理。

随着智能技术在油气田的不断实现，感知技术被广泛应用于环境监控、地下油藏监测、井运行监测、管网系统监测、保障监测及探井、评价井、重点生产井随钻跟踪等领域，感知技术逐步向全面感知、实时感知的方向发展，大量的信息通过各种技术手段采集到信息系统中，提供分析和决策。

目前，在数据采集过程中，自动化的过程已全面代替手工过程，实现动态、实时的采集。同时，由于传感设备和随钻技术在迅速推广和应用，地下的实时感知技术也日趋成熟。

物联网技术是感知技术的关键，下面进行详细介绍。

## 三、物联网技术的内涵

物联网（视频 2-2）是新一代信息技术的重要组成部分，其英文名称是"The Internet of Things"，由此，顾名思义，"物联网就是物物相连的互联网"。其概念是在 1999 年被提出的，有两层意思：第一，物联网的核心和基础仍然是互联网，是在互联网基础上的延伸和扩展的网络；第二，其用户端延伸和扩展到了任何物品与物品之间，进行信息交换和通信。

视频 2-2
物联网

物联网技术是融合了识别、定位、传感、通信、信息技术等的综合应用技术。面向生产操作过程的油气生产物联网应用建设，主要是通过信息技术与工业生产的融合，围绕生产运行管理，提高生产操作每个单元的自动化程度，保证生产持续、稳定、高效的运行，为优化生产管理流程，实施精细化管理创造条件，提供保障，并根据生产管理特点，按流程建立劳动组织体系，优化一线员工布局，从而把人和机器的效率发挥到最佳水平。

自 2009 年 8 月温家宝总理提出"感知中国"以来，物联网被正式列为国家五大新兴战略性产业之一，写入政府工作报告，物联网在中国受到了全社会极大的关注。工信部正式印发的《物联网"十二五"发展规划》提出：到 2015 年，我国要在核心技术研发与产业化、关键标准研究与制定、产业链条建立与完善、重大应用示范与推广等方面取得显著成效，初步形成创新驱动、应用牵引、协同发展、安全可控的物联网发展格局。

2021 年，工业和信息化部联合中央网络安全和信息化委员会办公室、科学技术部、生态环境部、住房和城乡建设部、农业农村部、国家卫生健康委员会、国家能源局印发《物联网新型基础设施建设三年行动计划（2021—2023 年)》，提出四大行动：一是开展创新能力提升行动，聚焦突破关键核心技术，推动技术融合创新，构建协同创新机制；二是开展产业生态培育行动，聚焦培育多元化主体，加强产业聚集发展；三是开展融合应用创新行动，聚焦社会治理、行业应用和民生消费三大应用领域，持续丰富多场景应用；四是开展支撑体系优化行动，聚焦完善网络部署、标准体系、公共服务、安全保障，完善发展环境。到 2023 年年底，在国内主要城市初步建成物联网新型基础设施，社会现代化治理、产业数字化转型和民生消费升级的基础更加稳固。

油气生产物联网系统就是通过传感、射频、通信等技术，对油气水井、计量间、油气站库、油气管网等生产对象进行全面的感知，实现生产数据、设备状态信息在生产指挥中心及生产控制中心集中管理和控制，搭建规范、统一的数据管理平台，支持油气生产过程管理，进一步提高油气田生产决策的及时性和准确性。油气生产物联网系统建设的总体目标是利用物联网技术，建立覆盖全公司油气井区、计量间、集输站、联合站、处理厂规范、统一的数据管理平台，实现生产数据自动采集、远程监控、生产预警，支持油气生产过程管理，进一步提高油气田生产决策的及时性和准确性，提高生产管理水平，降低运行成本和安全风险。

1. 物联网技术特点

和传统的互联网相比，物联网有其鲜明的特征，主要包括全面感知、可靠传送、智能处理三个部分：

（1）全面感知：物联网是各种感知技术的广泛应用。物联网上部署了海量的多种类型传感器，每个传感器都是一个信息源，不同类别的传感器所捕获的信息内容和信息格式不同。传感器获得的数据具有实时性，按一定的频率，周期性采集环境信息，不断更新数据。

（2）可靠传送：物联网是一种建立在互联网上的泛在网络。物联网技术的重要基础和核心仍旧是互联网，通过各种有线和无线网络与互联网融合，将物体的信息实时准确地传递出去。在物联网上的传感器定时采集的信息需要通过网络传输，由于其数量极其庞大，形成了海量信息，在传输过程中，为了保障数据的正确性和及时性，必须适应各种异构网络和协议。

（3）智能处理：物联网不仅仅提供了传感器的连接，其本身也具有智能处理的能力，能够对物体实施智能控制。物联网将传感器和智能处理相结合，利用云计算、模式识别等各种智能技术，扩充其应用领域。从传感器获得的海量信息中分析、加工和处理出有意义的数据，以适应不同用户的不同需求，发现新的应用领域和应用模式。

2. 物联网技术组成

从技术体系上来看，物联网可分为三层：感知层、网络层和应用层。

（1）感知层由各种传感器及传感器网关构成，包括二氧化碳浓度传感器、温度传感器、湿度传感器、二维码标签、RFID 标签和读写器、摄像头、GPS 等感知终端。感知层的作用相当于人的眼耳鼻喉和皮肤等神经末梢，它是物联网识别物体、采集信息的来源，感知层设备一方面运用智能传感、身份识别及其他信息采集技术对物品进行基础信息收集，另一方面又接收来自上层的控制指令对设备运行进行调整。物联网在感知层所采集的信息主要有如下几类：①传感信息，如温度、湿度、压力、气体浓度、生命体征等；②物品属性信息，如物品名称、型号、特性、价格等；③工作状态信息，如仪器、设备的工作参数等；④地理位置信息，如物品所处的地理位置等。

（2）网络层由各种私有网络、互联网、有线和无线通信网、网络管理系统及云计算平台等组成，相当于人的神经中枢和大脑，负责传递和处理感知层获取的信息，既自下而上地传输感知信息，又自上而下地传输控制指令。

（3）应用层是物联网和用户（包括人、组织和其他系统）的接口，它与行业需求结合，实现物联网的智能应用。应用层由各种应用服务器组成（包括数据库服务器），主要功能包括对采集数据的汇聚、转换、分析，并依据处理结果进行智能决策，相当于人体的大脑。应用层分为应用支撑子层和应用服务子层两个部分，应用支撑平台子层用于支撑跨行业、跨应用、跨系统之间的信息协同、共享和互通。应用服务子层负责为用户提供智能交通、智能家居、智能物流、智能电力、远程医疗、数字农业、数字林业等各种服务。

## 四、物联网的关键技术

物联网是一个多学科的综合系统，涉及软件、网络、自动控制等多方面的技术。从物联网体系的不同层，即感知层、网络层、应用层分别介绍相应的关键技术。

1. 感知层的主要技术

感知层技术主要包括射频识别（RFID）技术、传感网技术、红外技术、全球卫星定位系统、激光扫描技术、目标身份统一标识（OID）技术六个技术部分。

1）射频识别技术

射频识别是一种非接触式的自动识别技术，它通过射频信号自动识别目标对象并获取相关数据，识别工作无须人工干预，可工作于各种恶劣环境。系统由一个询问器（或阅读器）和很多应答器（或标签）组成。射频识别应用领域广泛，在城市公交车、高速公路收费、城市交通管理、安检门禁、物流、超市、食品安全追溯、药品、矿井生产安全、防盗、防伪、证件、集装箱识别、动物追踪、运动计时、生产自动化、商业供应链等众多领域获得广泛重视和应用。射频识别技术被认为是近30年来十大最具生命力的技术之一，它正朝着无所不在的方向快速发展。

2）传感网技术

传感网的定义为随机分布的集成有传感器、数据处理单元和通信单元的微小节点，通过自组织的方式构成的无线网络。传感网的功能是借助于节点中内置的传感器测量周边环境中的热、红外、声纳、雷达和地震波信号，从而探测温度、湿度、噪声、光强度、压力、土壤成分、移动物体的大小、速度和方向等。传感网目前广泛应用于工业、农业、环境、水利等领域的监测和控制。

3）红外技术

红外技术利用红外线反射原理，当人体的手或身体的某一部分在红外线区域内，红外线发射管发出的红外线由于人体手或身体遮挡反射到红外线接收管，通过集成线路内的微电脑处理后将信号发送给脉冲电磁阀，电磁阀接收信号后按指定的指令做出反应。红外技术可用于智能家居、安防报警、公共照明、节能开关（如感应水龙头、自动干手器）等领域。

4）全球卫星定位系统

全球卫星定位系统（Global Positioning System，GPS）是一种结合卫星及通信发展的技术，利用导航卫星进行测时和测距。全球卫星定位系统以全天候、高精度、自动化、高效益等特点，成功地应用于大地测量、工程测量、航空摄影、运载工具导航和管制、地壳运动测量、工程变形测量、资源勘察、地球动力学等多种学科，取得了很好的经济效益和社会效益。

5）激光扫描技术

激光扫描器是一种光学距离传感器，用于危险区域的灵活防护，通过出入控制，实现访问保护等。扫描方式有单线扫描、光栅式扫描和全角度扫描三种。激光扫描技术目前被广泛应用于条码扫描（如超市）、危险区域安防、非安全相关测量或检测等任务。

6）目标身份统一标识技术

物联网数据交换标准中的一个核心问题就是寻址或命名的唯一性问题，随着物联网应用的普及和无处不在，这个问题会变得越来越重要。

有业界人士指出物联网的最大瓶颈是 IP 地址不够，担心的就是寻址和命名的唯一性问题。其实这是 ICT 业界一个历史悠久的问题，在不同领域和应用中有不同的解决办法：我们常用的电话号码就是一个唯一的标识（ID）。例如，82399520 这样一个号码在北京是一个唯一标识，再加上（010）就成了一个全国唯一的号码，最后再加上（0086），就成了一个全世界唯一的有效电话号码。电子邮件（X.400 标准）是另一种解决唯一性寻址问题的办法。不过，我们的身份证号码在中国具有唯一性，但全世界来说，理论上它不是唯一的。不同领域表现出不同的特点：

（1）在软件领域：UUID（Universal Unique Identifier）在 20 世纪 80 年代初出现，1996 年成为 ISO/IEC 11578 标准的一部分，由 OSF（Open Software Foundation，后来成为 Open Group）的 DCE（Distributing Computing Environment）组织促成。UUID 在包括 CORBA 和 JavaEE 在内的许多分布式系统中有广泛使用，如微软的 NET 体系和 Windows OS 中，几乎所有需要命名的组件都用 UUID 命名（Global Unique Identifier，GUID），UUD 也被用到 Bluetooth 等标准中。

（2）在射频识别（RFID）领域：标识问题也是一个关键的标准化问题，在 RFID 领域，ID 标准之争一直没有定论，主要是以美国为首的 EPC 标识与日本推出的 UID（Ubiquitous ID）之争。日本的 UID 为 128 位，而 EPC 标准的位数为 96 位，互不兼容，都是为了自己的国家利益。

（3）在电信和计算机网络领域：ASN.1（Abstract Syntax Notation One）是 ISO 和 ITU-T 都认可的联合标准，最初是 1984 年 CCITT（ITU 前身）的 X.409：1984 标准的一部分，由于其广泛应用，1995 年进行全面修订后变成 X.680 系列标准。它提供了一套正式、无歧义和精确的规则来描述特定的对象标识 OID（Object Identifier）。应用层协议，如前面提到的 X.400 及 X.500（LDAP 目录服务）、H.323（VoIP）和 SNMP 等都使用 ASN.1 来描述它们的数据交换协议，另外 OID 在 UMTS 的接入和非接入层也有广泛的应用。OID 也是一个灵活的、可扩展的框架，在这个框架下，UUID、条码和提到过的 EPC/UID 及 IP 地址等都可以作为 OID 标识的一部分来组合使用。就像电话号码中的"0086"一样，一个中国的物联网中的 Object（物件）可以得到一个以"1.2.156"为前缀的编码，余下的部分可以根据应用领域的不同标识体系分配不同的编码。OID 是一种解决物联网寻址和唯一性问题的已有方法和体系，已经比较完善，应该是实现物联网统一标识的一种首选方案。不过，由于它的处理和验证过程比较麻烦，大部分的应用可能会采用类似 UUID 的简化办法，尤其在物联网应用尚未全面走向互联网（主要在内网和专网中）的早期阶段。

2. 网络层的主要技术

网络层技术主要包括 Zigbee、Wi-Fi、蓝牙、UWB、自组织网络、移动通信技术六个技术部分。

1) Zigbee

Zigbee 是基于 IEEE802.15.4 标准的低功耗的局域网协议。其特点是近距离（10~100m）、低复杂度、自组织、低功耗、低数据速率（20~250kbps）、低成本，主要适用于自动控制和远程控制领域，可以嵌入各种设备。简而言之，ZigBee 就是一种便宜的、低功耗的近距离无线组网通信技术。这一名称（又称紫蜂协议）来源于蜜蜂的八字舞，由于蜜蜂（Bee）是靠飞翔和"嗡嗡"（Zig）地抖动翅膀的"舞蹈"来与同伴传递花粉所在方位信息的，也就是说蜜蜂依靠这样的方式构成了群体中的通信网络。

2) Wi-Fi

Wi-Fi 是由一个名为"无线以太网相容联盟"的组织所发布的业界术语，中文译为"无线相容认证"。它是一种短程无线传输技术，覆盖范围可达 300ft 左右（约 91m），能够在该范围内支持互联网接入的无线电信号，是一种能够将个人电脑、手持设备（如掌上电脑、手机）等终端以无线方式互相连接的技术。Wi-Fi 是一个无线网络通信技术的品牌，由 Wi-Fi 联盟（Wi-Fi Alliance）所持有，目的是改善基于 IEEE802.11 标准的无线网络产品之间的互通性。有人把使用 IEEE 802.11 系列协议的局域网称为无线保真，甚至把无线保真等同于无线网际网路（Wi-Fi 是 WLAN 的重要组成部分）。

3) 蓝牙

蓝牙是一种支持设备短距离通信（一般 10m 内）的无线电技术，能在包括移动电话、掌上电脑、无线耳机、笔记本电脑、相关外设等众多设备之间进行无线信息交换。利用蓝牙技术，能够有效地简化移动通信终端设备之间的通信，也能成功地简化设备与 Internet 之间的通信，从而使数据传输变得更加迅速高效，为无线通信拓宽道路。蓝牙采用分散式网络结构及快跳频和短包技术，支持点对点及点对多点通信，工作在全球通用的 2.4GHz 频段，其数据速率为 1~3Mbps。

4) UWB

UWB 是一种无载波通信技术，利用纳秒至微秒级的非正弦波窄脉冲传输数据。通过在较宽的频谱上传送极低功率的信号，UWB 能在 10m 左右的范围内实现数百 Mbit/s 至数 Gbit/s 的数据传输速率。UWB 具有抗干扰性能强、传输速率高、带宽极宽、消耗电能小、发送功率小等诸多优势，主要应用于室内通信、高速无线 LAN、家庭网络、无绳电话、安全检测、位置测定、雷达等领域。

5) 自组织网络

自组织网络没有固定的路由器，网络中的节点可随意移动并能以任意方式相互通信。每一个节点都能实现路由器的功能而在网络中搜寻、维护到另一节点的路由。自组织网络通常应用在没有或者不便利用现有的网络基础设施的情形中，目前主要应用在以下领域：军事通信、无线传感网络、紧急服务和灾难恢复、移动会议等。目前国外的新型智能仪表均支持自组织网络技术。

6) 移动通信技术

移动通信（Mobile Communication）是移动体之间的通信，或移动体与固定体之间的通信。移动通信系统从 20 世纪 80 年代诞生以来，经过 1 代、2 代、2.5 代、3 代、4 代等发展，在 2019 年开始商业化应用第 5 代（5G）。移动通信已经遍及人类生活的每个角落，在物联网中主要应用于地理位置较远且运动目标的网络通信。

### 3. 应用层的主要技术

1) 实时数据库及海量存储技术

实时数据库是数据库系统发展的一个分支，是数据库技术结合实时处理技术产生的。在流程行业中，大量使用实时数据库系统进行控制系统监控、系统先进控制和优化控制，并为企业的生产管理和调度、数据分析、决策支持及远程在线浏览提供实时数据服务和多种数据管理功能。实时数据库的重要特性就是实时性，包括数据实时性和事务实时性。数据实时性是现场 IO 数据的更新周期，事务实时性是指数据库对其事务处理的速度。

海量存储技术是一种超大容量的辅助存储技术，用海量来形容其存储容量的庞大。海量存储的含义在于：其在数据存储中的容量增长是没有止境的。因此用户需要不断地扩张存储空间，但是存储容量的增长往往同存储性能不成正比。这也就造成了数据存储上的误区和障碍。海量存储技术包括集群技术、统一数据管理、分级存储、存储优化技术等。

实时数据库及海量存储技术能够满足物联网爆炸式数据存储增长的需要。

2) 数据服务技术

物联网产生的信息通常会提供给企业不同类型的用户，用户的角色不同，应用的方式也不同，因此数据服务、应用模式会有很大的差异。提供一些通用的应用服务组件，是物联网最终应用成功的关键。面向服务软件体系（Service-Oriented Architecture，SOA）提供了组件开发模式。SOA 是面向企业级服务的系统体系，它可以根据需求通过网络对松散耦合的粗粒度应用组件进行分布式部署、组合和使用。服务层是 SOA 的基础，可以直接被应用调用，从而有效控制系统中与软件代理交互的人为依赖性。

SOA 的关键是"服务"的概念，W3C（万维网联盟）将服务定义为："服务提供者完成一组工作，为服务使用者交付所需的最终结果。最终结果通常会使使用者的状态发生变化，但也可能使提供者的状态改变，或者双方都产生变化。"不同厂商或个人对 SOA 有着不同的理解，但总体上看，SOA 具有几个关键特性：一种粗粒度、松耦合服务体系，服务之间通过简单、精确定义接口进行通信，不涉及底层编程接口和通信模型。利用基于 SOA 的系统构建方法，一个基于 SOA 体系系统的所有程序功能都被封装在一些功能模块中，人们就是利用这些已经封装好的功能模块组装构建所需要的程序或者系统，而这些功能模块就是 SOA 体系中的不同服务。Web Service 是 SOA 的一种具体实现标准，是基于网络的、分布式的模块化组件，它执行特定的任务，遵守具体的技术规范，这些规范使得 Web Service 能与其他兼容的组件进行互操作。Internet Inter-Orb Protocol（IIOP）已经发布了很长时间，但是这些模型都依赖于特殊对象模型协议，而 Web Services 利用 SOAP 和 XMI 对这些模型在通信方面作了进一步的扩展以消除特殊对象模型的障碍。Web Services 主要利用 HTTP 和 SOAP 协议使商业数据在 Web 上传输，SOAP 通过 HTTP 调用商业对象执行远程功能调用，Web 用户能够使用 SOAP 和 HTTP 通过 Web 调用的方法来调用远程对象。基于 XML 进行数据交换是 Web Service 的主要特征。

## 第三节　自动控制技术

自动控制是指在没有人直接参与的情况下，利用外加的设备或装置，使机器、设备或生产过程的某个工作状态或参数自动地按照预定的规律运行。自动控制技术是一门涉及学科较多、应用广泛的综合性科学技术，其内容主要有自动控制和信息处理两个方面，包括理论、方法、硬件和软件等。

## 一、自动控制技术原理及组成

一个自动控制系统无论结构多么复杂，都由下面四部分组成：

（1）检测比较装置。检测比较装置的主要作用是获得反馈，并且计算实现的目标与实际情况之间的差值。检测比较装置主要是传感器。传感器是一种能把物理量、化学量、生物量等转变成便于利用的电信号的器件，输出的电信号有不同形式，如电压、电流、频率、脉冲等，能满足信息传输、处理、记录、显示、控制的要求。通常传感器由感应组件和转换组件组成。感应组件（Sensing Element）能直接感受被测量的量，转换组件（Transduction Element）则将感应组件输出量转换为适于传输和测量的电信号。

（2）控制器。控制器（一般是 RTU、PLC 等设备）的主要作用是进行信号采集、数据转换、运算、处理、发送及本地控制，主要用来决定应该怎样做。

由传感器测量的现场被测量被转换为与其成比例的标准电信号后输入控制器，控制器将接收到的电流信号按相同的比例反算回被测量的现场实际值，同时将该数据应用到其他相关的计算、控制过程，并按需要将数据传送至其他位置（如监控机）。

（3）执行器。执行器的主要作用是完成控制器下达的决定，按控制器输出的指令驱动现场设备运行状态发生变化，从而达到控制被控设备的目的。执行器一般有电动执行和气动执行等方式。电动执行器是以电为动力源的仪表，气动执行器是以压缩空气为动力源的仪表。

（4）控制量。控制量也就是所要实现的目的，是通过量化的指标来描述的。

## 二、自动控制系统类型

自动控制系统的典型代表包括 DCS 系统（视频 2-3）和 SCADA 系统（视频 2-4）两种应用类型。DCS 包括过程级、操作级和管理级。过程级主要由过程控制站、I/O 单元和现场仪表组成，是系统控制功能的主要实施部分。操作级包括操作员站和工程师站，完成系统的操作和组态。管理级主要是指工厂管理信息系统（MIS 系统），作为 DCS 更高层次的应用，目前油气田企业应用到这一层的系统较少。

视频 2-3　DCS 系统

视频 2-4　SCADA 系统

SCADA（Supervisory Control And Data Acquisition）系统，即数据采集与监视控制系统，应用领域很广，可以应用于电力、冶金、石油、化工、燃气、铁路等领域的数据采集与监视控制及过程控制等诸多领域。它的主要结构包括远程控制单元 RTU（Remote Terminal Unit）、远程泵控制器 RPC（Remote Pump Controller）、通信网络及中心站。RTU 主要作用是进行数据采集及本地控制，进行本地控制时作为系统中一个独立的工作站，这时 RTU 可以独立完成连锁控制、前馈控制、反馈控制、PID（比例、微分、积分）控制等工业上常用的控制调节功能；进行数据采集时作为一个远程数据通信单元，完成或响应本站与中心站或其他站的通信和遥控任务。

自动控制技术的实现模式如图 2-7 所示。

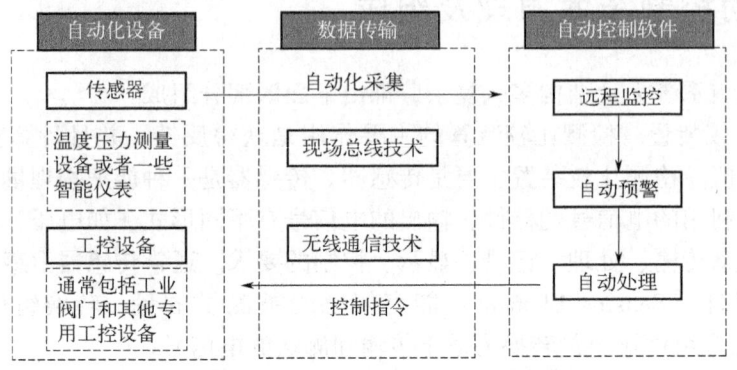

图 2-7　自动控制技术的实现模式

# 第四节　分析模拟技术

分析模拟技术主要指基于数据分析、物理建模、数学建模、数值模拟等计算机技术，对生产对象进行特征分析、问题分析、行为模拟、趋势预测、主动优化。

分析模拟技术可以通过数据分析深入认识油气田生产特征和规律，通过物理模型的可视化展示，增加对油藏、单井等的物理、化学、电磁等特性的理解；通过模拟计算，实现行为模拟、趋势预测和问题诊断；通过优化计算，实现生产作业的优化调整，实现最大的经济价值。

分析模拟技术体系如图 2-8 所示。

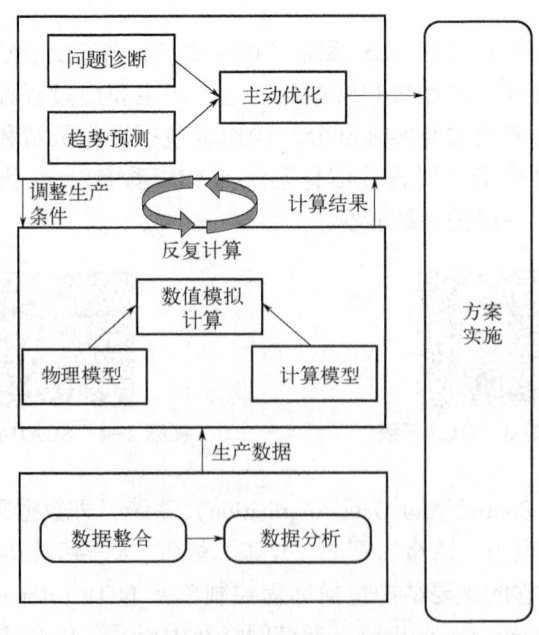

图 2-8　分析模拟技术体系

数据分析技术是指以业务数据为基础，通过分类、统计、对比、趋势分析、关联性分析、数值计算以及可视化的展示等方式，为用户提供数据层面的分析。

数据是模拟计算的依据，通过历史数据拟合的方式，对模型本身进行验证和参数修正；通过异常数据的分析和直观的人机交互，可以进行问题诊断；通过对实际的生产运行监测数据进行计算，就能实现趋势预测；通过建立经济模型，对不同生产操作过程、不同时间点的生产运行反复模拟；通过优化算法，可以获得最优方案。

在模型建立过程中，必须设计出一套合适的网格模型。网格模型的设计要受到模拟过程的类型、在非均质油藏中的液体运动的复杂性、选定的研究目标、油藏描述的精确程度以及允许的计算时间和成本预算等因素的影响。网格数目越多，模拟出的动态会越精细，但网格数目越多，计算的时间会越长，成本越高，有时甚至高到不能令人接受。因此，油气田的数值模拟主要用于非实时的生产分析。

近几年，随着模拟计算的快速算法的出现，以及计算机硬件计算能力的提高，模拟分析的动态化、实时化成为可能，并逐渐成为一种创新技术。

# 第五节　决策支持技术

决策支持（Decision Support）技术是辅助决策者通过数据、模型和知识，以人机交互方式进行半结构化或非结构化决策的计算机应用系统，是管理信息系统（MIS）向更高一级发展而产生的先进信息管理系统，为决策者提供分析问题、建立模型、模拟决策过程和方案的环境，调用各种信息资源和分析工具，帮助决策者提高决策水平和质量。

## 一、决策理论类型及决策步骤

通常，决策可以分为以下三种类型：

（1）结构化决策：是指对某一决策过程的环境及规则，能用确定的模型或语言描述，以适当的算法产生决策方案，并能从多种方案中选择最优解的决策。结构化决策问题相对比较简单、直接，其决策过程和决策方法有固定的规律可以遵循，能用明确的语言和模型加以描述，并可依据一定的通用模型和决策规则实现其决策过程的基本自动化。早期的多数管理信息系统，能够求解这类问题。例如，应用解析方法、运筹学方法等求解资源优化问题。

（2）非结构化决策：是指决策过程复杂，不可能用确定的模型和语言来描述其决策过程，更无所谓最优解的决策。其决策过程和决策方法没有固定的规律可以遵循，没有固定的决策规则和通用模型可依，决策者的主观行为（学识、经验、直觉、判断力、洞察力、个人偏好和决策风格等）对各阶段的决策效果有相当的影响，往往是决策者根据掌握的情况和数据临时做出决定。

（3）半结构化决策：是介于以上两者之间的决策，这类决策可以建立适当的算法产生决策方案，使决策方案得到较优的解。其决策过程和决策方法有一定规律可以遵循，但又不能完全确定，即有所了解但又不全面，有所分析但又不确切，有所估计但又不确定。这样的决策问题一般可适当建立模型，但无法确定最优方案。

非结构化和半结构化决策一般用于一个组织的中、高管理层，其决策者一方面需要根据经验进行分析判断；另一方面也需要借助计算机为决策提供各种辅助信息，及时做出正确有效的决策。

决策的进程一般分为以下四个步骤：（1）发现问题并形成决策目标，包括建立决策模型、拟订方案和确定效果度量，这是决策活动的起点；（2）用概率定量地描述每个方案所产生的各种结局的可能性；（3）决策人员对各种结局进行定量评价（一般用效用值来定量表示，效用值是有关决策人员根据个人才能、经验、风格以及所处环境条件等因素，对各种结局的价值所作的定量估计）；（4）综合分析各方面信息，以最后决定方案的取舍，有时还要对方案作灵敏度分析，研究原始数据发生变化时对最优解的影响，决定对方案有较大影响的参量范围。决策往往不可能一次完成，而是一个迭代过程。决策可以借助于计算机决策支持系统来完成，即用计算机来辅助确定目标、拟订方案、分析评价及模拟验证等工作。在此过程中，可用人机交互方式，由决策人员提供各种不同方案的参量并选择方案。

## 二、决策支持系统

决策支持系统（Decision Support System，DSS）是管理信息系统应用概念的深化，是在管理信息系统基础上发展起来的系统，是辅助决策者提供数据、模型和知识，以人机交互方式进行半结构化决策的计算机应用系统，是管理信息系统向高一级发展而产生的先进信息管理系统。

决策支持系统主要由四个部分组成：数据部分、模型部分、推理部分和人机交互部分。数据部分是一个数据库系统；模型部分包括模型库及其管理系统；推理部分由知识库、知识库管理系统和推理机组成；人机交互部分是决策支持系统的人机交互界面，用以接收和检验用户请求，调用系统内部功能软件为决策服务，使模型运行、数据调用和知识推理达到有机统一，有效地解决决策问题。

决策支持系统的基本特征有：（1）对准上层管理人员经常面临的结构化程度不高、说明不充分的问题；（2）把模型或分析技术与传统的数据存取技术、检索技术结合起来；（3）易于为非计算机专业人员以交互会话的方式使用；（4）强调对用户决策方法改变的灵活性及适应性；（5）支持但不是代替高层决策者制定决策。

### 1. 决策支持系统分类

决策支持系统自20世纪70年代提出以来，已经得到了很大发展。从目前发展情况看，主要有如下四种决策支持系统：

（1）数据驱动型决策支持系统（Data-Driven DSS）。数据驱动型DSS强调以时间序列访问和操纵组织的内部数据，也有时是外部数据。它通过查询和检索访问相关文件系统，提供了最基本的功能。后来发展了数据仓库系统，又提供了另外一些功能。数据仓库是支持管理决策过程的、面向主题的、集成的、动态的、持久的数据集合。它可将来自各个数据库的信息进行集成，从事物的历史和发展的角度来组织和存储数据，供用户进行数据分析并辅助决策，为决策者提供有用的决策支持信息与知识。再后发展的结合了在线分析处理（OLAP）系统的数据驱动型DSS则提供更高级的功能和决策支持，并且此类决策支持是基于大规模历史数据分析的。主管信息系统（EIS）以及地理信息系统（GIS）属于专用的数据驱动型DSS。

（2）模型驱动型决策支持系统（Model-Driven DSS）。模型驱动型 DSS 强调对于模型的访问和操纵，如统计模型、金融模型、优化模型和/或仿真模型。简单的统计和分析工具提供最基本的功能。一些允许复杂的数据分析的在线分析处理（OLAP）系统可以归类为混合 DSS 系统，并且提供模型和数据的检索，以及数据摘要功能。一般来说，模型驱动型 DSS 综合运用金融模型、仿真模型、优化模型或者多规格模型来提供决策支持。模型驱动型 DSS 利用决策者提供的数据和参数来辅助决策者对于某种状况进行分析。模型驱动型 DSS 通常不是数据密集型的，也就是说，模型驱动型 DSS 通常不需要很大规模的数据库。

（3）知识驱动型决策支持系统（Knowledge-Driven DSS）。知识驱动型 DSS 是具有解决问题的专门知识的人机系统。专门知识包括理解特定领域问题的知识，以及解决这些问题的技能。与之相关的一个概念是数据挖掘工具——一类在数据库中搜寻隐藏模式的、用于分析的应用程序。数据挖掘通过对大量数据进行筛选，以产生数据内容之间的关联。构建知识驱动型 DSS 工具有时也称为智能决策支持方法。智能决策支持系统（Intelligence Decision Supporting System，IDSS）是人工智能和 DSS 相结合，应用专家系统技术，使 DSS 能够更充分地应用人类的知识或智慧型知识，如关于决策问题的描述性知识、决策过程中的过程性知识、求解问题的推理性知识等，并通过逻辑推理来帮助解决复杂的决策问题的辅助决策系统。

（4）基于仿真的决策支持系统（Simulation-Based DSS）。基于仿真的 DSS 可以提供决策支持信息和决策支持工具，以帮助管理者分析通过仿真形成的半结构化问题。

### 2. 决策支持系统应用模式

完整的决策支持系统模式可以表示为决策支持系统本身以及它与"真实系统"、外部环境的关系。管理者运用自己的知识和经验，结合决策支持系统的响应输出，对他们管理的"真实系统"进行决策。对一个真实系统而言，提出的问题和操作的数据是输出信息流，而人们的决策则是输入信息流。决策支持技术的应用模型如图 2-9 所示。

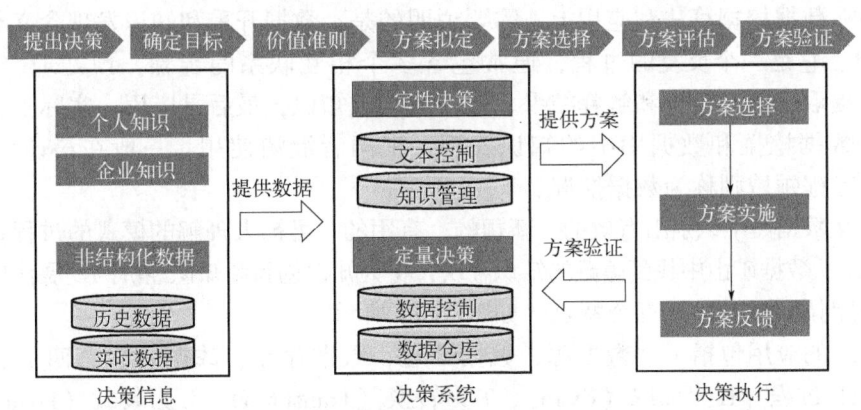

图 2-9 决策支持技术的应用模式

基本的决策支持系统是人机交互系统、数据库系统和模型库系统三个子系统的有机结合。人机交互系统是 DSS 与用户的接口，突出特点是灵活方便。DSS 中的数据既包括企业内部的数据，也包括与企业有关的来自外部的数据，在决策过程中，特别是对高层决策者来说，外部数据极为重要。但是，数据是面向过去的，因为它反映了已经发生过的事实，利用

DSS 中的模型就可以把面向过去的数据转变成面向现在或者将来的有意义的信息，模型体现了决策者解决问题的方法。

决策支持系统的基本结构大致有两大类（表 2-3）。

表 2-3  决策支持系统的基本结构

| 序号 | 基本结构 | 具体内容 |
| --- | --- | --- |
| 1 | 基于知识的 DSS 结构 | 由语言系统、知识系统和问题处理系统（PPS）三个部分组成 |
| 2 | 多库 DSS 结构 | 一般包括各类库和库管理软件及对话生成管理系统。不同的系统所包括的库的类型可能不完全一样，但它们的基本组成框架是类似的。<br>系统组成的差别可能主要体现在库的类型上，如二库结构，即系统包括数据库和模型库；三库结构，即系统包含数据库、模型库和方法库；以及加入知识库后的四库结构 |

## 三、数据仓库

视频 2-5
数据仓库

数据仓库（Data Warehousing，DW）（视频 2-5）是 20 世纪 80 年代中期，由号称"数据仓库之父"的 W. H. Inmon 在《建立数据仓库》（*Building the Data Warehouse*）一书中提出的，其定义是：数据仓库是一个面向主题的、集成的、相对稳定的、反映历史变化的数据集合，用于支持管理决策。

建立油气田数据仓库的目的是方便对数据进行分析，提取油气田数据库体系中蕴含的有用信息和知识，这一过程称为从数据库知识发现，简称知识发现或 KDD（Knowledge Discovery in Databases）。知识发现的核心是数据挖掘。所谓数据挖掘，就是从数据库中抽取隐含的、以前未知的、具有潜在应用价值的信息的过程。数据挖掘与传统分析工具不同的是数据挖掘使用的是基于发现的方法，运用模式匹配和其他算法决定数据之间的重要联系。数据挖掘算法的好坏将直接影响到所发现知识的好坏。目前大多数的研究都集中在数据挖掘算法和应用上。需要说明的是，数据开采和知识发现含义相同，表示成 KDD/DM。它是一个反复的过程，通常包含多个相互联系的步骤：预处理、提出假设、选取算法、提取规则、评价和解释结果、将模式构成知识，最后是应用。实际上，人们往往不严格区分数据挖掘和数据库中的知识发现，把两者混淆使用。一般在科研领域中称为 KDD，而在工程领域则称为数据挖掘。

KDD 是从数据集中识别出有效的、新颖的、有用的、可被人理解的模式的过程。KDD 将数据变为知识，从数据矿山中找到蕴藏的知识金块，将为知识创新和知识经济的发展作出贡献。

数据仓库技术具有以下五个特点，如图 2-10 所示。

数据仓库的应用包括了"数据源、数据处理、数据存储、数据展示"四个层面。从数据源经过 ETL 过程［E 为抽取（Extra），T 为转换（Transform），L 为装载（Load）］加载到中央数据仓库，再从数据仓库经过分类加工放到数据集市（Data Market，DM），或者将数据集市中的数据进一步存放到多维数据库（Multi-dimension Database，MDD）。数据的展示通常采用 OLAP 工具，或者通过数据挖掘做进一步的数据处理后进行前端展示。贯穿整个体系数据处理环节的是系统的流程调度控制和元数据管理。

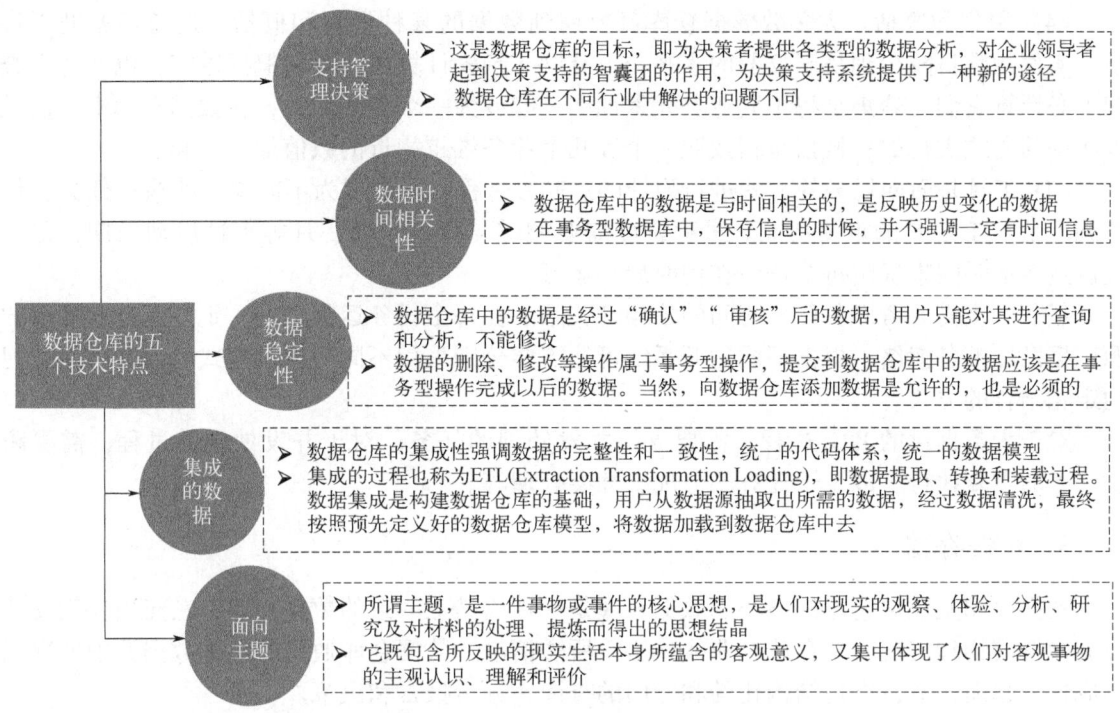

图 2-10 数据仓库技术的五大特点

### 1. 数据源

数据源可以是企业日常运作积累下来的各类业务数据，也可以是外部数据。这些数据在存放方式、存放格式、存放地点上可能是多种多样的，这就要求了数据仓库的体系结构必须能处理数据的多样性问题，如访问多种技术平台下，多种类型的 DBMS（数据库管理系统）内的数据，并解决数据远程迁移所带来的完整性和安全性的问题。

### 2. 数据处理

数据处理过程通常采用专用的 ETL 工具。从数据源经过抽取、转换、装载过程加载到中央数据库。ETL 主要完成如下任务：从源数据抽取数据、进行一定的变换、装载到数据仓库。在上述过程中，数据处理步骤如下：

（1）简单变换。数据变换最简单的形式，一次只针对一个字段，而不是考虑相关字段的值，主要有数据类型的转换、日期/时间的格式转换、字段解码等。

（2）清洁和刷洗。目的是保证前后一致地格式化和使用某一字段或相关的字段群。清洁和刷洗是两个可以互换的术语，指的是比简单变换更为复杂的一种变换。在这种变换中，要检查的是字段和字段组中的实际内容，而不仅是存储格式。一种检查是检查数据字段值的有效值，以保证它落在预期的范围之内，通常是数字范围和日期范围。数据刷洗的另一种主要类型是重新格式化某些类型的数据，这种方法适用于可以用许多不同方式存储在不同数据来源中的信息，必须在数据仓库中把这类信息转换成一种统一的表示方式。

（3）集成。要把从全然不同来源的数据结合在一起，真正的困难在于将其集成一个紧密结合的数据模型。这些数据来源往往遵守的不是同一套业务规则，在生成新数据时，必须考虑到这一差异。

(4) 聚集和概括。大多数数据仓库都要用到数据的某种聚集和概括。这通常有助于将某一实例的数目减少到易于驾驭的水平，也有助于预先计算出广泛的概括数字，以使每个查询不必计算它们。聚集是将不同业务元素加在一起或为一个公共总数，在数据仓库中它们是以相同的方式进行的；概括是指按照一个和几个业务维将相近的数值加在一起。

ETL 工具是面向任务的方式进行设计的。ETL 过程一般表现为不同周期的执行任务，任务调度是 ETL 工具的重要功能。进程调度需要能够支持日、周、月等多种启动周期，并通过设定启动时间来确定每个任务在何时启动运行。

任务调度需要考虑各任务之间的依赖性关系。在每个任务运行之前一定要保证其抽取的源数据已经准备就绪，根据不同的源系统可能需要分别采用不同的接口方式，通常采用时间约定相结合的方式。

对于大数据量的 ETL 过程，需要支持并发处理的任务。对于并发处理的过程，需要防止任务的重复执行，以及子任务的分配、冲突处理等。

### 3. 数据存储

数据存储是数据仓库的核心。数据仓库是一种语义上一致的数据存储，它充当决策支持数据模型的物理实现，并存放企业战略决策所需信息。数据仓库通过将异种数据源中的数据集成在一起而构造，支持结构化的和专门的查询、分析报告和决策。

逻辑建模是数据仓库实施中的重要一环，因为它能直接反映出决策者、管理者的需求，同时对系统的物理实施有着重要的指导作用。目前较常用的两种建模方法是所谓的第三范式（Third Normal Form，3NF）和星形模式（Star-Schema）。3NF 是数据库设计的基础理论。星形模式是一种多维的数据关系，它由一个事实表（Fact Table）和一组维表（Dimension Table）组成，每个维表都有一个维作为主键，所有这些维的主键组合成事实表的主键。事实表的非主键属性称为事实（Fact），它们一般都是数值或其他可以进行计算的数据；而维大都是文字、时间等类型的数据，按这种方式组织好数据就可以按照不同的维（事实表的主键的部分或全部）来对这些事实数据进行求和（Summary）、求平均（Average）、计数（Count）、求百分比（Percent）的聚集计算。以星型模式为基础，雪花模式是对星形模式维表的进一步层次化。雪花模式的维度表是基于范式理论的，因此是介于第三范式和星形模式之间的一种设计模式。星形模式的维表中包含了大量的冗余信息，由于访问时减少了关联表的数量，有着较高的访问效率。在实际应用中，两种设计模式都有着广泛的应用。

操作型数据存储区（Operational Data Store，ODS）是为了弥补业务系统和数据仓库之间的数据同步差距而提出的，如果通过数据仓库来实现数据集成，则实时性难以保证或者建设成本很高。ODS 是数据仓库体系结构中的一个可选部分，ODS 具备数据仓库的部分特征和 OLTP 系统的部分特征，它是面向主题的、集成的、当前或接近当前的、不断变化的数据。同数据仓库类似，ODS 也是面向主题的、集成的，但是其最大特点是数据是可更新的，甚至由业务系统通过触发器直接更新。因此，ODS 是业务系统和 DW（Data Warehouse，数据仓库）之间更偏向业务系统的数据存储区域。

数据仓库中的元数据（Meta-data）通常定义为"关于数据的数据"，是描述和管理数据仓库自身内容对象、用来表示数据项的意义及其在系统各组成部件之间关系的数据。实际上，数据仓库所提供的"统一的企业级的信息视图"能力，主要就是靠元数据来体现。从广义上来讲，用元数据来描述数据仓库对象的任何东西，无论是一个表、一个列、一个查询、一个商业规则,或者是数据仓库内部的数据转移。它在数据源的抽取、数据加工、访问与使用等过程中都会存在。实现元数据管理的主要目标就是使企业内部元数据的定义标准化。数据仓库中的元数据组成见表2-4。

表2-4 数据仓库中的元数据组成

| 序号 | 组成类型 | 具体含义 |
| --- | --- | --- |
| 1 | 数据资源 | 包括各个数据源的模型、描述源数据表字段属性及业务含义、源数据到数据仓库的映射关系 |
| 2 | 数据组织 | 数据仓库、数据集市表的结构、属性及业务含义,以及多维结构等 |
| 3 | 数据应用 | 查询与报表输出格式描述、OLAP、数据挖掘等数据模型的信息展现、商业术语 |
| 4 | 数据管理 | 包括数据仓库过程及数据仓库操作结果的模型,主要是描述数据抽取和清洗规则、数据加载控制、临时表结构、用途和使用情况、数据汇总控制 |

按照元数据的使用情况和面向对象的不同,可以将元数据分为业务元数据、技术元数据、操作元数据。

(1) 业务元数据。业务元数据用业务名称、定义、描述和别名来表示数据仓库和业务系统中的各种属性,并直接供给最终用户使用。

(2) 技术元数据。技术元数据描述了源系统、数据转换、抽取过程、工作流、加载策略及目标数据库的定义等。技术元数据可供信息系统人员和一部分最终用户使用,用来进行影响分析、变化管理、数据库优化、任务调度和安全管理等。

(3) 操作元数据。操作元数据描述了目标表中的信息,如粒度、创建目标表和索引的信息、刷新时间、记录数、按时执行任务的设置及有权访问数据的用户。操作元数据用于数据仓库的维护和分布。

# 第六节 优化技术

优化技术包括优化模型、数据拟合模型、数据筛选模型等,结合历史生产数据及专家知识库,进行参数优化、问题诊断及作业方案优化等。

## 一、优化技术原理

优化技术包括优化需求的提出和优化过程的实现。优化需求的提出一般是基于专家的经验判断,或者是基于趋势预测的技术来实现。随着信息技术的推动,越来越多的应用趋势分析技术,将专家的经验转换成业务模型,基于科学的数据分析,来发现生产过程的问题或者预判生产过程的效益降低趋势。优化过程的实现基于核心优化模型和优化算法。优化模型(数学模型)是用数学符号对一类实际问题或实际系统发生现象的(近似的)描述。而数学建模则是获得该模型、求解该模型并得到结论及验证结论是否正确的全过程,建模不仅是了解生产系统的基本规律的工具,从应用的观点来看更重要的是预测、控制生产过程和强有力的工具。

与建模密切关联的计算和模拟已经成为现代科学的一种基本技术,通常也称为仿真技术。仿真技术可以直观地展示生产环境或者是生产过程。在优化技术中，仿真技术可以展示优化过程和优化结果。

优化算法是基于模型和参数，通过数学计算获取最优生产方案的过程。优化算法实际上包括了以下三个因素：

（1）优化约束条件：是指优化计算的边界条件，通常表现为参数变量或是表达式的范围。

（2）优化目标：是效益最大化的一种描述，可以是单个目标，也可以是多个目标，如产收率、产量、效益、风险等。

（3）科学计算：简单的算法，如线性规划、非线性规划等；复杂的算法，如启发式算法，是一种全局优化、通用性强，且适用于并行处理的算法，包括遗传算法、模拟退火算法、禁忌搜索算法、神经网络优化算法、广义邻域搜索算法等。

## 二、优化技术分类

在资源不断减少、成本不断提高的今天，不管是偏远的陆上环境，还是在深水环境下，油气生产作业难度大，而且生产成本都很高。油气田公司正试图从现有资源中尽可能地获得高的产量，以及更好的油气采收率。要实现这一增效目标，优化技术是关键途径之一。从应用的角度看，优化技术包括了常规优化和一体化模拟优化两种模式。

### 1. 常规优化方法

常规优化是通过生产模拟实现单井的优化。以常规的生产模拟优化为例，在一般情况下，油藏工程人员通过油藏模拟来分析流体流经孔隙介质时的流动状态，并将存在的任何天然驱动机制和人工驱动机制考虑在内。针对目标井所做的模拟，其中重要的输出结果是作为时间函数的生产剖面。采油工程师根据这些数据建立各油井的模型，并对管道网络进行模拟。工程人员利用软件分析流体流经管道时的情况，获得流动保障问题的信息。随后，地面设备工程人员利用生产剖面和组分数据建立起工厂模型，对各种可能存在的压缩、分离和化学流程进行模拟。最后，来自油藏、管道和加工模拟过程的数据被输送到经济评价软件中。

2006年，油气行业将总收益的3%投入信息技术中，在硬件、软件和信息服务方面的投入达到20亿美元。此类技术由油藏、管道网络、处理设施和经济评价模拟器组成。过去几年中这些模拟器的精度和可靠性得到了显著提高。利用这些模拟器可以方便地对复杂储层和多相流动动态进行模拟，并对压缩机之类的重要设备的性能进行优化。尽管将这些模拟器应用在油气田的单个领域能够取得不错的效果，但当将它们成套地应用于整个油气田分析时，便会产生一些问题。各个资产和各学科之间的数据传递通常以文档的方式进行，缺乏相互沟通。其中任何一个组成部分出现变化都会对其上游和下游的绩效产生梯级效应，要想完全反映这一情况，需要在模拟过程中实施打捞的人为干预。

应用常规优化方法进行油气田规划存在两个重大问题。首先，油藏模型下游的所有模拟都是静态的，它们在资产的整个生命周期中只能代表一个时间点。要想分析任何其他的时间点，都必须重新建立模型。其次，常规优化方法未能将由它开发规划工作的动态性考虑在内。例如，在某区域钻几口新井可能会对该区域现有井的产量造成影响，从而与原计划的初衷不符。另外，更换压缩机或随后实施各种二次采油作业等情况将有可能使模型之间最初进行的数据交换失去意义。

为了更准确地预测油气田动态，模型建立必须突破原有的学科边界，利用实时动态处理技术来对相关事件的影响进行模拟，因此必须引入一体化模拟优化的理念。

### 2. 一体化模拟优化

一体化模拟优化技术是在人们熟知的 NODAL（节点分析）生产系统分析技术上演化发展而来的。人们利用这一技术来研究管道网络和石油生产系统之类的复杂且相互关联的系统。该工艺要求选择一个基准点（节点）来划分系统。在原油或天然气生产系统中，节点可能位于几个位置当中的一个位置上，比较常见的节点为井底和井口。位于井口节点上游的射孔段是内流段的一部分，而通往加工厂的管道则是外流段的一部分。

所有节点必须满足两个边界条件：（1）流入节点的流体量必须等于流出节点的流体量；（2）一个节点上只能有一个压力。作业人员由此绘制出流入节点和流出节点的压力及流量曲线，两条曲线交点的流量和压力可以同时满足流入和流出的约束条件。

将 NODAL 分析从单井扩展到更为复杂的系统是一个开拓性的方案，能够综合各种油藏、管道、处理设施和生产经济学模型来提供一种优化解决方案，是一项全新的技术。该方案实现了在一个软件系统中，将各种资产、计算环境和位置调节下的模拟器联系在一起的计算框架体系。

一体化资产模拟生产方案可以提供端到端的解决方案，能够将油藏（如 Eclipse 油藏模拟软件）、油井和地面基础设施（如 PIPESIM 生产系统分析软件）及处理设施（如 HYSYS 处理模拟软件）在同一个生产管理环境下联系起来。除了专用的商业模拟软件之外，还可以将其他学科的模型整合到整个模型体系中。

一体化模拟方案为油气田全生命周期动态预测提供了一个阶式的迭代解。与 NODAL 分析相似，工程人员利用现有的边界条件对一个节点的每个时间步长进行两次迭代计算：第一次计算用于确定油藏内部可以达到的产量和压力数值，第二次计算用于确定设施网络内的产量和压力数值。上述两种迭代计算反复进行，直到整个耦合系统的流量和压力匹配为止。随后，模拟器对下一个时间步长重复计算过程，这样的迭代计算可以延续到期望的油气田寿命。

对于一些复杂的油气田系统也可以进行显式组分模拟。当需要利用状态方程对油藏流体动态随深度的变化进行描述时，这种模型可能最适合凝析油、挥发油、稠油、注气开发和二次采油系统。不同组分模型的多个油藏能够与地面网络相连接。

一旦模型建立后，就为端到端的油气田优化提供了明确的路径，为提高现有油气田产量提供了最有经济效益的方法。

## 第七节　知识管理和搜索技术

知识管理就是在组织中建构一个量化与质化的知识系统，让组织中的资讯与知识，通过获得、创造、分享、整合、记录、存取、更新、创新等过程，不断回馈到知识系统内，永不间断地累积个人与组织的知识，成为组织智慧的循环，在企业组织中成为管理与应用的智慧资本，有助于企业做出正确的决策，以应对市场的变迁。

## 一、知识管理技术

视频 2-6 知识管理系统

知识管理（视频 2-6）是为了知识的创造与知识累积及应用，通过知识管理使知识产生新的生命与价值。从企业的观点来看，知识管理的目的可以分为以下几点：（1）制定企业发展战略，运用网络技术以帮助企业发展及知识传递；（2）依照所制定的知识管理策略，实际建立协助组织与组织间相关运作的合作团体；（3）透过知识管理机制，协助组织内部知识使用及发展。

知识管理是未来企业提高工作效率和增加竞争力的关键。一个企业致力于知识管理时，应该明确地了解知识管理真正的目的与对象，而非仅将现有的知识储存，而应该配合现有组织环境与流程，将企业与员工的知识资产，通过知识管理的机制，辅以信息科技工具，达成组织体系与知识管理的目标。

作为企业不可或缺的核心基础——内容管理方案，便成为业界炙手可热的新议题。内容管理和知识管理并不是独立存在的，内容管理的目的还是达到知识管理，内容管理和知识管理好比一个是过程，一个是目的。目前，内容管理和知识管理在各自关注的领域独立发展是有好处的，随着发展的不断深入必然实现交叉融合，最后内容管理就会真正成为知识管理的一部分。

### 1. 知识管理业务流程

知识型企业在经营活动中以知识为中心，形成围绕知识的投入—知识的转化—知识的创新的无限循环过程，在这个过程中，所有的投入都被一条无形的链所联系起来，这条无形的链就是知识链，也就是知识管理流程。

从业务流程的角度，知识管理可分为采集、组织、存储、更新、检索、转移、分享、测评、应用和创新 10 个环节，这 10 个环节相互承接与联系，共同构成知识的基础管理体系，称为"K10 知识链"，如图 2-11 所示。

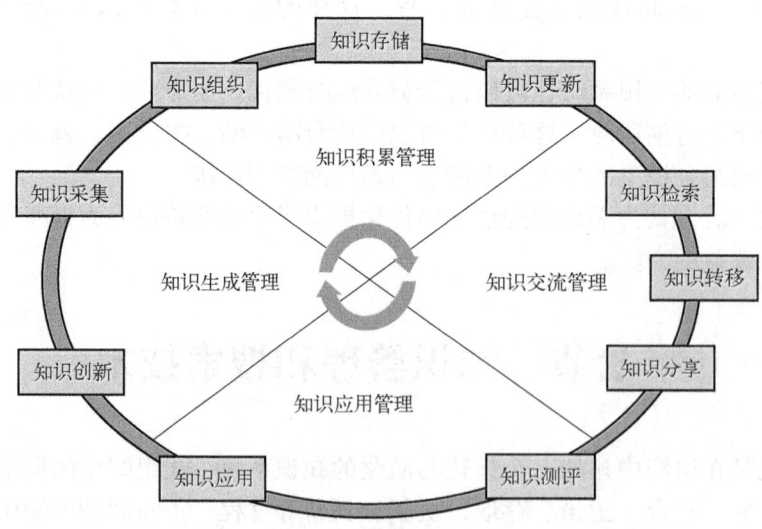

图 2-11 知识管理流程

按照它的运行特征可以分为知识生成管理、知识积累管理、知识交流管理和知识应用管理4个独立的环节，它们之间存在首尾闭合的环路关系，也称 PSCA 闭环。PSCA 的4个环节相互影响，形成一个有机的管理体系，构建起有效的作用传导机制，同时还实现了一个价值的循环，即知识增值，实现了知识本身的资本化或产品化。

企业知识管理的实质就是对知识链进行管理，使企业的知识在运动中不断增值。一个企业要进行有效的知识管理，关键在于建立起一个适合的知识管理体系。

2. 知识管理体系

知识管理体系总体上分为知识管理理念和知识管理的软硬件两大部分。其中，知识管理理念分为企业制度和企业文化两个方面。企业制度包括确立企业的知识资产和制定员工激励机制，从而加强管理者对知识管理的重视并鼓励员工积极共享和学习知识。企业文化包括企业共享文化、团队文化和学习文化，帮助员工破除传统独占观念，加强协作和学习。知识管理的硬件对应的是知识管理平台，是一个支撑企业进行知识收集、加工、存储、传递和利用的平台，通过因特网、内联网、外联网和知识门户等技术工具将知识和应用有机整合。知识管理的软件对应的是知识管理系统，它是一个建立在管理信息系统基础之上实现知识的获取、存储、共享和应用的综合系统，通过文件管理系统、群件技术、搜索引擎、专家系统和知识库等技术工具，使企业显性知识和隐性知识得到相互转化。

从国内外成功实施知识管理的案例来看，知识管理体系实现成功的关键是：制定企业知识管理战略，建立知识创新激励机制，塑造知识共享的企业文化氛围；设置知识主管专门负责企业知识管理工作，开发知识创新能力；与企业的业务流程相结合，调整企业知识结构；建立企业知识管理系统，管理知识生产、交换、整合和内化；对知识管理体系制定评价方法和原则，以期改进。

知识管理的信息体系分为：知识库、知识转化与分析机制、知识分享与学习机制、知识增值与创新机制、知识管理的评量与绩效机制。知识库的知识来源是组织内部或外部数据，从信息呈现的形式上可分为结构性数据与非结构性数据，可以分别通过数据库与文件（内容）管理系统技术来支持这些数据的取得与储存。这两项技术所得的数据多是组织营运层面的产出，这些技术整合原有的信息系统、远程各式传统数据库系统及一般文件系统、网络信息等，经由完整数据转换程序，将数据分析及萃取后信息储存于知识库，更进一步通过知识转化与分析机制中文本挖掘（Text Mining）技术及在线分析处理技术，提供用户所需的动态及非结构化信息，再将各式不同类型的信息系统整合，来自组织内部的信息系统或已经电子化/数字化的数据、组织外部的数据库、网络信息等，各式相关的信息以自动的方式汇入，建立组织内不同领域的知识库。

（1）文件（内容）管理系统。一套文件管理系统除了必须具备文件分享功能外，还提供文件的整理、分类、查询、版本管理等功能。此外，它还会对文件内容深入进行基本分类及搜寻工作，所以这类技术也常被称为内容管理技术。文件分类整理，需先适当地定义组织内每一种内容类及其相关的描述性摘要信息，称为元数据（Metadata），以此提高文件发布和搜寻功能的性能。

（2）技能管理系统。文件管理系统管理组织的显性知识；技能管理系统则掌管隐性知识，组织可用技能管理系统跟踪管理拥有隐性知识的人才，形成人才库。技能管理系统也称职能管理系统，常被建置于人力资源管理系统之下，它并不仅是记载职员的资历潜能，凡客户、供货商、合伙商、项目合作伙伴及职位权责等相关信息的详细记录皆通过工具集于技能管理系统中，之后还能利用搜寻或分析功能建构起组织整体的知识地图。

### 3. 知识管理系统

实际的知识管理系统应根据企业的实际情况进行设计，一般由核心数据库、知识管理系统、智能搜索引擎、工作流引擎和前、后台应用功能组成。图 2-12 是一种知识管理系统的示意图。

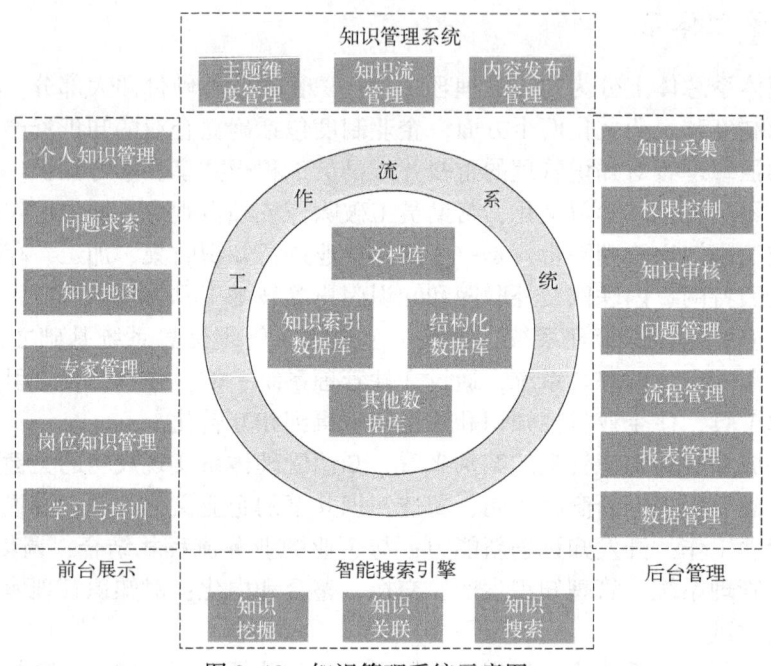

图 2-12　知识管理系统示意图

（1）核心数据库：解决不同数据标准的索引和获取问题，主要是不同数据库、不同数据介质的统一索引与数据获取。

（2）知识管理系统：实现知识积累、整理、共享与重用的核心服务，通过权限管理、知识流程管理、维度管理实现知识的高效应用，起到百宝箱分类处理的作用。

（3）智能搜索引擎：实现用户海量知识搜索、分析及挖掘的应用，起到处理知识垃圾堆的作用。

（4）工作流引擎：是知识流转功能的核心服务器，实现各项应用功能的流转服务，并调用知识搜索引擎与知识管理系统服务，是应用功能与数据处理间的桥梁。

（5）前、后台应用功能：实现知识管理系统的知识积累、日常运转、知识维护、业务应用等功能。

## 二、搜索技术

### 1. 搜索引擎的分类

互联网的迅速发展和广泛普及导致网上信息爆炸性增长。目前，存在数量众多的搜索引擎，根据它们所基于的技术原理，可以把它们分成三大主要类型：基于机器人的搜索引擎、目录式搜索引擎和元搜索引擎。

1) 基于机器人的搜索引擎

引擎的特点是利用一个机器人（Robot），也叫作 Spider、Web Crawler 或 Web Wanderer 的程序以某种策略自动地在互联网中收集和发现信息，由索引器为收集到的信息建立索引，由检索器根据用户的查询输入检索索引库，并将查询结果返回给用户。服务方式是面向网页的全文检索服务。

基于机器人的搜索引擎一般要定期访问大多数以前收集的网页，刷新索引以反映出网页的更新情况，去除一些死链接，网页的部分内容和变化情况将会反映到用户查询的结果中，这是基于机器人的搜索引擎的一个重要特征。

该类搜索引擎的优点是信息量大、更新及时、无需人工干预；缺点是返回信息过多，有很多无关信息，用户必须从结果中进行筛选。这类搜索引擎的国外代表是 AltaVista、Northern Light、Excite、Infoseek、Inktomi、FAST、Lycos、Google；国内代表为百度、悠游、Open Find 等。

2) 目录式搜索引擎

目录式（directory 或 catalog）搜索引擎以人工方式或半自动方式收集信息。目录式搜索引擎的数据库是专职编辑或志愿人员建立起来的，这些编辑人员在访问了某个 Web 站点后撰写一段对该站点的描述，并根据站点的内容和性质将其归为一个预先分好的类别，把站点的 URL 和描述放在这个类别中。信息大多面向网站，提供目录浏览服务和直接检索服务。很多目录也接受用户提交的网站和描述，当目录的编辑人员认可该网站及描述后，就会将其添加到合适的类别中。

目录的用户界面基本上都是分级结构，首页提供了最基本的几个大类的入口，用户可以一级一级地向下访问，直至找到自己感兴趣的类别。另外，用户也可以利用目录提供的搜索功能直接查找一个关键词。

目录式搜索引擎加入了人的智能，因此用户从目录搜索得到的结果往往比从基于机器人的搜索引擎得到的结果更具参考价值。其缺点是需要人工介入、维护量大、信息量少、信息更新不及时。这类搜索引擎的代表是 Yahoo、AOL、Lycos、Open Directory 等。

3) 元搜索引擎

元搜索引擎（Meta Search Engine），被称为搜索引擎之上的搜索引擎。用户只需递交一次检索请求，由元搜索引擎负责转换处理后提交给多个预先选定的独立搜索引擎，并将所有查询结果集中起来以整体统一的格式呈现到用户面前。由于采用了一系列的优化运行机制，它能够在尽可能短的时间内提供相对全面、准确的信息，而且即使不能完全满足用户需求，仍可以作为相对可靠的参考源进行扩展搜索，因此，成为备受推崇的检索首选入口。

一个真正的元搜索引擎由三部分组成，即检索请求提交机制、检索接口代理机制、检索结果显示机制。"请求提交"负责实现用户个性化的检索设置要求，包括调用哪些搜索引擎、检索时间限制、结果数量限制等；"接口代理"负责将用户的检索请求翻译成满足不同搜索引擎"本地化"要求的格式；"结果显示"负责所有源搜索引擎检索结果的去重、合并、输出处理等。这类搜索引擎的代表是 Byte Search、Mamma、Meta Crawler、Profusion 等。

传统的搜索技术具有一定的局限性，主要体现在以下四个方面：（1）信息丢失。一般来说，目录式的搜索引擎由于目录只在对站点的描述中进行搜索，因此站点本身的动态变化不会反映到搜索结果中，对网站的描述也十分简略，其描述能力不能深入网站的内部细节，因此用户不能查询网站内部的重要信息，造成了信息丢失。（2）返回信息太多。基于机器人的搜索引擎由于应用了全文检索技术，能够解决对网页细节的检索问题。从理论上说，只要网页上出现了某个关键词，就能够使用全文检索用关键词匹配把该网页查出来，但是这又导致了它的缺陷——返回的信息太多。（3）信息无关。返回信息过多是全文检索给人直观感觉到的问题。除此之外，信息无关问题也给信息检索带来了不少困难。（4）很多情况下，用户很难简单地用关键词或关键词串来忠实地表达他们所真正需要检索的内容，表达困难导致检索困难。

人类的自然语言中，随着时间、地域或领域的改变，同一概念可以用不同的语言表现形式来表达。因此，对同一概念的检索，不同的用户可能使用不同的关键词。

造成上述信息检索困难的原因，实质在于传统的搜索引擎对要检索的信息仅仅采用机械的关键词匹配来实现，缺乏知识处理能力和理解能力，也就是说搜索引擎无法处理在用户看来是非常普通的常识性知识，更不能处理随用户不同而变化的个性化知识、随地域不同而变化的区域性知识，以及随领域不同而变化的专业性知识等。

因此，结合人工智能技术的智能搜索引擎把信息检索从目前基于关键词层面提高到基于知识（或概念）层面，是解决问题的根本和关键。

## 2. 智能搜索引擎

在浩瀚的信息海洋中，人们只有依靠搜索引擎才能不至于迷失方向，才能迅速找到所需的信息。因此，产生了越来越多的搜索引擎。各种搜索引擎的功能侧重并不一样，有的是综合搜索，有的是商业搜索，有的是软件搜索，有的是知识搜索。单一的搜索引擎不能完全提供人们需要的信息，因此需要产生一种软件或网站把各种搜索引擎无缝地融合在一起，于是智能搜索引擎也随之诞生了。

智能搜索引擎是结合人工智能技术的新一代搜索引擎。它除了能提供传统的快速检索、相关度排序等功能，还能提供用户角色登记、用户兴趣自动识别、内容的语义理解、智能信息化过滤和推送等功能。由于它将信息检索从目前基于关键词层面提高到基于知识（或概念）层面，对知识有一定的理解与处理能力，具备分词技术、同义词技术、概念搜索、短语识别及机器翻译技术等。智能搜索引擎具有信息服务的智能化、人性化特征，允许网民采用自然语言进行信息的检索，为他们提供更方便、更确切的搜索服务。这类搜索引擎的国内代表有尤里卡、问一问、21ilink、孙悟空、悠游等；国外代表有 Ask jeeves, Google 等。

智能搜索引擎设计追求的目标是：根据用户的请求，从可以获得的网络资源中检索出对用户最有价值的信息。

智能搜索引擎具有信息服务的智能化、人性化特征，允许网民采用自然语言进行信息的检索，为他们提供更方便、更确切的搜索服务。

智能搜索引擎的主要特点是：用户只要一次性输入搜索关键词就可以通过鼠标点击，迅速切换到不同的分类或者引擎，极大地减少了手工输入网址打开搜索引擎、选择分类、再输入关键词搜索的时间。各智能搜索界面大同小异，一般上面一行是搜索分类，中间是关键词输入框，下面一行是搜索引擎。

1) 智能搜索引擎技术特点

在互联网上，智能搜索能实现一站式搜索网页、音乐、游戏、图片、电影、购物等目前互联网上所能查询到的所有主流资源。它与普通搜索引擎（百度和谷歌等）所不同的是：它能集各个搜索引擎的搜索结果于一体，使人们在使用时更加方便。当然，严格来说它不算是一个搜索引擎，但它比搜索引擎更方便。各个智能搜索引擎技术的实现各不相同、各有特点，但从实现智能搜索基本思路上是相通的，主要有以下三个特点：

（1）知识库就是基石与循环。知识库是实现智能搜索的基础和核心，知识库就像人脑里存放的知识。人脑是人们认知、理解世界和改造世界的基础。人脑所做到的不仅是对信息的接受，而且是对信息的判断、提取、分析和概括之后形成自己的知识，然后保存到大脑中，成为下一次分析、概括的依据和基础。这样，人脑的知识就处在一种自增长的过程。人们掌握知识的多少，决定了人们认知、理解和改造世界的程度。知识库的形成与增长，就如同人脑知识的增长，也处于一种自增长自循环的状态，知识库的丰富程度也同样决定着检索能力的高低。

（2）信息库就是互联网。互联网是一个巨大的、非结构化而且处于不停变化的信息空间。信息库可以起到两方面作用。首先，信息库是知识库存在和发展的空间，知识库所做的其实就是对信息库的判断、提取、分析和概括，所谓知识是从信息来，就是这个道理。其次，信息库也是用户所要检索的内容，智能搜索引擎所做的就是通过知识库把用户的问题提高到知识（概念）的层面，然后利用这个知识（概念）检索信息库。

（3）智能搜索就是知识库与信息库的有效结合。要实现两个核心库的有机结合要做到以下三点：语义分析、知识管理和知识检索。

语义分析是分析用户语言的具体含义。它应该实现以下几个功能：整句分词，处理同义词，根据知识库分析关键词、明确概念和语义，以及一定程度地丰富知识库。

知识管理主要实现知识库的自增长。知识库的增长基础是对信息库的概括和提取，所以知识管理首先要做到对信息库的分析和概括，然后是对知识库的扩充。

知识检索是实现智能搜索的最后一环，通过语义分析结果，明确用户用意，对信息库进行知识（概念）层次的检索，在给出准确答案的同时，给出用户相关问题，从多方位对用户的问题进行回答。

2) 智能搜索引擎技术优点

智能搜索引擎具有以下四个优点：（1）搜索结果的准确性；（2）搜索结果的范围定位准确；（3）搜索结果的综合性；（4）搜索结果的智能性。

（1）搜索结果的准确性。由于采取了知识库为基础的语义分析，在进行检索过程中，采用的不是关键词全文检索，而是基于概念的检索，如输入"北京天气怎么样？"，传统搜索引擎返回的结果连小说都检索出来了，因为小说内容包括"北京天气怎么样？"这句话，而智能搜索引擎，由于采取语义分析的方法，分析出北京天气这个概念，直接给出北京的天气情况预报。

（2）搜索结果的范围定位准确。由于采用知识（概念）检索技术，明确和缩小了搜索范围，减少对无用信息范围的检索，如上面的例子，智能搜索引擎只在天气这个范围进行检索，从而提高了检索效率，减少了无用信息。智能搜索引擎是以搜索结果准确、范围小为特点的。

（3）搜索结果的综合性。由于采用了知识库，搜索引擎将给用户提供更全面、更综合和更合理的知识框架。在这里，信息检索只是信息服务的一部分，如输入"在北京怎么找工作？"，给出的答案不仅仅是给出"北京地区的招聘信息"，而且还给出"北京地区的人才政策""求职技巧"等信息。

（4）搜索结果的智能性。所谓智能来自知识，有综合知识库作为背景，信息检索和导航服务将更智能。知识库中的知识有助于解决前面提到的"表达差异"问题。例如，只要定义"计算机""电子计算机""电脑"是同义关系，就可以消除用户使用不同的词表达同一概念而带来的检索困难。另外，知识库对用户的查询进行相关性联想，提供引导用户进行下一步查询的线索。这样一步一步地在与用户的交互过程中诱导用户表达出他们真正想找的东西，从而实现对查询的智能导航。这种逐步求精的策略解决了信息检索"忠实表达"的难题。

建立理论上完备的知识库是不现实的。这是因为人的知识，特别是常识性知识具有"数量"上的浩瀚无际，在"质量"上又有高度的不确定性和模糊性，要建立这样一个知识网络是极端困难的。然而，这丝毫不会影响基于知识库的智能搜索技术的可行性和可操作性。这是因为，理论上完备的知识库虽然难以实现，但是可以通过降低求解目标的方法，针对具体的搜索引擎需求，建立相应的知识库（或称概念图），这里的知识库是对理论上完整知识库的一种近似，一种局部实现。针对某一领域，甚至某一站点所有网页所反映的知识来构造一个局部的小知识库是相对容易实现的。它的知识在数量和质量上虽然不能与理想的知识库相比，对具体搜索任务却是实用的。更重要的是，知识库里的知识可以在使用中不断改进，数量上不断增加，质量上不断提高。这是一个对知识进行训练的过程，可以通过人来完成，也可以使用机器学习等手段来实现。

## 第八节　信息集成技术

视频 2-7　信息集成技术

信息集成（视频 2-7）是指多个信息系统之间采用统一的标准、规范和编码，通过信息交互技术，实现信息共享、应用整合、流程协同、界面统一等，进而可实现跨业务领域的用户协同工作。

### 一、信息集成技术原理

信息集成在应用层面上包括数据集成、应用集成、流程集成和用户界面集成。根据集成的方式不同，信息集成技术主要包括企业服务总线（ESB）集成技术、工作流整合技术、ETL 数据加载技术等。此外，在实时信息处理领域，有特别的应用技术和产品。

标准化是信息集成的基础，主要包含通信协议标准化、报文格式标准化、产品数据标准化、业务流程标准化和交互界面标准化等。

### 二、ESB 集成技术

ESB 集成平台提供了一个基于标准的松散耦合应用模式。基于 SOA 的设计理念，信息集成包括服务提供方、服务代理、服务请求方。ESB 集成平台主要实现了服务代理的角色，由表 2-5 中的三个层面的功能构成。

表 2-5　ESB 集成平台内涵

| 序号 | 层面 | 内涵 |
| --- | --- | --- |
| 1 | 总线接入层 | 通过这一层可以使用户各种应用接入 ESB，使用 ESB 的各种服务。在这一层提供对多种主流应用的接入协议支持，如 HTTP、JCA/J2C、NET、MQ 等，同时也可以支持定制的应用与 ESB 的连接 |
| 2 | 核心层 | 提供多种企业服务总线所需的必要服务支持，在这一层除了提供总线基本服务（如分发/订阅、队列、安全服务、仲裁服务等）外，还包括 QoS 的支持（如高可用性、确保消息传输等） |
| 3 | 流程处理层 | 这一层是侧重在业务支持上。通过通用和标准的对象及服务模型，可以在这一层上定义可重用和基于业界标准的业务流程 |

总线接入主要是通过适配器技术将原有数据库系统、应用系统和原有网络服务组件封装起来，实现系统之间的互通互联。适配器一般可分为四类，即：企业应用系统适配器、技术标准类适配器、主机系统适配器和自行开发适配器。

1. 企业应用系统适配器

企业应用系统通常指的是那些大型的、集成封装程度很高的应用软件系统，常常被应用在 ERP（企业资源规划）、CRM（客户关系管理）、SCM（供应链管理）等领域内，例如 JD Edwards、Lotus Notes、PeopleSoft、SAP R/3. Siebel 和 SWIFT 系统等。对上述系统的连接一般有两种方式可以选择：（1）企业应用系统厂商提供的连接解决方案；（2）专业 EAI（企业应用集成）厂商提供的应用适配器。

企业应用系统产品厂商一般都会提供自身的 EAI 解决方案，这些方案均提供了外部系统连接接口，实现数据交换、流程整合等业务功能。而专业 EAI 厂商提供的应用适配器则通常是建立在产品厂商 EAI 解决方案的基础之上，并很好地封装了复杂的系统内应用逻辑。比较而言，供应商自身所提供的 EAI 解决方案更多关注的是和自身其他产品的集成优化，对多元化的其他集成对象不能提供更优秀的集成性能。而专业 EAI 厂商所提供的企业应用系统适配器不仅能够保证被集成产品广泛的覆盖面，相比之前几种方式又屏蔽了这些应用系统内部的复杂逻辑，减少了对相应适配器编程接口的学习时间。因而在选择 EAI 平台时，应尽可能选择专业 EAI 厂商所提供的企业应用系统适配器。

2. 技术标准类适配器

除了与打包的商业应用系统相连的适配器之外，还有一种非常重要的适配器，即通过业界标准或其他技术手段和应用系统相连的适配器，如 JDBC、XML、Web Services、JMS、文件适配器等，其中最为常见的是数据库适配器。在构建 EAI 平台时，采用合适的数据库适配器，可以省去传统的编程工作，大大提高了开发效率，减轻了技术人员的工作负担。

除了数据库适配器之外，符合 JCA 标准的适配器也是目前 J2EE 环境下一种常见的技术标准类适配器。JCA 是在 J2EE1.3 的版本规范中提出的，由企业信息系统（EIS）厂家来执行和提供。JCA 的资源适配器是规范化的 EIS 代理，可插入任何符合 J2EE 规范的应用服务器中，并通过应用服务器提供的标准 EIS 访问接口—通用客户机接口（Common Client Interface，CCI）来对 EIS 执行操作。JCA 向基于 EAI 的应用程序开发者提供了一个将 EIS 整合进入 J2EE 的标准方法。

### 3. 主机系统适配器

对于某些行业中常见的主机（Mainframe）结构，EAI 产品也会提供相应的适配器，这些适配器会提供业务应用和数据库与主机之间的实时双向交易，由于主机中的逻辑组件一般包括 CICS、IMS、COBOL、MQ Se-ries、DB-2 等，相应地与主机通信的适配器也包括 CICS 适配器、IMS 适配器、Files 适配器、Sockets 适配器和 DB-2 适配器等。

### 4. 自行开发适配器

为了方便用户开发自己需要的适配器，EAI 产品需要提供适配器开发工具包（Adapter Development Kit，ADK）。ADK 对 EAI 产品逻辑进行了封装，对开发者来讲，利用 ADK 只需要将注意力集中在所连接系统的接口实施上。

核心层提供了企业服务总线所需的各种服务支持，主要包括表 2-6 中所述的七个方面。

表 2-6 核心层的服务支持

| 序号 | 服务支持 | 内容 |
|---|---|---|
| 1 | 安全服务 | 对消息的接入进行身份认证和权限控制 |
| 2 | 队列服务 | 实现消息的队列控制，包括不同队列类型、消息的生命周期、消息的异常处理等 |
| 3 | 传输服务 | 实现安全、可靠的数据传输；支持不同的消息类型，包括永久性/非永久性、同步/异步处理等 |
| 4 | 分发/订阅 | 支持多对多的消息访问处理 |
| 5 | 路由服务 | 灵活管理访问系统、服务提供系统的对应关系 |
| 6 | 格式服务 | 包括消息的格式定义、格式转换等 |
| 7 | 全周期的管理 | 实现对集成的开发、发布、监控、审计的支持 |

ESB 集成平台的业务处理由一系列的处理节点组成（微流程）。微流程的业务处理通过客户化的开发、配置等可以实现。通过对微流程的组合、拆分、路由等方式的控制，实现业务处理流程的控制和流转。通过微流程的参数化定义和配置，可以实现业务流程对象的重用，从而实现业务流程的处理和控制。

与工作流引擎不同的是，ESB 的流程控制是面向单个业务处理过程，工作流是面向人员协同工作。

## 三、工作流整合技术

工作流整合，主要包括业务流程管理（BPM）、业务行为监控（BAM）、企业间集成（B2Bi）等内容。

### 1. 业务流程管理

业务流程管理是在企业范围内实现业务流程自动化，使得企业应用之间不再孤立，企业的软件更加模块化、标准化，从而使企业变得更加敏捷、更加灵活。业务流程管理最突出的，是能够实现自动和手工混合流程的自动化，把流程中涉及的系统连接起来，实现业务步骤（包括手工的和系统实现的）的自动化。多个流程可以作为独立的单元进行存取，也可以联合起来形成一个更高层次的流程。业务流程管理是一个完整的企业应用集成实现策略，它使企业内的一个个分离系统变成一个支持业务过程的连续系统，满足企业的整个业务过程需求。在一个基于流程的企业中，企业为其所有的业务事务处理都清楚地定义了过程，企业的每一个活动都是为了完成特定的业务过程任务，而与过程任务无关的活动都被排除在企业之外。业务流程通常都是由事件驱动的，事件就是用户行为、软件或时间等引起的一些活动或状态。业务流程管理实现了跨越多个异构的应用系统的业务过程自动化。

业务流程分企业内部业务流程和企业外部业务流程。因此，企业需要实现的业务流程集成分为三部分：内部业务流程集成、外部业务流程集成和内外部业务流程集成。企业的内部业务流程集成是由通过业务流程管理实现的，外部业务流程集成是通过企业间集成实现的，内外部业务流程集成是通过业务流程管理和企业间集成共同实现的。

业务流程管理（BPM）实现了一个平台两种业务流程模式（业务流程自动化和人员介入工作流）的融合，包括流程建模、流程监控、工作流等方面。

1）流程建模

流程建模是对业务模型进行集中设计并对模型进行管理。流程建模使用活动图形和常用结构图等模型结构来设计业务模型，用可视化方式建造内部和外部不同组织的控制流模型。流程建模通过组织外界用户和合作伙伴，表述部分外部控制的业务流程，创建流程体系（流程和子流程分组），实现层次控制和流程再利用。流程建模可以集成企业应用系统、主机系统、数据库、应用服务器、员工工作流程和企业接入业务伙伴系统，同时为业务分析师提供可视的、易懂的程序自动化解决方案。可视化的流程建模工具包括图形化的流程设计和管理界面、流程运行时可视化的维护管理和监控分析界面。

2）流程监控

流程监控是对系统中的核心业务流程进行分级和分类（分级可以按照业务的优先级来划分，分类可以按照业务类型进行归类）管理。使用预定义的图形格式监察特定流程实例，对业务流程的动态执行过程实时跟踪，并对业务流程执行情况（如业务流程执行成功、失败、回滚）进行统计。通过流程监控，从业务的角度来分析业务流程，为高层提供决策支持。流程监控还提供通知和预警机制，能够更有效地控制业务流程的运行。

3）工作流

业务流程自动化只是解决了业务流程管理中的部分问题。随着程序的自动化，人的工作就集中在异常事件的处理。然而，当需要人员参与频繁判断、决策标准确定需要层层审批或需要用户确定，以及进行丢失命令位置分析等工作时，流程自动化就不适合了。

工作流是指那些需要人工进行干预的业务流程。工作流的实现是基于可视模型，管理和实现以人为本的业务流程的不断精简，通过设计、部署、管理并维护工作流，可分阶段部署工作流，不用在控制工作流的效益实现前就对所有业务流程重新设计，并把工作流覆盖到企业的各个方面。

工作流通过人机交互界面的方式来订制，在使用上支持客户端。通过 EAI 平台提供的图形化的设计工具，工作流无须编程即可支持快速的、组织管理严密的流程开发和部署。用户可以在工作流设计中完成流程中数据结构的定义，进行数据映射，无须编写代码。工作流在设计上支持路由选择、连接、控制、比较、计时和通知等功能。同时 EAI 平台提供的协同工作、版本管理功能在不影响运行工作流程的情况下升级和部署业务流程。

通过流程监控，可以监控工作流上的所有工作流的状态，包括工作流是否被激活、工作流被执行到哪一个任务环节、工作流中的某一任务是否已经被处理或正被处理等。

2. 业务行为监控

关键绩效指标是对企业总体战略目标的分解，反映最能有效影响企业价值创造的关键驱动因素。业务流程管理是对关键绩效指标的访问，采用实时监控、警报、干预方式，获得商业运作的实时数据，来改进商业运作的速度和效率，为今后商业活动提供警报。业务行为监控的宗旨在于实时获得业务流程运行的状态，自动提供客观分析报告，以优化、改进业务流程，其改进包括技术层面，也包括人员、管理层面。

尽管业务流程管理经常使用数据仓库和其他工具提供与业务警报有关的信息，但业务行为监控不是历史记录的回顾，它专注于跨应用系统的监控，把来自多个逻辑或物理独立的资源事件和消息联系在一起，提供满足业务需要的实时监控。业务流程管理在技术实现上包括应用集成和业务流程管理（BAM 中的业务监控是由 BPM 中的业务监控实现的），以及 EAI 与商务智能、数据仓库和网络系统管理这些其他技术领域的技术集成。虽然业务流程管理的实现需要商务智能、数据仓库和网络系统管理技术的辅助支持，但业务行为监控是从 EAI 出发，实施业务流程管理和应用集成，因此业务流程管理仍被划归为 EAI 的业务流程管理层的范畴，它是 EAI 的一个发展趋势。

业务流程管理是在企业实施完业务流程管理方案的基础上发展起来的。企业在实施完业务流程管理方案之后，可以从业务流程层面，快捷、方便地进行业务设计和业务部署能力。同时通过业务流程监控工具，采集业务流程运行的实时信息，对业务流程进行管理。许多决策分析工具可以帮助用户采集大量业务基础数据，并对这些数据进行抽取、挖掘、多维分析，最终为决策层提交业务操作报告，确定业务操作的不足，为决策层制定企业的进一步发展规划和实施策略提供众多的管理信息。但是，目前的决策分析工具所采集的业务基础数据基本上是采用批量导入的方式，实时性比较欠缺。众多业务基础数据已经被记录到核心的运作数据库中，因此，如何有效地把实时的业务数据和决策分析工具完美地集成起来，为决策层提供经过实时分析得到的管理数据，就是业务行为监控需要解决的问题。通过实施业务行为监控，企业具备了敏捷型企业所要求的素质，快速地响应市场变化，快速地调整业务策略，快速地实施业务流程，同时根据反馈的信息进行快速地优化调整。

业务行为监控结合 AI（应用集成）、BI（商业智能）、BPM、DW（数据仓库）和 NSM（网络服务管理）等技术，让各自领域内的优势与对方充分融合，为企业提供统一的企业集成和实时可见的商务活动平台（BAP），为企业提供了端到端集成与实时可见商业智能（BI）相结合的解决方案。

3. 企业间集成

企业间集成，B2Bi 即 B2B Integration，指企业间的信息整合，即企业合作伙伴间，集合彼此的业务流程、应用软件、资料及 Web 功能，使参与的商业伙伴均能够即时获得相关信息，并予以回应，使企业充分协同作业并达到企业延伸，目的在于使得企业社群整体皆能获利。B2Bi 基于外部网络（如 Internet），安全而有效地实现信息交换与交易发生。不同贸易伙伴间存在不同的贸易协议与数据格式，同样通过协议转换与数据传输服务，实现这些信息的发送、接收与验证。

B2Bi 作为 EAI 规范标准的一部分，在 EAI 中的作用主要侧重于企业合作伙伴上下游间的流程整合。它与 EAI 处理企业内部在应用程序和资料上的整合方式非常相似，如两者间所使用的技术非常相似，此外两者的整合方式也非常相似，大部分情况下，在执行企业整合前，应当先整合企业内部资源。

## 第九节　云计算技术

2001 年，Google CEO Eric Schmidt 在搜索引擎大会上首次提出"云计算"的概念。2004 年，Amazon 陆续推出云计算服务，成为少数几个提供 99.95% 正常运行时间保证的云计算供应商之一。2007 年，随着 IBM、Google 等公司的宣传，云计算概念开始获得全球公众和媒体的广泛关注。2010 年，亚马逊的 AWS、微软的 Azure、谷歌的 GCP 等公共云服务商迅速崛起，许多企业开始构建自己的私有云环境，同时也采用混合云模式，将公共云和私有云进行整合，以满足不同业务需求和安全合规性要求，使云计算技术在规模化、智能化、安全性和可靠性等方面都取得了长足的进步，成为支撑数字化转型和创新的重要基础设施。2020 年以后，云计算继续快速发展，企业和组织可以通过利用云计算的弹性、灵活性和成本效益，实现更高效的业务运营和增强竞争力，推动了数字化转型和创新。

对于云计算，目前并没有统一的定义。维基百科的定义是：云计算是一种基于互联网的计算新方式，通过互联网上异构、自治的服务为个人和企业用户提供按需即取的计算。Berkeley 大学则认为云计算是指在 Internet 上以服务发布的应用以及支撑这些服务的数据中心的软件和硬件。

云计算（视频 2-8）的本质是网络为用户提供的按需服务，即 Service on Demand，这些服务包括提供计算能力、存储能力、网络能力等，以及各种服务的组合。为了实现按需服务，需要对云计算机环境中的计算资源、存储资源、网络资源等进行动态管理、灵活组合、按需提供，资源是动态易扩展而且虚拟化的，通过互联网提供。

视频 2-8
云计算

### 一、云计算的特点

云计算由基础设施服务（infrastructure as a service, IaaS）、平台服务（platform as a service, PaaS）、软件服务（software as a service, SaaS）三个层次的服务组成。云计算可以按照用户对资源和计算能力的需求动态部署虚拟资源，而不受物理资源的限制。用户所有基于云的计算和应用工作在虚拟化的资源上，不需要关心这些资源部署在哪些物理资源上，用户可以方便地变更对计算资源的需求。从现有的云计算平台来看，它与传统的单机和网络应用模式相比，具有如下七个特点。

1. 虚拟化

虚拟化是云计算最强调的特点，包括资源虚拟化和应用虚拟化。每一个应用部署的环境和物理平台是没有关系的。通过虚拟平台进行管理实现对应用进行扩展、迁移、备份，操作均通过虚拟化层次完成。

云业务的需求和使用与具体的物理资源无关，IT应用和业务运行在虚拟平台之上。云计算支持用户在任何有互联网的地方、使用任何上网终端获取应用服务。用户所请求的资源来自规模巨大的云平台。

### 2. 动态可扩展

云计算使用户可以随时随地根据应用的需求动态地增减IT资源。由于应用运行在虚拟平台上，没有事先预订的固定资源被锁定，所以云业务量的规模可以动态伸缩，以满足特定时期、特定应用及用户规模变化的需要。可以实时将服务器加入现有的服务器机群中，增加"云"的计算能力。

### 3. 按需部署

用户运行不同的应用需要不同的资源和计算能力。云计算平台可以按照用户的需求部署资源和计算能力。

### 4. 高灵活性

现在大部分的软件和硬件都对虚拟化有一定支持，各种IT资源，如软件、硬件、操作系统、存储网络等所有要素通过虚拟化，放在云计算虚拟资源池中进行统一管理。同时，能够兼容不同硬件厂商的产品，兼容低配置机器和外设而获得高性能计算。

### 5. 高可靠性

虚拟化技术使得用户的应用和计算分布在不同的物理服务器上面，即使单点服务器崩溃，仍然可以通过动态扩展功能部署新的服务器，作为资源和计算能力添加进来，保证应用和计算的正常运转。

云平台使用数据多副本拷贝容错、计算节点同构可互换技术来保障服务的高可用性。任何单点物理故障发生，应用都会在用户完全不知情的情况下，转移到其他物理资源上继续运行，使用云计算比使用其他计算手段的可用性更高。

### 6. 高性价比

云计算采用虚拟资源池的方法管理所有资源，对物理资源的要求较低。可以使用廉价的PC组成云，而计算性能却可超过大型主机。

### 7. 泛在接入

用户可以利用各种终端设备（如PC电脑、笔记本电脑、智能手机等）随时随地通过互联网访问云计算服务。

按部署和管理方式，云可分为公共云、私有云和混合云三种，如图2-13所示。

## 二、云计算的体系组成

云计算可以按需提供弹性资源，它的表现形式是一系列服务的集合。结合当前云计算的应用与研究，其体系可分为核心服务、服务管理、用户访问接口3个层次，如图2-14所示。

第二章　智能化建设的关键技术　67

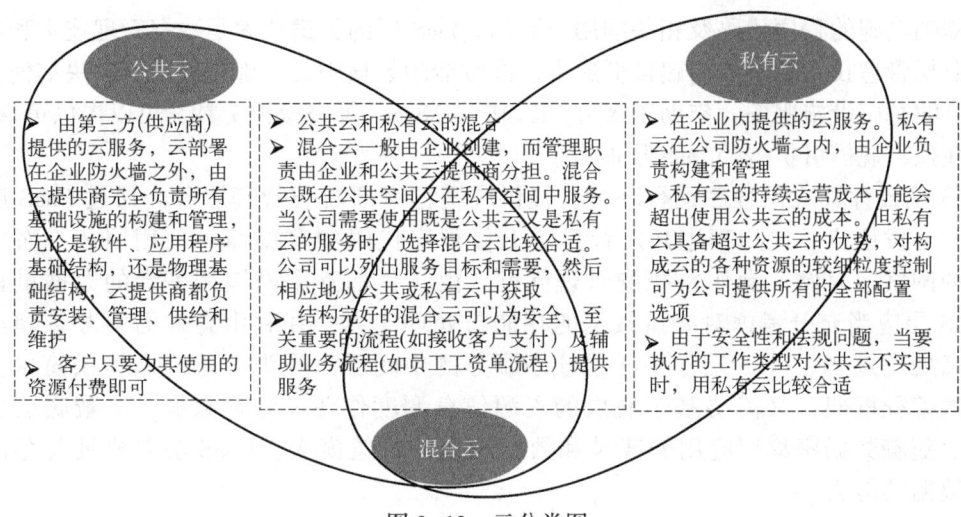

图 2-13　云分类图

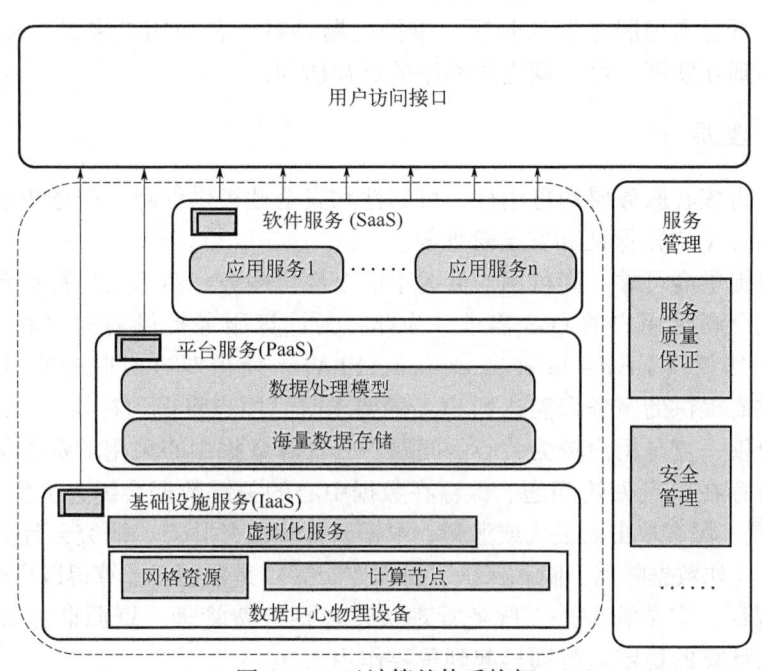

图 2-14　云计算的体系构架

核心服务层将硬件基础设施、软件运行环境、应用程序抽象成服务，这些服务具有可靠性强、可用性高、规模可伸缩等特点，满足多样化的应用需求。服务管理层为核心服务提供支持，进一步确保核心服务的可靠性、可用性与安全性。用户访问接口层实现端到云的访问。

1. 核心服务层

云计算核心服务层通常可以分为三个子层：基础设施服务层、平台服务层、软件服务层。

IaaS 提供硬件基础设施部署服务，为用户按需提供实体或虚拟的计算、存储和网络等资源。在使用 IaaS 层服务的过程中,用户需要向 IaaS 层服务提供商提供基础设施的配置信息、运行于基础设施的程序代码及相关的用户数据。IaaS 层的关键技术是数据管理技术和虚拟化技术,数据管理技术解决如何建设低成本、高效能的数据中心,虚拟化技术解决如何实现弹性、可靠的基础设施服务,借助于 Xen、KVM、VMware 等虚拟化工具,可以提供可靠性高、可定制性强、规模可扩展的 IaaS 层服务。

PaaS 是云计算应用程序运行环境,提供应用程序部署与管理服务。通过 PaaS 层的软件工具和开发语言,应用程序开发者只需上传程序代码和数据即可使用服务,而不必关注底层的网络、存储、操作系统的管理问题。由于目前互联网应用平台的数据量日趋庞大,PaaS 层应当充分考虑对海量数据的存储与处理能力,并利用有效的资源管理与调度策略提高处理效率。PaaS 层作为 3 层核心服务的中间层,既为上层应用提供简单、可靠的分布式编程框架,又需要基于底层的资源信息调度作业、管理数据,屏蔽底层系统的复杂性。随着数据密集型应用的普及和数据规模的日益庞大,PaaS 层需要具备存储与处理海量数据的能力。

SaaS 是基于云计算基础平台所开发的应用程序。企业可以通过租用 SaaS 层服务解决企业信息化问题,如企业通过 GMail 建立属于该企业的电子邮件服务。该服务托管于 Google 的数据中心,企业不必考虑服务器的管理、维护问题。对于普通用户来讲,SaaS 层服务将桌面应用程序迁移到互联网,可实现应用程序的泛在访问。

### 2. 服务管理层

服务管理层为核心服务层的可用性、可靠性和安全性提供保障。服务管理包括服务质量(quality of service,QoS)保证和安全管理等。

云计算需要提供高可靠、高可用、低成本的个性化服务。然而云计算平台规模庞大且结构复杂,很难完全满足用户的 QoS 需求。为此,云计算服务提供商需要和用户进行协商,并制定服务水平协议(service level agreement,SLA),使得双方对服务质量的需求达成一致。当服务提供商提供的服务未能达到 SLA 的要求时,用户将得到补偿。

数据的安全性一直是用户较为关心的问题。云计算数据中心采用的资源集中式管理方式使得云计算平台存在单点失效问题。保存在数据中心的关键数据会因为突发事件(如地震、断电)、病毒入侵、黑客攻击而丢失或泄露。根据云计算服务特点,研究云计算环境下的安全与隐私保护技术(如数据隔离、隐私保护、访问控制等)是保证云计算得以广泛应用的关键。

除了 QoS 保证、安全管理外,服务管理层还包括计费管理、资源监控等管理内容,这些管理措施对云计算的稳定运行同样起到重要作用。

### 3. 用户访问接口层

用户访问接口实现了云计算服务的泛在访问,通常包括命令行、Web 服务、Web 门户等形式。命令行和 Web 服务的访问模式既可为终端设备提供应用程序开发接口,又便于多种服务的组合。Web 门户是访问接口的另一种模式。通过 Web 门户,云计算将用户的桌面应用迁移到互联网,从而使用户随时随地通过浏览器就可以访问数据和程序,提高工作效率。虽然用户通过访问接口使用便利的云计算服务,但是由于不同云计算服务商提供接口的标准不同,导致用户数据不能在不同服务商之间迁移。为此,在 Intel、Sun 和 Cisco 等公司的倡导下,云计算互操作论坛(cloud computing interoperability forum,CCIF)宣告成立,并致力于开发统一的云计算接口（unified cloud interface，UCI），实现"全球环境下不同企业之间可利用云计算服务无缝协同工作"的目标。

## 三、云计算的核心技术

云计算的目标是以低成本的方式提供高可靠、高可用、规模可伸缩的个性化服务。为了达到这个目标，需要数据中心管理、虚拟化、海量数据存储、资源管理与调度、QoS 保证、安全与隐私保护等若干关键技术加以支持。

1. 数据中心管理技术

数据中心是云计算的核心，其资源规模与可靠性对上层的云计算服务有着重要影响。与传统的企业数据中心不同，云计算数据中心具有以下特点：（1）自治性。相较传统的数据中心需要人工维护，云计算数据中心的大规模性要求系统在发生异常时能自动重新配置，并从异常中恢复，而不影响服务的正常使用。（2）规模经济。通过对大规模集群的统一化标准化管理，使单位设备的管理成本大幅降低。（3）规模可扩展。考虑到建设成本及设备更新换代，云计算数据中心往往采用大规模高性价比的设备组成硬件资源，并提供扩展规模的空间。

基于以上特点，云计算数据中心的相关研究工作主要集中在以下两个方面：研究新型的数据中心网络拓扑，以低成本、高带宽、高可靠的方式连接大规模计算节点；研究有效的绿色节能技术，以提高效能比，减少环境污染。

2. 虚拟化技术

数据中心为云计算提供了大规模资源。为了实现基础设施服务的按需分配，需要研究虚拟化技术。虚拟化是 IaaS 层的重要组成部分，也是云计算的最重要特点。虚拟化技术具有以下特点：（1）资源分享。通过虚拟机封装用户各自的运行环境，有效实现多用户分享数据中心资源。（2）资源定制。用户利用虚拟化技术，配置私有的服务器，指定所需的 CPU 数目、内存容量、磁盘空间，实现资源的按需分配。（3）细粒度资源管理。将物理服务器拆分成若干虚拟机，可以提高服务器的资源利用率，减少浪费，而且有助于服务器的负载均衡和节能。

基于以上特点，虚拟化技术成为实现云计算资源池化和按需服务的基础。为了进一步满足云计算弹性服务和数据中心自治性的需求，云计算部署时还要具备虚拟机快速部署和在线迁移能力，保证可以快速扩张虚拟机集群的规模，虚拟机在运行状态下从一台物理机移动到另一台物理机。

3. 海量数据存储技术

云计算环境中的海量数据存储既要考虑存储系统的 I/O 性能，又要保证文件系统的可靠性与可用性。

Ghemawat 等为 Google 设计了 GFS（Google File System）。根据 Google 应用的特点，GFS 对其应用环境做了 6 点假设：（1）系统架设在容易失效的硬件平台上；（2）需要存储大量 GB 级甚至 TB 级的大文件；（3）文件读操作以大规模的流式读和小规模的随机读构成；

(4) 文件具有一次写多次读的特点；(5) 系统需要有效处理并发的追加写操作；(6) 高持续 I/O 带宽比低传输延迟重要。

在 GFS 中，一个大文件被划分成若干固定大小（如 64MB）的数据块，并分布在计算节点的本地硬盘，为了保证数据可靠性，每一个数据块都保存有多个副本，所有文件和数据块副本的元数据由元数据管理节点管理。GFS 的优势在于：(1) 由于文件的分块粒度大，GFS 可以存取 PB 级的超大文件；(2) 通过文件的分布式存储，GFS 可并行读取文件，提供高 I/O 吞吐率；(3) 鉴于上述假设，GFS 可以简化数据块副本间的数据同步问题；(4) 文件块副本策略保证了文件可靠性。

Bigtable 是基于 GFS 开发的分布式存储系统，它将提高系统的适用性、可扩展性、可用性和存储性能作为设计目标。Bigtable 的功能与分布式数据库类似，用以存储结构化或半结构化数据，为 Google 应用（如搜索引擎、Google Earth 等）提供数据存储与查询服务。在数据管理方面，Bigtable 将一整张数据表拆分成许多存储于 GFS 的子表，并由分布式锁服务 Chubby 负责数据一致性管理。在数据模型方面，Bigtable 以行名、列名、时间戳建立索引，表中的数据项由无结构的字节数组表示。这种灵活的数据模型保证 Bigtable 适用于多种不同应用环境。

### 4. 数据处理技术与编程模型

PaaS 平台不仅要实现海量数据的存储，而且要提供面向海量数据的分析处理功能。由于 PaaS 平台部署于大规模硬件资源上，所以海量数据的分析处理需要抽象处理过程，并要求其编程模型支持规模扩展，屏蔽底层细节并且简单有效。

MapReduce 是 Google 提出的并行程序编程模型，运行于 GFS 之上。一个 MapReduce 作业由大量 Map 和 Reduce 任务组成，根据两类任务的特点，可以把数据处理过程划分成 Map 和 Reduce 两个阶段：在 Map 阶段，Map 任务读取输入文件块，并行分析处理，处理后的中间结果保存在 Map 任务执行节点；在 Reduce 阶段，Reduce 任务读取并合并多个 Map 任务的中间结果。MapReduce 可以简化大规模数据处理的难度：首先，MapReduce 中的数据同步发生在 Reduce 读取 Map 中间结果的阶段，这个过程由编程框架自动控制，从而简化数据同步问题；其次，由于 MapReduce 会监测任务执行状态，重新执行异常状态任务，所以程序员不需考虑任务失败问题；再次，Map 任务和 Reduce 任务都可以并发执行，通过增加计算节点数量便可加快处理速度；最后，在处理大规模数据时，Map 任务和 Reduce 任务的数目远多于计算节点的数目，有助于计算节点负载均衡。

## 复习思考题

1. 油气田智能化技术的主要技术内容是什么？
2. 油气田智能化技术中的核心技术是什么？其概念是什么？
3. 油气田智能化的特点是什么？
4. 油气田智能化建设的技术框架是什么？
5. 简述"八大技术"的核心内容及概念。
6. "八大技术"中的基础技术手段包含哪些？
7. 感知技术的内涵是什么？

8. 简述自动控制技术的原理与组成。
9. 分析模拟技术内涵意义是什么？
10. 云计算的特点是什么？
11. 简述知识管理技术的流程系统？
12. 简述"八大技术"的发展现状？
13. 简述油气田智能化进程现状的实时进展？

# 第三章　智能勘探技术

油气勘探是发现并控制油气储量的过程，是寻找油气藏，并通过勘探手段获取资料，逐步深化及验证地质认识的过程。通常，勘探工作的工作量巨大，不同程度上都体现在数据收集与处理上，而数据的采集与处理影响了勘探工作的效率和质量。提高勘探工作成效，是目前油气勘探业务面临智能化改造的初衷及根本目的。

## 第一节　油气勘探智能化研究现状

油气勘探智能化是借助数学建模、知识库、数据挖掘、关联搜索等先进技术，实现钻井实时监控、工程地质实时模拟分析、基地现场一体化协作指挥、专家经验的有效积累和应用、勘探目标的发掘和科学选择，为勘探研究提供智能辅助环境，为勘探决策提供科学依据。

### 一、智能勘探技术的优势

在我国，勘探行业智能化进程主要基于现代化技术的演进。随着我国信息技术水平的提升，勘探行业将不同类型技术通过作业特征进行有机组合和统筹协调，逐步实现勘探行业智能化技术水平的提升。具体而言，即通过 GPS 智能定位、测量现场信号采集、录制现场信号搜集、勘探任务数字化、数据分析、互联网在线监控、物联网在线操作等技术手段相渗透的综合体。随着勘探行业体制改革不断深入，行业发展导向向资本市场的趋势越来越明显。从近几年勘探企业发展来看，行业的成功因素正逐渐从政策保护向技术应用、管理水平、商务策略的方向倾斜，这是勘探行业融入资本市场发展过程中的必然选择，也是未来勘探行业发展的必然趋势。

在资本市场的运作下，勘探企业对技术水平需求日益明显。互联网、物联网、定位技术、智能勘探装备对行业的冲击不容小觑，有着颠覆性的意义。因此，勘探行业的智能化水平决定了勘探企业在资本市场的生存状况和发展水平。

传统勘探主要基于地震原理，该原理对人工操作技能水平要求较高。首先，在勘测区域由设备人员通过人工手动的方式操作探测设备制造地震波，由专业采集波段人员，在现场人工采集探测器的波段。其次，将人工采集的波段图递交给专业技术人员进行图谱分析，编制成信息数据。再次，通过数据专业人员对信息数据进行分析，从而判断地表特征及其他地质信息。最后，由地质信息人员汇编成样本报告交给决策者进行勘测决策。由此可见，传统的勘探模式操作流程复杂，人工节点较多，成本高且探勘作业失误概率较大。

然而，智能勘探技术在一定程度上，则能有效避免这一系列问题。例如：

（1）借助智能勘探技术能减少人工节点，降低作业成本。如设备人员只需通过一次勘察，即可通过数字化的方式，利用GPS智能定位锁定勘测区域，避免重复勘测的风险。在作业过程中，样本采集、图谱分析、数据编制可在统一平台一体化操作。利用互联网、大数据等方式替代相关分析人员的工作，或者通过平台直接递交给第三方机构处理，直接在平台生成相关勘测报告。

（2）专业的智能勘探装备在某些领域的运行速度和分析能力要远高于人工水平，为企业及时响应提供了有利条件，从而节省了大量的时间成本。

（3）勘探作业的智能化因素能免去一部分大型现场基建设备，从而降低作业成本，提高作业效率，减小现场勘探的安全隐患。

（4）智能化勘探能有效提高勘探精度，为企业决策层提供更准确的勘探数据，有益于准确有效地决策。

## 二、勘探智能化的主要任务

实现油气勘探智能化，需要解决的主要问题有以下几个：（1）如何深入地认识、利用海量勘探资料，发现有利勘探目标；（2）如何帮助地质学家、管理层人员进行更加科学的决策，选择勘探方向；（3）如何帮助地质研究人员进行更加有效的综合分析、研究和评价；（4）如何及时监督、判断、分析、应对勘探作业现场的工程情况、地质情况；（5）如何收集、保留勘探历史经验，并用于勘探工作过程。

因此，勘探智能化包括三个方面：（1）智能钻探，即钻探现场全面实时感知、实时解释和可视化；（2）智能分析研究，包括随钻实时模拟分析、勘探研究的智能辅助；（3）智能勘探决策，包括创建决策模型优化勘探决策、知识管理和应用、数据关联和挖掘。

实现勘探智能化，主要包括战略选区、综合研究、勘探部署、勘探实施四个流程（图3-1）。

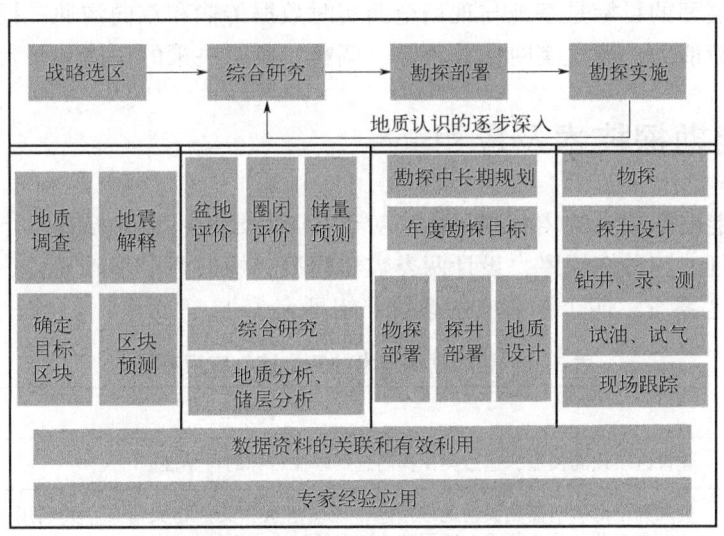

图3-1 勘探技术智能化流程图

不同勘探阶段，有不同层次的智能化目标。

（1）战略选区 涉及科学决策、基础工程两个层面的内容：①战略选区的科学决策目标是从勘探生产积累的大量历史数据和成果数据中挖掘潜在有效的数据，发现新的勘探目标，建立区块预测模型；并与国内外地质构造相似的区块模型进行类比，提高区块预测的精确度，辅助判断选区方向。②战略选区的基础工程目标是解决勘探数据标准在不同环节上不一致问题（如地质分层），加强数据之间的关联关系建设，建立数据之间的关联检索环境；避免勘探业务的论证信息、后评估信息缺失，实现业务知识和勘探项目案例的有效积累和管理；实现专家经验的数据积累和有效运用，保留准确、科学的信息，利用专家经验辅助决策。

（2）综合研究　涉及综合研究辅助和基础工程两个层面：①综合研究在辅助层面的目标是随钻地质模拟分析，及时优化调整钻井方案；参考成果库，做比对分析，提供论证和评价的依据；通过与本区老油气田、国内外其他油气田进行类比和对比，对勘探区块、储层进行分析和比较；利用专家经验和知识库、辅助区块、圈闭综合研究评价。②综合研究在基础工程层面的目标是专业数据关联，各系统、各专业软件的集成和综合应用；地震、地质构造、流体、测井、井筒等历史数据的有效挖掘；专家经验和知识的提炼及有效运用。

（3）勘探部署　主要涉及科学决策、基础工程两个层面：①勘探部署在科学决策层面的目标是通过案例对比、经验模型等方式为探井部署提供科学依据；建立探井井位设计和信息综合辅助平台，以支持科学井位部署和合理设计；利用历史数据分析、专家经验、预测模型等为年度勘探目标的制定提供科学依据。②勘探部署在基础工程层面的目标是利用勘探项目历史案例库，为地质设计提供方案；通过数据搜索手段，获取与各工作环节关联性强的数据和资料。

（4）勘探实施　主要涉及综合研究辅助、现场可视化两个层面：①勘探实施在综合研究辅助层面的目标是井位确定和钻井设计，主要考虑地质因素，收集能够反映地理情况、临井情况、管线和地面设施情况的综合辅助信息；建立跟踪研究辅助环境，对于研究的对象，根据其特征（如测井特点），搜索资料，自动匹配，进行类比和比较，引导现场研究，辅助研究，并进行初步分析；勘探过程的实时模拟分析优化，利用模型进行分析评价。②勘探实施在现场可视化层面的目标是基地与现场全面实时数据传输和双向沟通；提高钻探过程的实时控制和及时决策能力；建立实时钻井跟踪、调整、及时决策的一体化平台及模拟环境。

## 三、智能勘探技术及应用

根据上述智能勘探技术的内容和目标，对于其工程建设可以总结为以下内容：建设四个核心应用系统，创建三种知识库，设计两类数学模型，构造两个基础平台。

（1）四个核心系统。四个核心应用系统介绍见表3-1。

表3-1　智能勘探技术的四个核心应用系统

| 系统名称 | 内涵 |
| --- | --- |
| 智能战略选区系统 | 建设区块预测模型，通过类比提高选择勘探目标的科学性 |
| 井位协同设计系统 | 叠加井位部署所需相关的地理信息、地质信息和其他相关信息，并利用决策模型辅助确定井位，包括井位信息集成、协同环境、决策辅助子系统 |
| 评价井跟踪与分析系统 | 跟踪评价井随钻情况，对钻遇情况进行判断和处理，并进行试油试采等分析，从而精确描述油藏规模、储量、预期采收率、产能和预期经济价值等 |
| 数字盆地系统 | 以盆地为整体研究单元，以统一构造地质模型为基础，为地质研究提供盆地一级的支撑平台 |

（2）三种知识库。

① 案例库：建设典型案例库（如油藏、储层、气测解释等），并用于类比分析。

② 决策场景库：建设地质决策、管理决策，判断典型环境、数据、判断依据、结论等决策场景信息，重现历史决策场景。

③ 方法库：建设涵盖专家判断和处理问题的信息、逻辑、方法、经验等信息的方法库，并用于综合研究、科学决策。

（3）两类数学模型。

① 实时模拟分析模型：用于实时模拟分析、辅助地质研究的工程模型、地质模型。

② 决策模型：用于辅助特定决策过程的决策模型，提供决策建议，如预测模型。

（4）两个基础平台。

① 数据挖掘平台：建立一个集成、共享的、面向主题的信息挖掘平台。

② 智能搜索平台：建立一套在文本资料、数据库和知识库中获取高度关联信息的搜索平台。

智能勘探的应用体系分为基础数据、知识库、业务应用、一体化协作四个层次。其中，基础数据层提供统一数据源，知识库层提供统一知识管理和应用平台，业务应用层实现与业务直接相关的应用系统，一体化协作层提供勘探业务综合研究协作平台（图3-2）。

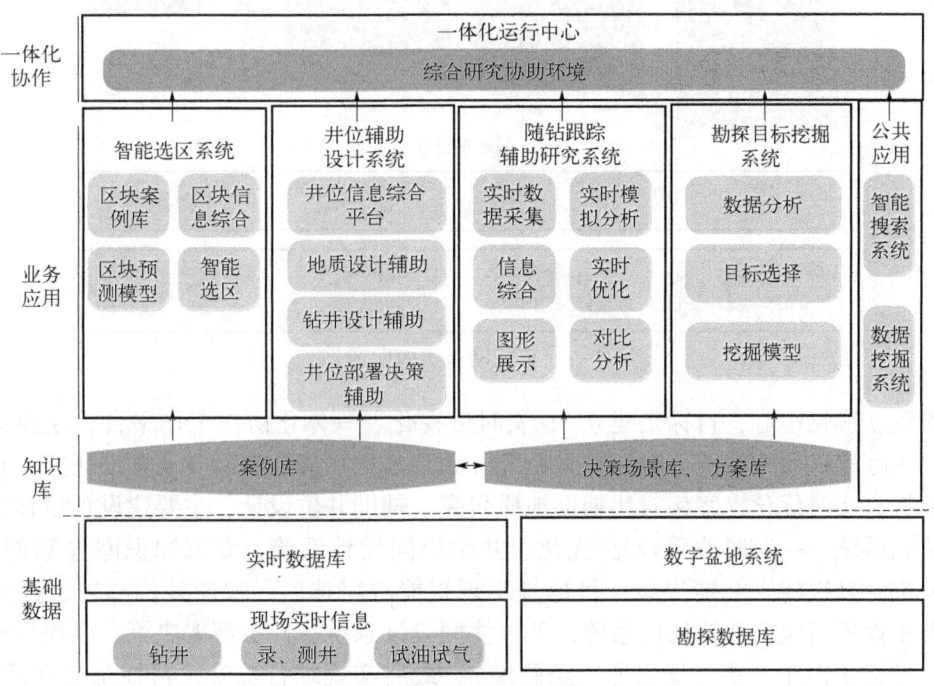

图 3-2 智能勘探的应用体系

（1）基础数据。基础数据层以共享的方式为各应用系统提供实时数据、非实时数据、各类勘探资料、项目资料，主要数据源包括实时传输数据、准实时数据、勘探数据库、数字盆地系统。

（2）知识库。知识库层通过建立统一知识库和管理平台，为勘探综合分析研究和勘探决策提供知识管理手段及专家经验应用接口，主要包括案例库、决策场景库、方法库。

（3）业务应用。业务应用层主要包括核心应用系统和公共应用系统两个组成部分，核心应用系统是与业务直接关联，实现勘探智能化业务应用的应用系统，公共应用系统是各业务领域共享的数据挖掘和智能搜索类系统。

（4）一体化协作。将智能勘探各应用系统集成在一起，为勘探业务提供一体化的协同工作平台。

智能勘探建设工程是一项长期、创新性的建设任务，建设周期长，并涉及多个业务单位、建设单位，在工程实施过程中应首先明确整体实施策略，并在整体实施策略和阶段划分的基础上，统一方向，逐步展开，以保证建设内容与建设目标的统一。智能勘探分实钻中心、辅助研究、智能决策、综合提升4个阶段逐步展开，循序渐进，每个阶段设定明确的阶段目标和建设内容（图3-3）。

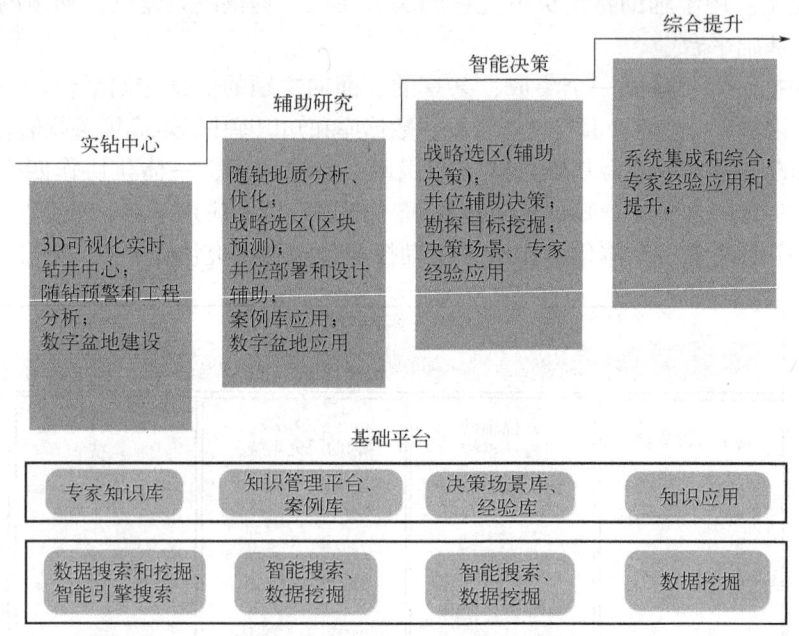

图 3-3  智能勘探实施阶段划分

首先建立实钻中心，目标是建立 3D 实时可视化、一体化协作工作平台，主要建设项目包括随钻跟踪辅助研究系统、智能搜索系统、数字盆地系统。然后开展辅助研究，目标是实现实时分析、实时优化、案例对比辅助地质研究、辅助井位设计，主要建设项目包括随钻跟踪辅助研究系统——实时地质研究/优化、井位协同设计系统、专家知识库（案例库）、数据挖掘系统。其次建立智能决策，目标是实现智能战略选区、智能井位部署、挖掘勘探目标，主要建设项目包括战略选区系统、井位协同设计系统、井位部署决策、勘探目标辅助挖掘系统、专家知识库（决策场景库、经验库）。最后实现综合提升，目标是实现系统综合、提升应用效果，主要建设项目包括系统集成、专家知识库（应用提升）。

综合上述内容，勘探领域的四个智能化内容分别是：（1）数字盆地；（2）智能战略选区；（3）井位协同设计；（4）探井现场跟踪研究。

## 第二节  数字盆地

油气田勘探开发都是以盆地为整体研究单元，以统一构造地质模型（视频 3-1）为基础，应用信息技术，从空间和时间角度，为用户提供盆地、区带、圈闭、油藏不同尺度综合研究、生产信息展示、统计分析，为管理决策层和科研人员在盆地研究、勘探部署、油气藏评价、油气藏开发等方面提供信息查询、研究分析的支撑平台。

视频 3-1　三维地质建模

## 一、数字盆地的发展背景

在展开数字盆地技术体系的设计之前，需要剖析油气勘探的业务特点，从而做出有针对性的系统设计。

由于油气行业面对的地质及油藏的复杂性，其数据体系也存在海量、多源异构、体系复杂、组织多样的特点，数据的分析和处理具有高度的复杂性，这预示着油田的油气勘探与开发是一个高度集成化、图形化、知识化和智慧化的过程。

如图3-4所示，埃克森美孚公司的"综合盆地分析"项目运行方法是油气工业界盆地评价模式的一个典范，从盆地油气资源评价的角度阐述了油气从勘探到最终经营效益分析的全过程。从勘探选区开始，到综合应用沉积学、地质学、地球化学、地球物理等基础技术，展开地质综合研究及形成油气勘探中的地质思想认识，而后通过知识的汇合集中进行创新，进而展开油气参数分析，最终通过资源与风险评价实现经济效益。在这个典型的石油勘探开发的业务过程中，数据的应用贯穿始终，从战略时期的规划数据到地质研究时期丰富的技术手段带来的数据库信息，最终在地质认识过程中加工和处理为知识，而后通过汇合集中和在油气参数分析过程中转化为智慧，实现数据的转变，也实现了数据应用的演化和升级。

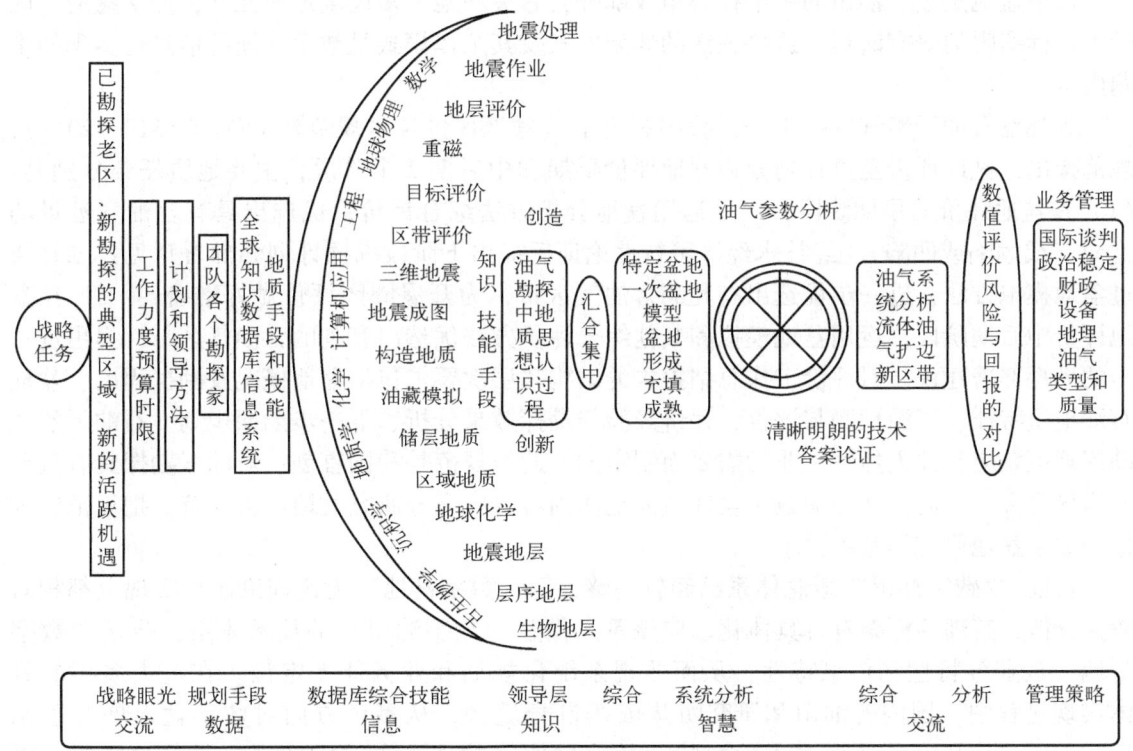

图 3-4　埃克森美孚公司"综合盆地分析"项目运行图

通过上述业务流程及其数据转化流程的分析，针对油气勘探开发行业的业务流程与信息技术总结出以下几点：

（1）数据应用以基于数据库的数据集中服务为基础。油气勘探开发的数据体系建设就是将行业中分散的、异构的各类数据以业务为核心进行关联和集成，从而为信息组织和知识的产生创造条件。

（2）数据应用是一个从数据、信息到知识的加工提炼过程。数据的应用是利用数据进行认识和分析油气，进而形成针对油气藏的认识，并最终成为业务解决方案，指导油气生产和研究的过程。

（3）数据应用是以软件的形式实现沟通和交流。数据库中的数据存在数据量大、形式多样、结构复杂的特点，尤其石油勘探开发领域的数据具有海量和多源异构的特点，通过GIS、图表及二维和三维图形等技术实现数据分析和数据处理，进而达到获取知识的目的。

（4）数据应用具有模型化和可视化特点。油田业务是针对地下地质状况和油气藏现状进行预测与分析的过程，是一个根据探测的数据不断加深对地下地质认识的过程。因此，油田数据最终是要形成一个完整的数据模型并以可视化的方式来表述地下地质概况，从而提供油气工作者直观认识地质对象的形象化手段。

综上所述，针对上述对油气田数据应用的认识，依托油田业务的数据应用流程，在数据应用模式和应用技术方面展开探讨，从而进一步明确数据应用的特点，为后期平台和相关软件系统的研发提供指导。

1. 数字盆地的定义

数字盆地是数字油田的一个核心组成部分，它关注地下多尺度地质元素，如从盆地、区带到目标圈闭的研究流程，这些关键的地质要素及其工作模式是数字盆地的信息化实现的主题内容。

为规范石油天然气勘探工作，我国制定了《盆地评价技术规范》（SY/T 5519—2011），规范指出，盆地评价全过程划分为盆地评价早期和中后期2个阶段，主要地质任务分别是：（1）在盆地评价的早期阶段，一是运用盆地分析方法综合评价，优选出具有含油气远景的盆地（或拗陷或凹陷），经技术经济可行性论证后提出下阶段勘探计划和部署意见；二是通过盆地模拟方法，进一步优选出有利的含油气区带，为开展圈闭评价做好准备。（2）在盆地评价中后期阶段，运用盆地模拟和其他综合评价方法优选出有利的含油气区带，提出进一步的勘探部署建议。对评价工作总结报告的结构和层次要求包括盆地概况及勘探程度、盆地石油地质特征、资源预测与评价、评价经验与勘探效果分析、下一步勘探规划。石油天然气勘探规范是应石油天然气工业的需要而制定的，此类规范是我国首创，对油气勘探具有重要的指导意义。因此，在考虑数字盆地研究地质内容时应充分研究盆地评价规范，把规范要求作为数字盆地研究的基本要求。

目前，"数字油田"概念体系已经较完整，但"数字盆地"无论理论还是实现上都相对较为分散，其理论框架有待具体化。应该重点借鉴"数字油田"的技术体系，凸显"数字盆地"的业务特性和信息特性，从而体现系统化规划和业务体系定位。在过去多年的具体实现过程中，国内各油田和研究团队依托自身优势，从多个方面对数字盆地展开理论探索与实践应用，逐步形成了独特的"数字盆地"的理论和技术体系，目前主要包括以下几个方面：

（1）以地震解释为核心的盆地资料统一管理。新疆油田公司 2003 年开始实施"盆地级地震解释项目"，以准噶尔盆地为对象对全盆地数千条二维地震测线、上百块三维地震数据和千余口探井资料进行整理，数据总量约 400GB，并能够在同一个地震解释平台上平稳运行，有力地支持了相关科研项目的资料需求，大大缩短了项目数据的准备时间。国外某石油公司在某海湾统一管理了 45×100 口井的数据（包括测井、测井解释、地质分层、录井、岩心照片及其他相关数据）及叠后地震数据，将多块地震数据处理形成了一个大的地震连片数据，连片数据总量为 150GB（8 位）和 600GB（16 位）。该公司还建立了一个企业级的地学综合平台，使不同学科的研究成果能够实时共享，保证了数据的一致性和数字化盆地的准确性。

（2）依托构造—地层框架体系建立三维数字盆地。中国地质大学（武汉）吴冲龙等人认为，由于进行盆地分析和油气系统分析涉及众多影响因素，既要考虑空间结构的整体性和时间序列的完整性，又要密切注意盆地系统整体演化的外部条件，仅建立空间结构的三维模型是不够的，有必要采用空间信息系统技术来建立一个功能完善的盆地地质信息系统。该地质信息系统是种三维可视化的盆地空间信息系统，或称为三维数字盆地。它可以将地质调查、资源勘探、物化测试等数据资料有效地存储、管理起来，让用户能方便地查询、检索、统计、综合、编图和应用；它还应当提供三维可视化图形编辑与分析工具，用户可以对所生成的数字盆地任意地挖刻沟和坑洞，任意地切制垂向剖面图、水平切面图和栅状图，随机或组合地进行空间信息与属性信息的查询。利用该系统，用户能够深入盆地内部的各个角落，身临其境地对盆地构造格架及构造之间的相互关系、地层格架及地层之间（包括层序地层格架及层序地层单元之间、成因地层格架及成因地层单元之间）的相互关系进行观察、分析和思考，开展断层封堵性分析、精细油藏描述、水平井可视化设计和剩余油分布分析。在此基础上，还可以实现盆地构造演化、沉积演化、热演化、有机质演化、油气成藏的三维动态模拟和油藏描述。

（3）中国石油的多学科协同界定。2006 年，中国石油天然气集团公司信息管理部先后组织了两轮大规模的数字盆地项目可行性论证，要给"数字盆地"一个清晰的界定。李伟忠等人对"数字盆地"做出定义：以盆地为研究单元，通过规范化整合地表遥感、地质图像、地下地震、井筒数据和各种实验分析及油田化学资料，在局部目标研究和精细描述的基础上，采用先进的计算机集群、实时三维可视化手段实现跨目标、跨油田区域的资料规模化连片处理和集成化综合分析，最终完成盆地资源普查、有利区带评价、圈闭优选、风险探井确定、储量及产能预测和经济效益评价等决策的大型网络一体化多学科协同工作平台。

（4）中国石化面向盆地评价的含油气盆地数据库建设。2009 年，中国石化石油勘探开发研究院高长林等人通过对中国油气盆地勘探历史和盆地研究历史的分析，认为我国油气盆地研究历史经过石油大地构造盆地研究阶段、盆地分析和盆地模拟阶段，现已进入数字盆地研究阶段。数字盆地和数字油田各自具有不同的研究领域。数字盆地是综合运用现代盆地系统研究理论和现代数字信息技术进行油气盆地地质资料的数字化，为油气盆地评价提供技术支撑。

数字盆地是综合运用现代盆地系统研究理论技术和现代数字信息技术进行油气盆地地质资料的数字化，为油气盆地评价提供技术支撑。现代盆地系统研究理论技术应包括盆地理学和盆地工学，数字盆地的核心问题是油气盆地数据库的建设。数字盆地数据库应由 12 个子库组成，分别是：（1）盆地理学部分，包括盆地形成背景、盆地演化、盆地变形、沉积系统、水动力、热力学、油气系统和油藏地质子系统 8 个子库；（2）盆地工学部分，包括盆地模拟技术、资源评价技术、油气盆地评价的现代技术手段和油气盆地评价系统数据库 4 个子库。

综上所述，数字盆地目前在定义上"相对较为薄弱，有待具体化，在此过程中，应该重点借鉴'数字油藏'与'数字油田'的技术体系，凸显数字盆地特性，从而体现系统定位、服务特定群体"。虽然上述的数字盆地具有不同的侧重点和功能特点，但其基础为基于含油气盆地的多种数据集成管理，其功能是以地质模型为核心的盆地模拟与评价。因此，通过综合考虑各油田对数字盆地的定义基础，重点以吴冲龙教授的"三维数字盆地"理论体系作为核心内容，给出数字盆地的定义如下：数字盆地是数字化含油气盆地的简称，是以石油地质理论为指导，通过将地质调查、地质物化探、探井与实验分析等技术成果形成系统的数据重组，通过三维地质模型的构建和软件体系设计来实现盆地模拟与含油气系统评价，进而形成与地质理论与地质专家有机结合的支撑体系。

## 2. 数字盆地建设的重点问题

数字油田和数字盆地建设具有完全不同的模式。数字油田可以分为广义和狭义，可以从流程、管理、地质和生产等不同的侧重点来建设，而数字盆地却具有清晰的专业特性。数字盆地是以石油地质理论为核心，通过地质调查与实验、地球物化探、探井等方法手段不断分析地质目标，判断和评价地质储量的过程。因此，数字盆地的研究内容不能泛泛而谈，更不能忽略其核心业务，将重心偏到企业管理、管理、流程协同或者数据管理的某一个点，而是要把握其地质特点，有效地利用各种物探技术方法的成果，形成针对地质目标的量化分析和模拟，能够建立一种充分发挥人的智慧的信息、软件和专家三要素相互融合的智慧的工作模式。

然而，在国内的数字盆地建设中，数字油田实践中存在的问题同样存在于数字盆地的建设中，而且由于油气勘探庞大的专业性和复杂性，数字盆地建设的问题更为突出。只有从油气勘探的核心——"石油地质综合研究"中展开深入的剖析，才能客观地认识和规划数字盆地技术体系的发展蓝图。

目前，国内数字盆地设计与建设面对的重点问题可以归结为以下几点。

（1）石油地质理论的定性与定量结合的问题。国内石油地质理论经过长期发展，形成了基于陆相断陷盆地的完整理论体系。但由于信息技术发展的不足，在具体地质理论到数学模型的转化上结合不够，尤其基于数学算法与模型的软件体系发展落后于国际先进水平，这制约了数字盆地技术体系的发展。如油气运移与成藏领域，虽然近几年围绕成藏发展出相势控藏、TS（构造应力）运聚、网毯理论等，但成藏过程中控制因素和地质演化的量化分析不足，导致理论处于模式阶段，难以实现定量评价，更难对历史时期的成藏分析作出有效地表述，影响了油气勘探的理论和技术深入。

（2）数字盆地的三维地质模型建模流程标准化问题。国际的油气勘探工作和石油地质综合研究基本具有完整的工作流程和软件工具，在完成必要的地震解释和属性分析后会建立基于层面构造格架与网格的属性体，实现对地下地层物性的精确描述。国内由于长期的工作习惯，目前还是以二维图形作为主要的地质研究成果，基于地质研究的三维地质建模工作尚未大范围开展，导致油气勘探与油藏开发环节存在一定的断层。

（3）地质模型的有形化、可视化技术问题。当前数字盆地的建设重心还是在各类数据的集中管理。地震解释与地质综合研究工作主要通过不同厂商的商业化软件实现，无论构造格局还是地层属性，均未能建立统一的地质模型，基于油气勘探各类业务对象，如地震体、网格体及井筒对象的可视化集成及交互操作功能均与成熟的国际化产品存在较大差距。这个问题一方面是由国内传统的研究特点决定的，另一方面是由相对落后的软件研发技术决定的。

（4）石油地质研究与信息化技术实现深度融合的问题。国内石油地质领域的信息化工作偏重于管理软件，针对石油地质研究与决策的专业化功能支持较为薄弱，软件技术与地质研究领域存在一定的割裂，没有实现专业化的融合，导致信息化处于较低的"数据提供"层次。例如，油气成藏关键要素的研究（输导要素刻画及能力评价、圈闭有效性评价、成藏期确定及其能量平衡控藏过程、超压作用、油气水三相混移作用等），目前仅从石油地质理论的角度进行过探讨，地质作用的数学表达不充分，软件研发未能有效跟进。

（5）数字盆地软件体系系统化、层次化、专业化和协同化战略设计问题。数字盆地的建设作为勘探信息化建设的基础与核心，在其体系设计上应作为一个系统的、完整的信息体系来设计。长期以来，石油地质的信息化体系，一般分为数据层、数据集成、应用集成和业务层，这种划分作为信息化思维下指导的软件架构模式并无错误，但却存在对业务特点和软件体系的忽略，没有将石油地质的业务体系与软件体系之间的那种密切融合的关系梳理出来，导致在数据与软件的集成工作中不断发生很大的偏差。

油气的勘探本身是一个系统工程。国际上以勘探项目的模式实现地震、地质、油藏与石油工程体化的研究流程和工具体系，而国内存在勘探开发分离甚至勘探内部各流程缺乏整合，不仅缺乏配套的组织方式、管理流程，也缺乏有特色的软件工具支持，导致各领域的油气勘探专业无法实现专业化的协同研究与决策。

## 二、数字盆地的设计方法

### 1. 油气勘探开发过程的业务特点

油气勘探开发过程是一个从数据采集、信息处理、知识发现，到管理决策的高度智慧化过程。针对油气勘探的业务流程也是伴随着信息技术不断深化应用的过程。国内专家结合埃克森美孚等国际油公司的盆地油气勘探的业务体系展开了较为系统的论述，在从勘探规划到油藏评价的流程中，充分体现着业务的知识化特色，一个完整的油气勘探过程，就是从数据的全面采集到形成信息，再到形成知识，产生行业智慧的过程，最终，这些基于数据的分析成果，经过专业团队的讨论、交流和总结，形成了业务层面的生产与管理策略。

国内油田的勘探流程也体现着勘探的智能化特点。在胜利油田的油气勘探业务体系中（图3-5），油气勘探业务体系分为生产科研、过程管理、勘探决策三个层次，分别进行数据的采集与分析、针对业务的信息系统化管理、目标决策与反馈。由生产科研，过渡到第二层次的过程管理，到最核心的勘探决策，可以发现，勘探业务的过程就是依托有限信息进行分析，不断接近地质事实的过程，例如，勘探生产过程通过物理化学方法获得地质信息，勘探研究过程展开数据处理和分析，勘探管理过程实现信息集中与流转，而勘探决策过程形成统一理论和认知，最终，对于地质认识则以概率和量化指标体系表述。因此，油气勘探工作的本质就是知识的获取和再创造的过程。从系统学角度看，与此业务特色相配套的智能勘探的技术框架，是一个从数据到决策支持的多层框架体系。

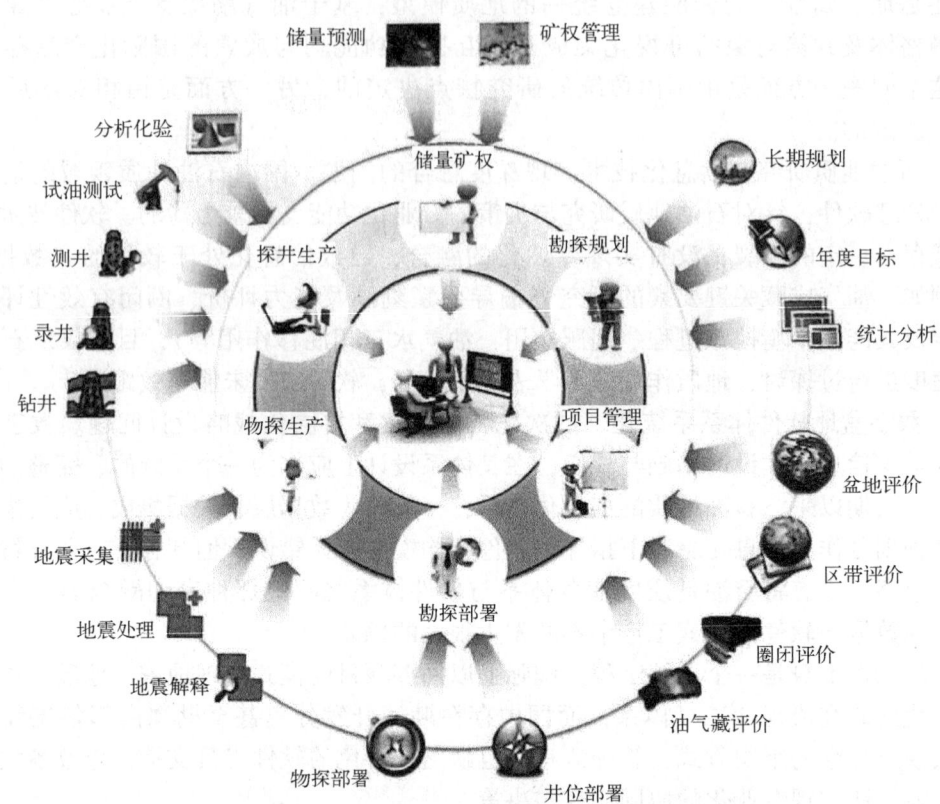

图 3-5 胜利油田的油气勘探业务体系示意图

国外斯伦贝谢、哈里伯顿、贝克休斯等石油公司的信息服务部门发展了地质理论与信息技术支持的一体化手段,以油气勘探的业务效益为目标建立了较为系统的数据模型、软件架构与业务应用体系。国内以大庆油田、新疆油田与胜利油田为代表针对数字油田的总体框架设计做了大量的探索,目前在整体框架层次上基本能够达成一致,即数据模型与管理、数据管理与服务、应用软件架构、面向业务的信息技术层、业务系统 5 个层次。

然而针对这种业务框架的实施,尤其是如何设计一个有效的业务支持框架,一直是软件体系中的薄弱环节,尤其是这个框架体系中"信息技术与业务体系连接层"部分的设计,长期缺乏有效的信息技术实践。与此同时,在油气勘探的地质研究领域,虽然地质理论经过长期发展已经趋于成熟和丰富,但其量化分析方面长期缺乏软件工具的支持,这种缺失很大程度上在于信息化软件框架及其实现方法的发展乏力与技术薄弱。因此,正是由于缺乏一个有效的业务支撑框架设计,而无法将现有地质理论和信息技术实现之间形成一个有效的桥梁,也未能形成一个面向业务目标的系统化框架。

### 2. 数字盆地设计思路

数字盆地为油气勘探工作提供一种认知模式和工作场景,其本身就是一个包容业务和信息内容的生态系统,在这一生态系统中,信息、软件和业务体系形成一个相互依存、相辅相成的整体。其中,油气勘探业务作为这个生态系统的核心而存在。

油气勘探是以地质理论为出发点,以各类勘探方法为工具,针对油气勘探目标展开研究的商业活动。因此,数字盆地建设以油气地质理论作为其灵魂,以软件架构搭建起骨架，以业务功能和逻辑作为其内容，以数据作为其资源和素材的一个有机整体。这个有机体的目标是勘探对象，它通过地质模型的建模技术建立研究目标的数字化表述，在此基础上将思维模式和研究方法以数学模型的方式固化和沉淀下来，并使用它来解释和解决面对的研究目标及问题。

基于上述理解，数字盆地作为一种信息化的解决方案，必须是紧紧围绕勘探行业理论与实践过程展开的。数字盆地的设计就需要从"业务体系""信息体系""软件工具"三个方面分别展开分析，确定其内容。其中，业务体系是其设计的出发点与核心内容；信息体系是整体业务体系的资源和成果，是业务工作的基础和结果；而软件工具是数字盆地业务实践过程中解决问题的具体方法和模型，它是技能和知识的沉淀。这三个关键点内容及其关系简述如下：

1) 数字盆地的业务体系

数字盆地建设内容面向的是油气勘探的全体业务流程。在建设数字盆地之前，必须以清晰的油气勘探的战略和计划方法作前提。以此作为宏观指导，全面地展开地面地质调查和技术实践，包括地面地质调查、地球化学勘探、非地震物化探、地震勘探和分析化验等系列的知识、方法和技术。通过上述技术，地质专家以多专业群体协作的方式开展地质综合研究，按照勘探流程和勘探程序展开大范围概览、盆地普查、区域详查和圈闭预探与油气藏评价，建立针对地质目标的概念模型和地质模型，从而形成针对勘探目标的定量化评价。在此基础上，展开探井的设计、部署和钻探，进一步明确圈闭储量，推进后续的油藏开发工作。

2) 数字盆地的信息体系

数字盆地的信息体系负责数据与知识的采集和管理。信息体系主要进行以下三个工作：首先，建立数据管理体系，描述业务活动本身，同时要将业务活动各个环节的信息输入和成果纳入统一管理，建成较为完善的数据模型和数据管理体系。然后，在数据的基础上进行数据加工、处理和再创作，形成地质模型的信息规格与结构的表述，实现通过不同的模型技术来表示物探、探井和地质认识等数据。最后，建立系统化的知识表述，尤其是依托信息研究的主题建立数据、信息与知识的关联组织，提供面向特定业务主题的信息支持。

3) 数字盆地的软件工具

数字盆地的信息化工作最终以软件工具的方式提供给业务人员展开业务活动，尤其在现今的地质综合研究的工作中，软件工具作为方法和理论的载体，是分析和解决复杂业务问题不可缺少的手段。这些软件工具，一方面，是一个个面向具体业务环节的局部解决方案；另一方面，这些大量的软件工具又共同构筑了针对这个行业问题展开操作和研究的标准化工作流程及工作程序，从而形成了一个整体的行业解决方案。

对软件工具的认识需要从两个角度来进行。从软件应用角度上看，面对不同业务的软件工具是直接面对用户的工作工具，其操作和使用代表了核心业务活动的全部内容。从软件研发角度上看，虽然面对的业务内容千差万别，但软件本身具有大量同质性的技术内容，这就需要从软件架构的角度设计一个合理的行业软件框架，用来实现不同层次和不同粒度的软件功能的复用与共享，实现软件与业务体系、数据体系的有效整合与集成，从而更为有效地服务行业发展战略。

## 三、数字盆地的框架设计

### 1. 广义的数字盆地

长期以来,智能勘探在专业与信息的建设思路上存在着不同的认识,国内各油田在数字油田建设中形成了数字油田的软件框架,为油田信息化建设提供了理论指导。为保证信息技术支持体系的落地,需要在此软件框架的基础上建立一个勘探业务与信息技术的连接层,即要达到勘探业务的智能化,在数据和软件集成层之上建立一个业务智能化的技术层面,实现软件技术与业务的有效衔接(图3-6)。

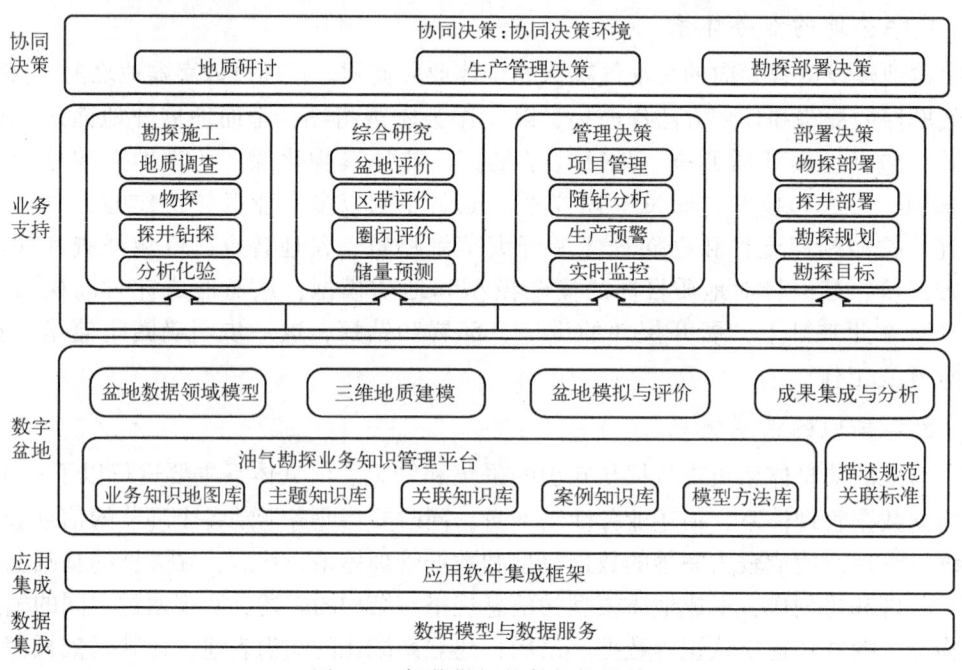

图 3-6 智能勘探软件架构设计

该框架的设计立足于业务层的展开,建立连接信息与业务的中间架构层:一是油气勘探知识管理平台,实现油气勘探多源异构的信息组织;二是数字盆地支持平台,实现基于业务的软件功能定义;三是智能业务协同平台,实现以模拟分析为核心的业务认知;四是智库系统决策中心,实现团体智能化的决策指挥。

(1) 油气勘探知识管理平台。

这是该体系结构中第一个层次是在信息集成和软件集成基础上建立的针对勘探业务的主题化表述,从而形成对现有各类勘探数据的有组织的整理,形成业务知识地图库、主题知识库、关联知识库、案例知识库和模型方法库的五类知识定义。业务知识地图库,实现油气勘探从盆地区带到圈闭研究的全流程业务体系描述,突出地质研究的勘探程序;主题知识库,针对特定勘探业务研究与决策主题,整合相关的信息与支持手段,建立围绕业务主题的工具与数据体系;关联知识库,针对油气勘探思维的风险性与创新性特点,实现各类勘探对象与成果的关联,提供信息的关联组织和分析对比;案例知识库,依托地质研究的"每一口探井就是一个系统工程"的中国油气勘探综合工作法理论，针对探井典型案例的系统化信息组织；模型方法库，针对油气勘探中的盆地拟"五史"理念与相关算法，建立油气地质研究的地质演变、生排烃、运移和聚集过程中的各类数学模型、图版与经验公式组织，提供基于三维空间数据的数学模型。

（2）数字盆地支持平台。

盆地是含油气系统中最大的地质单元，油田是组织勘探、生产的实体单元，多年来针对数字盆地的研究取得了丰硕的成果。数字盆地地层设计关注于地下多尺度地质元素集中管理和图形化表达，建立全盆地的交互分析环境，提供油气勘探研究、分析和决策的基础平台。

数字盆地技术研究的核心部分划分为四个：一是通过盆地数据领域模型，实现各专业和平台信息导入；二是通过三维地质建模，实现信息归一化与多尺度融合；三是通过盆地模拟与评价，实现地下地质对象的可视化表述；四是通过成果集成与分析，实现全盆地地质对象的空间交互分析。在实现方法上，由于国内地质研究技术的延续性，数字盆地可以由三个方法建设实施：基于功能模块的传统成果集成、以地面为核心的三维集成和以地下为核心的三维集成。未来的数字盆地将逐步形成地面地下一体化、地质与工程一体化的全三维地质模型集成，成为勘探研究与管理的基础平台。

（3）智能业务协同平台。

该平台实现地质研究成果的定量化、可视化和知识化。如果说新油田的形成，首先是在地质学家或找油者的脑海里，那么它的发现当然必须有待于我们智慧的形象化，即我们的想象力。这说明油气勘探的成功来自地质学家的创新认识。但是面对同样的勘探目标，不同地质学家脑海中的认识差异是不可见的，只有提供必要的共享和传递手段才能进行沟通和对比。因此，通过"定性描述→过程量化，地质理论→数学模型，文字图形→三维可视"的方法，实现隐性知识到显性知识的转变、从个人想法到团队认识的转变、从专家知识到形成行业思维框架。智能业务协同平台就能够解决这种思维模式的工具化问题。

石油地质研究协同平台，用以实现各团队中智能化业务的有效协同，这种协同包括两个方面，一个是纵向层次协同：建立纵向信息快速流转机制，实现勘探施工→地质研究→勘探管理→勘探决策全过程的信息实时、全面传递。另一个是横向流程协同，建立同层面的管理沟通，实现针对同一研究主题的决策过程能够在多学科分析中快速流转，促进理论认识不断迭代提升。

基于研究协同的智能业务是针对从地质综合研究到建模，到含油气系统模拟与评价，到圈闭评价，到油气资源评价的全部地质过程。其主要内容包括三个组成部分，第一是盆地知识工具，实现含油气盆地内多学科的研究成果的知识化管理；第二是数学地质模拟工具，针对地质构造演变、沉积、剥蚀、地热、地压、生排烃、油气运移与聚集等专业化过程，提供智能化的模拟算法与数学模型；第三是针对各研究环节的成果设计分析评价模型、预测决策模型等。上述三种工具体系用于提供勘探各环节的智能化分析。

（4）智库系统决策中心。

这是智能勘探框架的第四个层次，即最高一个层次。智慧化决策中心设计是以人（团队）为核心的智能化目标解决方案，形成信息、知识、工具与方法的综合应用，如图3-7所示。

依托于油气勘探信息支撑框架的智能化决策中心具有以下四个特征：（1）业务知识体系的建立，形成了业务背景，使研究和管理能够从盆地区带到圈闭这样一个宏观的、历史的、系统的角度来看待问题；（2）场景实时动态支持，实现勘探最新的生产动态、研究动

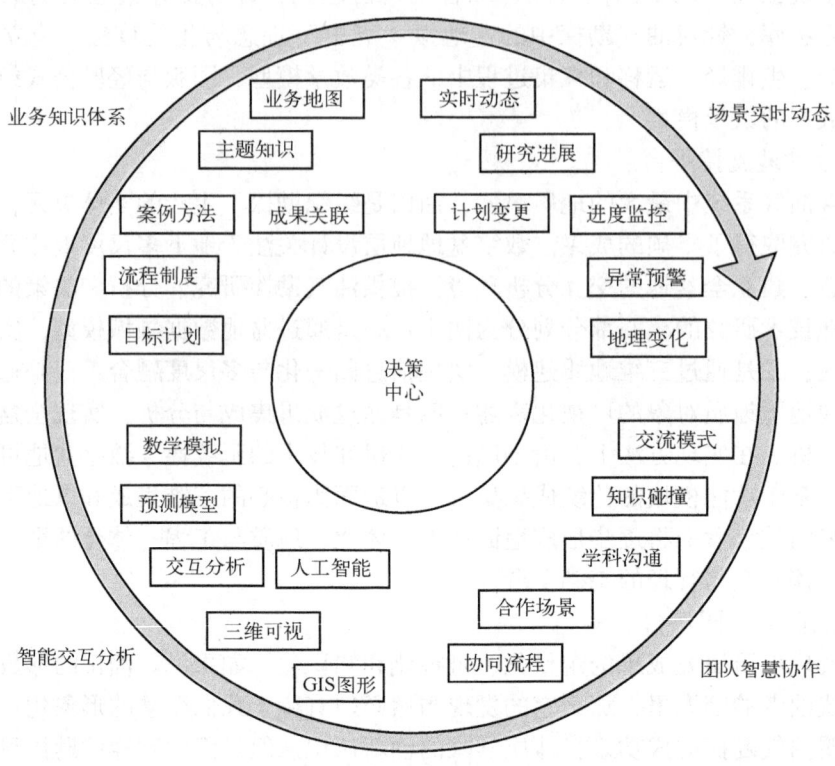

图 3-7 智能决策中心设计

态、流程变更等信息实时反映到决策中心保证决策的针对性；(3) 智能交互分析，通过提供不同粒度的预测模型、预警模型、决策模型提供三维交互分析环境，促进复杂问题的简单化与清晰化；(4) 团队智慧协作，通过多学科协同、沟通和交流技术等信息交互技术的设计，实现从个人决策到团队决策的转变，使个人的智慧变成团队的智慧，形成多学科协同的群体决策模式。

## 2. 狭义的数字盆地

狭义的数字盆地是一种较为纯粹的信息化解决方案，关注于数字盆地的核心业务的信息化支撑，是一个基础的信息集成与软件集成平台。相对于前文所述的广义数字盆地的概念，狭义数字盆地抛开数据管理和软件架构技术、业务应用系统的实现，注重实现三维地质建模及在此模型上的模拟与分法，其内容仅为"广义数字盆地"的第三层次部分。

狭义数字盆地架构体系包含四个技术点（图 3-8），即盆地数据资源接口、三维地质模型、盆地模拟与评价、集成分析平台四个方面的技术实现，其核心内容是盆地模拟与评价。前两项技术负责为盆地模拟评价来准备、处理和模型化相关数据体系，后两项负责将盆地模拟评价的计算成果与相关信息统集成，通过二维、三维图形交互技术建立的基础平台，为地质研究与管理决策提供基础。

目前油田的石油地质及其信息化的工作存在以下几个问题：石油地质理论的定型与定量结合的问题；数字盆地的三维地质模型建模流程标准化问题；地质模型的有形化与可视化技术问题；石油地质研究与信息化技术实现深度融合的问题；数字盆地软件体系系统化、层次化、专

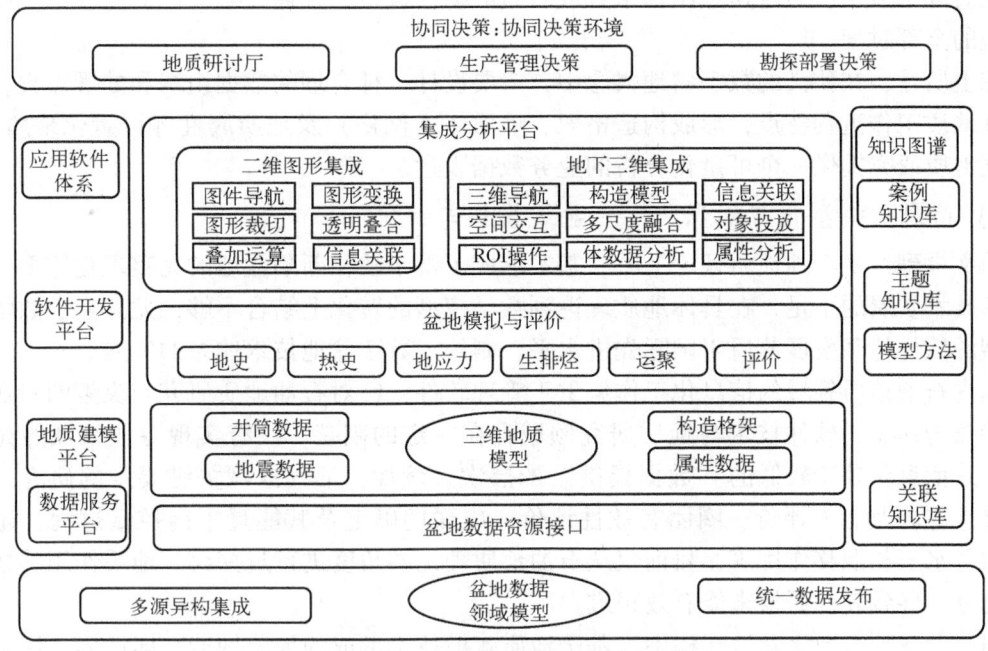

图 3-8 狭义数字盆地的技术架构

业化和协同化战略设计问题等。实际上，狭义数字盆地的信息框架就是一个针对以上问题的解决方案。通过上述业务背景、设计方法的分析，提出数字盆地的内容与层次递进关系如下。

1) 数据重组织——盆地数据资源接口

盆地数据资源接口作为地质模型数据的入口，实现各类数据的统一组织和模型化管理，为地质模型的建模做好数据准备。

该部分作为上层软件体系的基础 API（应用程序接口），针对油气勘探结构化与非结构化各类数据体系展开关联和索引，提供数据重组织的模式，实现各类勘探方法过程中采集各类数据。这部分的数据管理重点，是以领域模型的方式，系统地为上层的数据预处理并为地质建模提供数据内容。

2) 形成业务信息模型——三维地质模型

国际上油气勘探工作具有较为通行的工作流程：在完成必要的地震解释和属性分析后，建立基于层面的构造格架和基于网格的属性体，实现对地下地层物性的精确描述，而后基于该模型展开数学模拟与评价工作。因此，地质建模及其工具，是勘探地质研究中重要的一个环节，是实现地质对象的可量化表述的基础工作。

国内由于行业发展背景和长期工作习惯，目前还是以二维图形作为主要的地质研究成果，基于地质研究的三维地质建模工作尚未大范围开展，导致油气勘探与油藏开发环节存在一定的断层。

地质模型建模，就是基于地质建模所需的各类数据组织，通过工区和测区的概念将井筒、地震和地质研究概念成果等信息集成于统一的数据体系，然后分为"地质模型框架""岩相模型"和"岩石物性模型"三步建立地质模型。地质建模是建立地质对象的静态模型，即构造、网格和属性建模，用以表述油气地质相关的层位、断层等构造要素，表述与勘探目标有关的烃源岩与储集层等体模型及其地质参数等属性，为后期动态模拟和分析做好准备。在后续章节中，通过角点网格来完成岩石的物性模型，并通过实验区的建模案例阐述建立模型的全部过程。

综上所述，在狭义的数字盆地概念中，需要设计一种合理的数据组织和处理流程，综合国内外地质工作流程特点，形成构造格架、地质体（网格）及地质属性等可量化地质模型，为油气地质研究提供一个可量化分析的业务数据表达。

3）信息的模型化与知识化——盆地模拟与评价

前文提到，从石油地质理论上看，基本形成了基于陆相断陷盆地的完整理化体系，但由于信息技术发展的不足，在具体地质理论到数学模型的转化上结合不够，尤其基于数学算法与模型的软件体系发展落后于国际先进水平，制约了数字盆地技术体系的发展。

国内石油地质领域的信息化工作偏重于管理软件，针对石油地质研究与决策的专业化功能支持较为薄弱，软件技术与地质研究领域存在一定的割裂，没有实现专业领域的充分融合，导致信息化处于较低的"数据提供"的层次。例如，油气成藏关键要素的研究，包括输导要素刻画及能力评价、圈闭有效性评价、成藏期确定及其能量平衡控藏过程、超压作用、油气水三相混移作用等，目前仅从石油地质理论的角度进行过探讨，地质作用的数学表达不充分，导致软件研发未能有效跟进。

因此，在狭义数字盆地架构中，基于地质建模技术形成的地质构造与属性体，以数据模型、数据服务和软件一体化平台为基础，以石油地质理论为核心，构建油气成藏的模拟与评价技术。在后续章节探讨的解决方案中，这种技术是以含油气系统为对象，以烃源岩体、输导体、聚集体格架建立为基础，以流体动力学和运动学模型的建立为基础，在构造体、输导体、聚集体发育的历史格架下，利用现代数学和计算机技术在空间上再现地质单元体内油气生、排、运、聚、散的演化过程。这种针对地质机理量化的表达，实现了从传统的定性研究到定量研究的重要一步。因此，狭义数字盆地中的"盆地模拟与评价"技术，本质就是一种行业算法与算法组织的软件架构技术实现。

4）实现知识与专家智慧的结合环境——集成分析平台

狭义数字盆地中的"集成分析平台"是一个面向地质目标的综合分析的研究与决策平台。这一平台将实现将地质模型、数学算法模型和专家智慧三者的统一，通过图形化的描述环境，实现地质对象和研究目标的数字化、可视化和智能化。

数字盆地作为勘探信息化建设的核心，在其软件集成模式本身也是作为一个完整的信息体系来设计的。长期以来，我们的石油地质信息化体系一般被分为数据层、数据集成、应用集成和业务层，这种划分存在对业务特点和软件体系的割裂，没有将石油地质的业务体系与软件体系之间的那种密切融合的关系梳理出来，导致我们在数据与软件的集成工作中不断发生很大的偏差。国内油田勘探虽然并不缺乏配套的组织方式、管理流程，但缺乏有本地特色的软件工具支持，导致各领域的油气勘探人员无法实现专业化的协同研究与决策。

从集成模式来看，国内勘探信息化工作依旧以传统的基于二维图形的集成模式为主，各个研究阶段具有相对独立的图件表达，这是由当前油气勘探研究与管理现状所决定的；国际上以勘探项目的模式实现地震、地质、油藏与石油工程一体化的研究流程和工具体系，这种体系一般是基于三维空间的地质对象集成模式。从技术发展角度来看，从二维图形集成向全三维环境发展不仅是信息技术发展的趋势，更是地质研究量化的基本要求。

从长远看，建立一个科学的、系统的数字盆地软件集成模式，可以为专业领域的油气勘探与地质研究专家们提供一个数字化的认识模型。这种认知模型通过信息体系与专家智慧的双向反馈，可有效促进研究方法与思维模式的升级，促进油气勘探工作模式的提效与变革，这不仅是软件集成的目标，也是数字盆地分析的目标。

## 四、数字盆地建设的意义

无论广义的数字盆地，还是狭义的数字盆地，其本质都是为地质工作者展开势工作、认识勘探目标提供一个量化认知模型。长远来看，建立数字盆地理论体系与技术体系，无论对于勘探信息化工作，还是地质勘探业务本身都有着重要意义。

### 1. 数字盆地是油田勘探信息化技术的系统化与科学化总结

多年来，随着国内外油田信息化建设的逐渐深入，数字油田理论在数据、软件和业务支撑等层次上形成了有效的理论体系，这些有效的技术与业务实践对以地质研究为核心的油气勘探工作具有很强的指导与引领作用。通过学习和实践数字油田技术体系，以地质研究为中心建立油田勘探的信息化理论与技术体系——数字盆地，可以将现有的各类信息化工作进行合理的梳理和总结，明确各种新方法、新技术的定位与作用，通过系统性地规划和建设，逐步形成一种多层次架构、多技术配合和多学科协同的理论框架，形成有目标、有秩序、有过程、有效果的信息化研究进程。

数字盆地是一种面向行业解决方案的、复杂系统思维架构下的技术整合，它是数据模型、知识管理、软件架构、数学模型等信息技术及大数据、云计算等新技术的融合，进而形成一个面向石油地质勘探全流程的"信息化支撑体系"。因此，数字盆地作为一种行业解决方案，不仅有效突出信息化对于行业的效益提升和效率促进，对于今后油田勘探信息化工作的科学化、系统化持续发展也具有重要的意义。

### 2. 数字盆地运用信息技术建立了服务勘探业务的研发体系

长期以来，油气勘探信息化工作与业务工作存在着一定的断层，信息技术关注于数据模型和软件架构，对业务逻辑与功能的实现关注相对匮乏。造成这种现象的原因一方面是业务工作本身的复杂性，另一方面是基于业务的研发需要大重的复杂信息技术，如数据组织、业务表述、图形交互、专业算法及复杂软件定制等，这些技术壁垒限制了业务软件的持续研发。而基于数字盆地的数据集成和软件集成，则形成了面向业务主题的研发支持体系，通过这一体系的逐步建立和完善，专业化的软件研发人员将可以充分利用数字盆地提供的数据服务、知识服务、算法服务与功能插件，快速地设计、完善和发布面向特定主题的工具，这一体系的逐渐丰富，将有效促进信息化技术与业务工作的快速融合。

### 3. 数字盆地为地质人员认识勘探对象提供了一个认知模型

长期以来，油气勘探业务利用计算机与信息化技术为工具展开地质探测和研究工作。信息技术作为各类工具的统称，为专业人员提供了快速观察、认识和分析地质目标的有效手段，随着数据组织及网络化、图形化技术的持续发展，勘探信息化逐渐实现了多来源多尺度的大量数据组织管理，提供了有效的信息来源。现在，依托数字盆地技术，这些数据将在业务模型和知识体系的组织下，逐步形成具有地质意义的地质模型；同时，依托基础算法和专家经验形成的数学模型,也能够为地质专家提供自动化和分析与评价手段,辅助专家智慧更好地发挥。因此,数字盆地技术的发展,实际上是提供了一种前所未有的、更为直观和有效的认知模型,这是一种认识油气地质的有效工具。

4. 数字盆地为勘探工作提供一套科学的技术规范和工作流程

数字盆地不仅是一套信息技术体系,同时也为业务工作的整合提供了一套可量化的流程和规范。当前,油田勘探的地质理论和工作方法不断发展,勘探工作面临工作模式和思维模式的变革,信息技术虽然不能直接带来行业理论变革,但通过信息化技术带来的更快捷、更实时和形象的技术手段,可以有效地提升管理与决策水平、促进专家智慧,也可通过提供多学科多领域的专家沟通、交流与成果共享的手段,促进团队智慧的产生和发展。

概括而言,数字盆地是行业技术与信息技术深度融合的产物,它是一个工作环境、场景和创新的平台,通过数据、知识和工具的集成,以及技术规范和工作流程的设计,数字盆地将是未来开展勘探工作和地质研究的统一平台。

5. 数字盆地为行业发展提出了一个系统的技术体系和发展路线

从长远看,建立一个科学的、系统的数字盆地技术体系,为油气勘探和地质研究提供一个数字化的认知模型,不仅促进研究方法与思维模式的升级,也能够促进油气勘探工作模式的提效与变革。今后,基于数字盆地的数据模型、软件架构、知识表征、地质模型、数学模型等环节所奠定的信息化基础,数字盆地将充分剖析行业的需求与发展方向,应用当前互联网络、大数据、人工智能等新技术发展的成果,充分融合、吸收和整合到这一一体化业务平台中,实现从数字盆地到智能勘探的持续发展和升级。

## 五、数字盆地系统的建设

根据数字盆地系统建设思路,基于勘探数据的数字盆地系统体系设计包含 4 个部分:数据层、服务层、Web 综合管理层和可视化应用层(图 3-9)。

数据层位于系统体系的底层,数据包括基础数据和三维地质模型数据,分别存储于油气田数据中心的勘探数据库和新建立的模型库。服务层提供统一的数据访问接口,实现对勘探数据库和模型库的透明访问。Web 综合管理层通过建立勘探数据模型 Web 管理网页,提供用户及权限管理、区块及模型管理、数据缓存机制及三维可视化调用等功能。可视化应用层基于模型缓存机制、图形引擎及第三方 UI 框架,搭建了一套数字盆地图形可视化软件平台,实现数字盆地数据模型的高效图形展示与专业应用辅助支撑。

将数字盆地划分成若干个勘探区带,每个勘探区带都采用统一的数据描述、数据访问接口、Web 页面管理。各个成果室的地质模型数据可以通过 Web 管理页面录入勘探区带模型数据库,最终将若干个分散的勘探区带汇聚成数字盆地,支持三维地质模型在 Web 管理页面的三维可视化调用,通过定制开发的数字盆地图形可视化软件进行可视化浏览及专业应用。不仅实现不同部门、不同人员、不同时期的勘探地质认识在三维地质空间里的可视化集成,而且实现数字盆地从定性到定量、地上到地下、二维到三维的全景立体可视化展示,从而有利于整体解剖盆地结构,实现立体、可视化勘探,为有利区带优选、勘探决策提供参考。

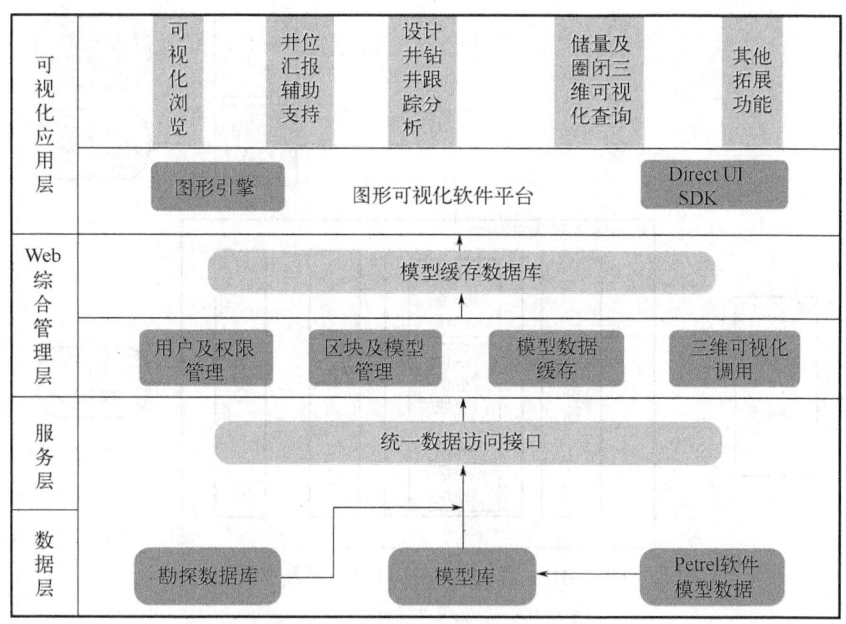

图 3-9　勘探数据的数字盆地系统体系

### 1. 勘探区带的业务数据描述

根据油气勘探过程，数字盆地勘探区带所包括的数据可分为基础数据和三维地质模型数据两大类。

基础数据主要包括在油气勘探过程中，通过直接工程方法和间接专业分析所获取的各种前期的基础性数据，包括地震、钻井、测录井、地质研究及试油试采等数据。

三维地质模型数据需要参照行业标准定义各类模型数据文件格式，根据业务逻辑进行数据库设计并录入，以解决现有勘探数据库中缺少三维地质模型数据的问题，模型主要包括以下 4 种类型：（1）赋有构造高度、厚度、孔渗饱等地质属性的结构化规则网格面；（2）基于 Pillar（柱状体）的断层面模型；（3）基于 Pillar 的角点网格体模型；（4）沉积相、孔渗饱等地质属性体模型。

这些模型是成果室地质人员基于已有的基础数据并根据个人对勘探区块的地质认识而建立的三维地质模型，分散在不同部门、不同科室、不同人员手上。随着勘探程度的不断加深，所获取的基础数据会不断增多，所建立的模型更加精细，同一区块的三维地质模型会有多个不同的版本，每个版本都可以上传入库，支持盆地模型的统一存储、调度、简化、更新及多版本管理等功能。

### 2. 数据访问接口设计

数字盆地系统 RESTFul 网络服务集成了勘探数据库和三维模型数据库。数字盆地系统三维模型数据库作为 RESTFul 服务的本地数据库，数字盆地系统后台服务器通过服务器代理以 SOAP 方式从勘探数据库获取勘探数据，然后进行数据融合，最后将所有的数据统一按 REST 接口形式进行发布，其体系结构如图 3-10 所示。

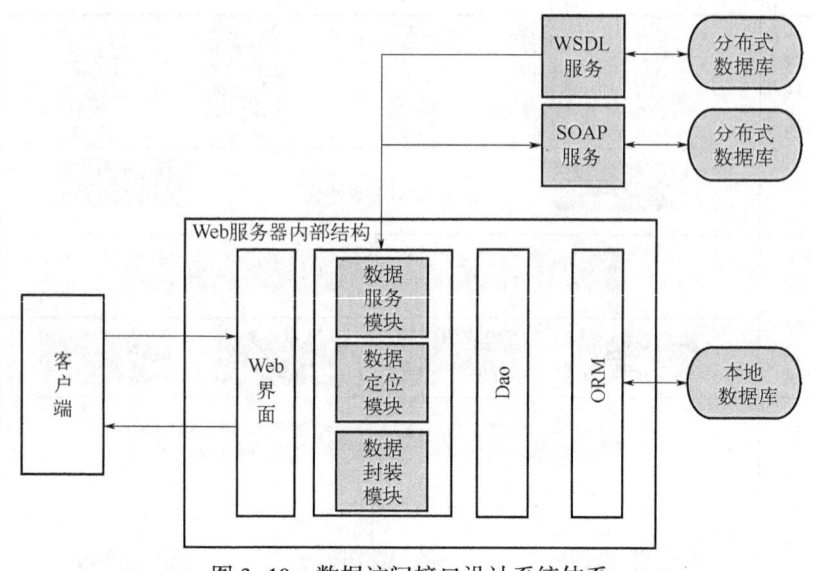

图 3-10　数据访问接口设计系统体系

### 3. 数据 Web 网页管理

模型数据管理网页包括系统登录页面、区块管理页面、模型管理页面。开发环境为 VS2017C#语言及 .NET 界面控件 DevExpress17.1。区块管理页面可以新增、编辑及删除区块，一个区块下面可以管理多个模型。模型管理页面可以新增、编辑、删除模型，同时可以创建模型缓存工区并支持模型在 Web 页面的三维可视化调用。

模型数据管理网页所涉及的数据不仅包括勘探数据库中的基础数据，还包括不同成果室的不同人员上传的三维地质模型数据。因此，底层数据库除了油气田已有的勘探数据库之外，还需要新建三维模型数据库，用于存储模型文件、模型基本信息、区块信息、用户信息和用户操作权限信息。同时，为了提高后续图形可视化软件加载数据的效率，还需建立中间缓存数据库，用于存储从勘探数据库和三维模型数据库缓存过来的基础数据和解析的模型数据。

模型管理系统底层数据库由基础数据库及模型库构成，在进行图形可视化应用时，如果直接从基础数据库及模型库去申请并加载数据，将难以保证效率，原因包括：第一，基础数据库为全油气田用户提供数据支持，受网络带宽及并发影响，下载数据时间较长；第二，模型数据为建模软件输出的文本或二进制流格式，在图形可视化时还需对模型数据进行解析，这将耗费一定时间。为了确保图形可视化的整体时效性，有必要对数据进行缓存处理。在将建模软件输出的模型文件入库后，即可启动模型缓存创建过程，第一步是解析模型文件，从中解析出层面模型、地层模型、断层面模型及沉积相和孔、渗等参数模型；第二步是计算上述模型最大外边界，并根据此边界范围到基础数据库中去检索并下载相关基础数据；最后，将解析完成的模型及基础数据转化为内部格式并存入缓存数据库中。

### 4. 图形可视化软件平台

基于网站底层数据库、缓存工区数据库，通过可视化图形引擎及界面库，并根据业务应用需求定制开发数字盆地系统图形可视化软件平台（见图 3-11）。

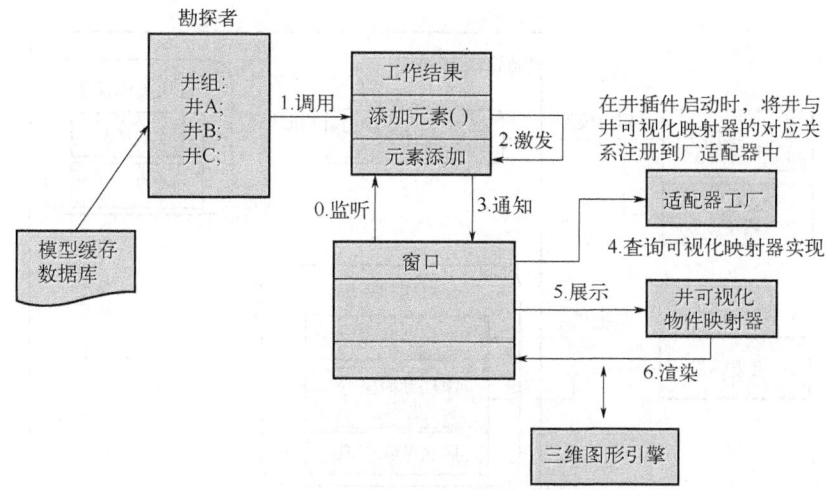

图 3-11　可视化软件平台图形引擎

图形引擎是一种底层的软件包，专门用来支持高层的图形绘制需求。对外封装了各种图形可视化相关的对象，如场景、相机、视图、点、线、面、体等。用户可以采用面向对象的开发方法，直接用这些对象来搭建并管理场景，指定将显示结果绘制到某个窗口。引擎内部再去调用面向图形硬件的 API，实现各个可视化对象的绘制。引擎内部会通过多种机制和算法来提高绘制的效率，在美观精确和效率之间取得平衡。图形平台主界面大体可分为视图与工具栏、区块浏览、模型浏览与图形展示 4 个区域。其中，区块浏览区将用户通过综合管理网站所创建的区块及区块下的缓存工区进行树节点展示，通过点击区块及缓存工区即可进行切换；模型浏览区将当前缓存工区中的基础数据及三维模型分专业进行树节点展示，可通过节点操作实现模型可视化的切换；图形展示区为页面式多窗口的图形模式，后台通过图形引擎的支撑来进行专业数据模型的图形渲染及人机交互。

数字盆地系统建设在国内目前还没有统一的模式和标准，理论研究居多，实际应用部署偏少。因此，还需要经过不断的探索和实践，让更多的地质科研人员使用系统并提出宝贵意见，参与系统建设，完善系统的不足之处，最终使数字盆地系统在提升油气田信息化应用水平中发挥更大作用。

# 第三节　智能战略选区

勘探战略选区信息化平台就是期望将油气田勘探的所有数据条理化，以可视化的方式显示出历史成果数据，从而方便决策层寻找勘探程度较低的区域、有良好油气显示的层系作为重点勘探目标，为勘探战略选区提供直接有效的决策支持。智能战略选区技术就是利用预测模型，与国内外相似区块模型进行类比，对预测模型进行论证，实现战略选区，提高选择勘探目标的科学性。

## 一、智能战略选区的体系组成

智能战略选区主要建设内容包括区块建模、相似区块搜索与类比、区块预测模拟。通常，其系统体系如图 3-12 所示。

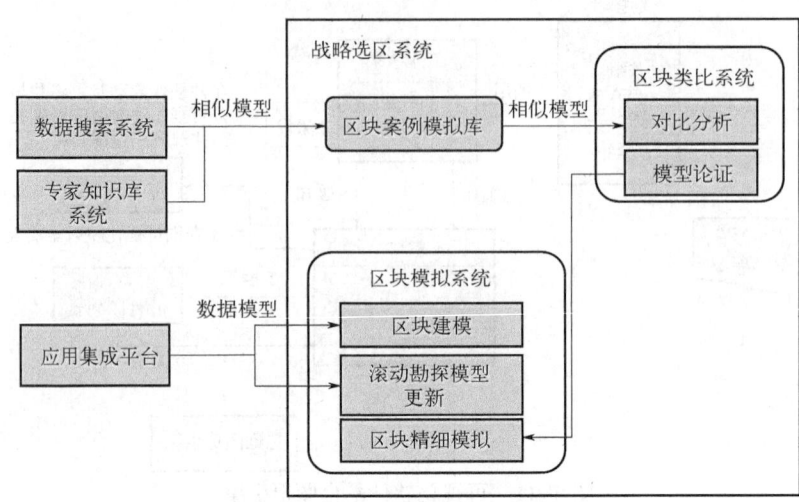

图 3-12　战略选区系统体系

（1）区块建模：根据地质参数初步分析并建立区块预测模型。滚动勘探情形下搜索油藏历史数据和动态模型，研究开发轨迹，建立最新区块模型。

（2）相似区块搜索与类比：在相似区块案例库中快速搜索与目标区块地理环境、地质条件等相似的区块模型，与目标区块进行类比。

（3）区块预测模拟：通过反复类比，对目标区块预测模型进行论证，预测出目标区块的规模、构造、储量等，从而最终确定勘探目标。

## 二、智能战略选区的操作系统

智能战略选区操作系统主要包括以下几个功能模块：

（1）基本信息管理。包括地层、构造分区、勘探分区、油气田等基本信息的管理，主要提供添加、编辑、删除等功能；这些基本资料用于搜索和查询中的条件设置以及知识汇总等。

（2）知识库创建。创建知识库是对所有勘探数据、图表、报告和项目信息进行收集，按照勘探战略选区的知识层次进行条理化、系统化，以有利区带预测的知识层次为框架，图文并茂地显示所有知识，发挥文字、图表、数据等形式的优势，合理地表述出勘探信息，使地质家能够简洁明了地掌握所有信息，为战略选区工作服务。

经过本地管理、输入地质单元、输入项目信息、输入文件和上传文件、本体赋值这几步，可以将报告中涉及的知识按照系统建立的领域本体层次入库，实现了勘探知识的层次化、系统化管理。

（3）知识查询。知识查询是知识库建立以后，用户可通过知识浏览直接查看相关知识点或者通过模糊搜索查看知识或报告。对于第一种方式，在知识浏览页面显示具体的知识内容，同时也提供了知识过滤功能，可按照本体、地质单元和项目三者的条件组合设置过滤条件。通过这个方式，地质家可以从不同的维度查看知识，从而为战略选区的决策提供支持。对于第二种方式，可以提出搜索请求，搜索出符合条件的知识或报告，以用于战略选区的决策。

（4）数据呈现。系统采用 Web service 技术，从油气田中心数据库实时获取数据。系统用 C#语言创建数据存取服务 Web service 进行发布；再用 Axis2 技术创建 Web service Client，生成一个 org. tem puri 文件，提供获取数据的类和方法；最后通过创建 org. tem puri 类的实例，设置相关参数，获取数据。由于通过 Web service 获取的是原始数据，所以需要对数据进行预处理。系统为每一个领域对象提供了一个 Service 类，用于对数据进行预处理。数据预处理包括地层的标准化映射、数据的统计、测井数据的解编、图形数据的解析等。

建好数据接口后，即可利用此接口实现对中心数据库的访问。系统创建了石油三级储量数据服务、天然气三级储量数据服务、地质分层数据服务、试油成果数据服务、储层评价数据服务、烃源岩评价数据服务、勘探潜力图数据服务、地层对比数据服务等 8 种数据获取服务，以便为系统的制表和成图提供相应的数据源。由于用户所需的科研数据分散存储在中心数据库的多个库中，给用户的数据查询造成了极大的不便。为了提高查询效率，辅助科研决策，从中心数据库中抽取出用户感兴趣的数据项组成表格，实现表格的查询统计。系统共设计并实现了石油天然气三级储量数据表、地质分层数据表、试油成果数据表、储层物性评价表、烃源岩综合评价数据表等 5 张表格。

利用获取的数据绘制用户决策所需的各种图形，将各种地理图层与成果数据进行叠加，以可视化的方式显示，可以使决策者从多角度进行分析，辅助用户决策。在绘制图形时，所涉及的数据格式繁杂、数据项众多，需要对各种所需数据进行必要的预处理。

智能勘探战略选区的实现有三个阶段，目前各大油田的智能勘探战略选区已经进入第三阶段，不断提升模拟系统的精确度，充实完善区块案例库，提高类比功能的准确性的阶段。

表 3-2　智能勘探战略选区的实现阶段

| 阶段 | 性能特征 |
| --- | --- |
| 第一阶段：区块案例库 | 建立并完善区块案例库，利用模拟系统搭建区块案例模型，设置关键信息搜索 |
| 第二阶段：预测阶段 | 建设战略区块模拟系统，与区块案例库类比，修正预测模型，精细化模型，使系统快速、准确地描述出区块特征；建设滚动勘探历史数据库和模型库 |
| 第三阶段：提升与完善阶段 | 不断提升模拟系统的精确度，充实完善区块案例库，提高类比功能的准确性 |

# 第四节　井位协同设计

井位协同设计通过对地理信息、地质信息和其他相关信息的叠加，使所需相关信息得到综合集成，从而提升井位设计的合理性和效率。其目标是通过系统的、完整的数据库及专家系统，有效规范对勘探研究成果、决策成果、专家经验的管理和应用，能够在现场充分展示研究成果，以多种方式灵活高效地调用决策需要的各种信息，为专家提供充分依据，澄清模糊的地质认识，提高井位决策的准确性。

## 一、井位协同设计的体系组成

井位协同设计主要建设内容包括综合信息叠加、协同设计、井位部署决策辅助和模拟展示，见表 3-3。

表 3-3 井位协同设计内容

| 序号 | 内容 | 内涵 |
|---|---|---|
| 1 | 综合信息叠加 | 井位部署所需相关信息的综合，包括管网信息、社会信息、地质信息、地理信息等，与案例库（包括岩心库、事故信息等）相关信息进行叠加 |
| 2 | 协同设计 | 各专业成果共享，多成果对比，确定井位位置并论证，建立多学科专家协同办公平台，自动生成钻井设计建议方案 |
| 3 | 井位部署决策辅助和模拟展示 | 在井位设计协同环境下，对井位设计进行模拟，模拟专家思维模式，快速定位井位，辅助决策。井位部署模拟并可视化展示，直观显示井位定位最终决策 |

井位协同设计的系统体系如图 3-13 所示。井位协同设计预期可以达到的效果是辅助井位部署决策，为井位部署进行所需相关信息的综合，实现地理信息、地质信息和其他相关信息的叠加，辅助钻井设计，利用系统功能，自动为钻井设计生成建议方案，提升井位设计的合理性和效率，实现探井部署一体化工作流程，集合地质、油藏等相关领域的专家和现场人员协同工作，信息全面综合，快速共享，提供最优布井参考方案。

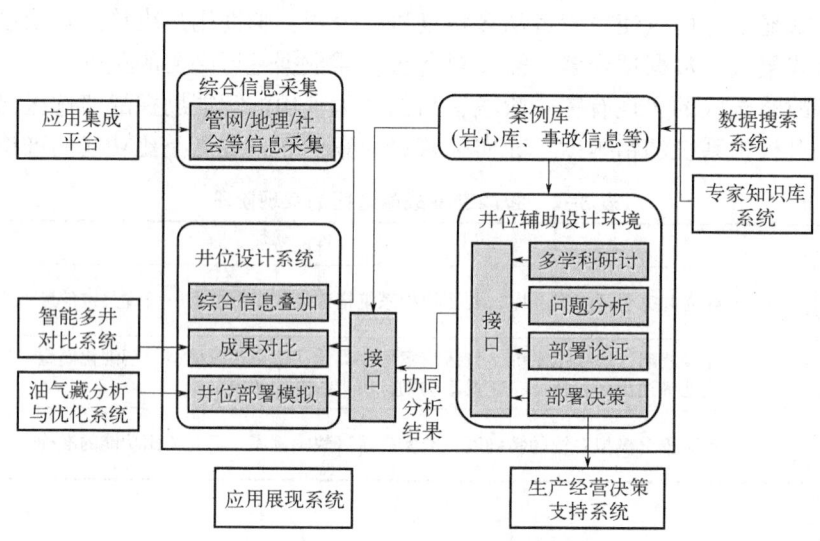

图 3-13 井位协同设计的系统体系

## 二、探井部署的软件平台

以勘探成果数据库、动态生产管理库、地震资料库为基础，建立一套支持探井部署的数据库标准规范及规章制，设计研发一套探井部署支持软件平台，实现对探井部署全过程的信息支持。软件系统基于 windows.NET 的平台开发，数据库采用 ORACLE 系统。

### 1. 数据组织与管理技术

采用先进的数据库设计理念与方法，建立基于勘探数据库的井位部署项目库。具体内容包括三个方面：确定相关的数据内容、建立数据管理平台、形成数据访问层。

（1）确定相关的数据内容，包括井位数据（建议井、探井和开发井）、井筒数据、地面数据、遥感信息、地震数据体、解释数据、各类分析图件与文档资料等，根据优化后的流程，制定相应的数据准备规范。研究各类结构化与非结构化数据组织、管理与访问方式，如大容量地震数据体的存储和读写，利用多层体系和分片存储、索引、内部缓存等技术手段，达到任意剖面和层位数据的高效率传输与显示。

（2）数据管理平台功能包括工区管理、数据加载、数据查询、图档管理、用户管理、权限管理等功能，能够有效地将勘探项目、工区、研究成果、地震数据体、解释数据、井数据等有机地组织在一起，通过灵活的数据加载和数据管理功能，可以快速地将勘探数据库中的相关资料及分散在多个研究单位和个人手中的各种资料集中分类地保存起来，建立一个信息沟通平台，完成各类数据与图档的查找、分类、浏览、导入、导出、修改、删除、权限控制、版本控制、备份、恢复等。

（3）在数据库之上建立一个数据访问层，使用户只面对业务数据模型，通过统一的访问接口来进行数据的查询。利用数据服务组件，完成多数据源的访问，为上层的查询、展示、协同工作等模块提供数据服务。

### 2. 遥感应用与发布技术

遥感应用与发布技术是将地质信息、地理信息与遥感信息精确叠合和发布，通过遥感信息与 GIS 信息相结合，实现基于遥感、GIS 导航的常规查询、统计查询等功能；一方面是提供实物坐标定位和缩放显示，实现动态加载、符号化透明显示叠加于三维地形场景中；另一方面可以实时建立各种地质图层，为井位论证、物探部署提供直观的参考。

（1）在工区底图上，以主要目的层构造图为背景，叠加显示工区测网、地理文化信息、层位、断层边界、测线、探井、开发井、设计井、井斜轨迹等对象，提供实时选取纵测线、横测线和任意测线，以及井数据管理、距离计算、面积计算等功能。在地震剖面显示横剖面、纵剖面、任意走向剖面，设置变面积、变密度、曲线等不同显示方式，在剖面上叠加解释层位、断层段、探井、设计井轨迹等。利用井筒信息可视化工具将钻井、录井、测井、岩心、分析化验等资料融为一体，进行可视化显示。通过井筒可视化组件显示井身结构、井斜、测录井、试油管柱、多井对比等，能更加直观地研究地下地质情况。

（2）电子挂图系统能够实现各类成果图件多屏幕显示环境下的排列展示功能，提供 CGM、DXF、JPG、GIF、BMP 等格式图形文件的显示功能，对于 CGM、DXF 等矢量图形进行图件的放大、缩小及增加标注等操作。还可以根据图件的多少灵活选择显示排列方式；可以激活相应的工区，打开底图浏览器和剖面浏览器；可以挂接 PPT 并打开新窗口播放；可以显示图档属性信息，如文件名称、文件类型、汇报名称、所属项目、创建时间、创建人、文件大小等相关属性。电子挂图系统促进了图档的有效管理，同时能够为井位论证提供更为丰富的数据展示。

### 3. 多屏幕海量信息展示环境设计

随着数字拼接墙技术的飞速发展，利用多屏显示卡及 DLP 投影幕等专业设备为勘探专家创造一个协同工作环境成为现实。井位部署过程中需要展示大量的图件，有时在论证现场甚至会挂 20~40 张纸质图件，而且中间经常更换，给决策带来许多不便。利用基于数字拼接墙的多屏展示，能够为领导和专家提供更全面的视野及更丰富的资料信息。

胜利油田物探研究院早在 2006 年 1 月在国内石油行业创新设计建成了第一个数字拼接

墙多屏展示勘探决策会议室，可根据不同应用场合设计不同的配套环境，包括可容纳人数、屏幕个数、设备选型、使用方式等。如井位部署时需要兼顾井位汇报、专家点评、井点确定、任务书发放等各个环节；而生产管理决策既需要考虑钻井设计讨论、钻井措施讨论、测井方案讨论、完井方案讨论、试油方案讨论、试油措施讨论等，还需要兼顾每天生产动态的监控。

### 4. 基于数据挖掘的专家知识库技术

通过对数据挖掘技术、专家系统、数据仓库的研究和应用，形成针对勘探随钻生产管理的知识库系统框架，对勘探专家的思维方式进行有效模拟，使决策的经验、方法和思路能够被记录和利用。

（1）主要研究内容。主要研究在探井生产管理领域中钻进过程的设计调整、钻井液完钻决策、加深钻探决策、侧钻决策分析、钻探生产措施调整、产能分析与调整、钻井液性能和井身结构调整、钻探生产管理调整、井位部署分析与调整。实现了包括知识库、方法库、探井基本数据库维护，以及决策参数设置、决策方案形成、决策方案解释、数据切片与立方显示和重要决策数据的检索、统计、分析等重要功能，对专家知识库相关技术在勘探决策中的应用做出了有益的探索和实践，为该技术在勘探决策的应用提供了理论与实践的支持。

（2）勘探井位部署决策支持系统建设情况。在具体的决策过程中，针对特定的决策案例，达到对决策思路的定性描述，从而可以有效地拓展决策者的思路，使得决策更加全面和周密，减少风险性。目前勘探井位部署决策支持系统已发展到2.0版本，并在综合研究、井位论证及探井生产管理工作中发挥了巨大作用。在井位部署论证现场，利用该系统，项目组与专家可以迅速浏览查看工区与设计井的各类数据，包括综合研究报告、各单位提交的设计井位、关键地震剖面、解释数据、邻井资料、构造图等各类资料。既可以实时从数据库中调出已上传的图件，也可以现场切连井剖面；既可以迅速检索到区域内的所有探井、开发井，还可以利用井筒可视化显示功能即时查看各类测井、录井资料；既可以实时标出设计井深，还可以在含有丰富地面信息的GIS底图上预知地面概况。无纸化、电子化井位论证成为一种新的工作模式。

（3）实际应用案例介绍。胜利油田每年完成钻探井百余口，相关勘探经费达数十亿，勘探数据库与软件系统的应用在探井生产管理，如工程设计讨论、措施讨论和中间过程分析中发挥了巨大作用，不仅大大提高了勘探效率，而且已取得了可观的经济效益。以YAN227井为例，最初设计需全井取心，通过邻井对比，减少取心次数6次，工期缩短15天，按一次取心3天时间，工期费用10万元/d计，可节省资金约百万元；又如CHENGBEI809井，因目的层油气显示差，研究决定向西南高部位侧钻。以往这种情况需要海上平台待命，给研究单位留出一天时间切剖面，进行综合分析再讨论，而海上平台的日费用在20万元左右。现在通过这套系统，快速查询邻井资料，多方向切地震剖面落实选点位置，直接组织研究单位进行侧钻方案讨论，有效地加快了生产运行节奏，大大节省了勘探费用。

## 第五节　探井现场跟踪研究

探井现场跟踪研究包括现场跟踪研究与地质跟踪研究，探井跟踪研究目标是实时跟踪探井实施现场的情况，与设计方案实时对比验证，及时判断和处理相关情况，并及时掌握地层地质情况，不断修正地质认识，并对钻井进行修正，提高探井成功率和钻探效果。

探井现场跟踪研究的主要内容包括现场实时跟踪、及时调整、地质跟踪研究、地质优化导向、实时跟踪评价、同类案例对比等，见表 3-4。

表 3-4 探井现场跟踪研究的主要内容

| 序号 | 内容 | 内涵 |
|---|---|---|
| 1 | 现场实时跟踪 | 同步获取作业井现场实施的各类数据，包括实钻数据、随钻测量测试、钻井液数据、录井数据、油气层厚度、岩心数据等，并进行现场监控 |
| 2 | 及时调整 | 实时模拟钻头轨迹，与设计不符时提示，研究人员做出井眼调整建议或停钻循环，更新设计方案并反馈给井场，使探井精确定位，评价井准确跟踪油迹 |
| 3 | 地质跟踪研究 | 根据随钻测量测试、钻遇情况、储层压力/流体、各地层组/段的岩性特征等数据进行跟踪地质研究，及时修正地质认识 |
| 4 | 地质优化导向 | 随钻与地质情况交互，实时更新和显示井眼周边的构造 |
| 5 | 实时跟踪评价 | 实时与邻井资料进行对比，快速建立地层剖面，准确到达取心层，并提供地质预告，为研究人员掌握油藏提供翔实的数据，提高地质评价的质量 |
| 6 | 同类案例对比 | 及时提供地质特征、钻井特征的同类案例，辅助研究人员进行正确决策和分析 |

通过探井现场跟踪研究，预期可以达到的效果是实时获取现场实时、准实时信息，及时监督和管理现场情况，保证实施质量和数据质量，根据实钻情况及时修正地质认识，应对钻遇情况，保护储层不被损坏，优化钻井参数，提升钻井效率，预防井损坏，降低事故发生概率，提升钻井安全和效率，通过实时数据和模拟，辅助技术人员发现目标和潜在风险，推荐合适的策略，提高钻探成功率。

探井现场跟踪系统的系统体系如图 3-14 所示。

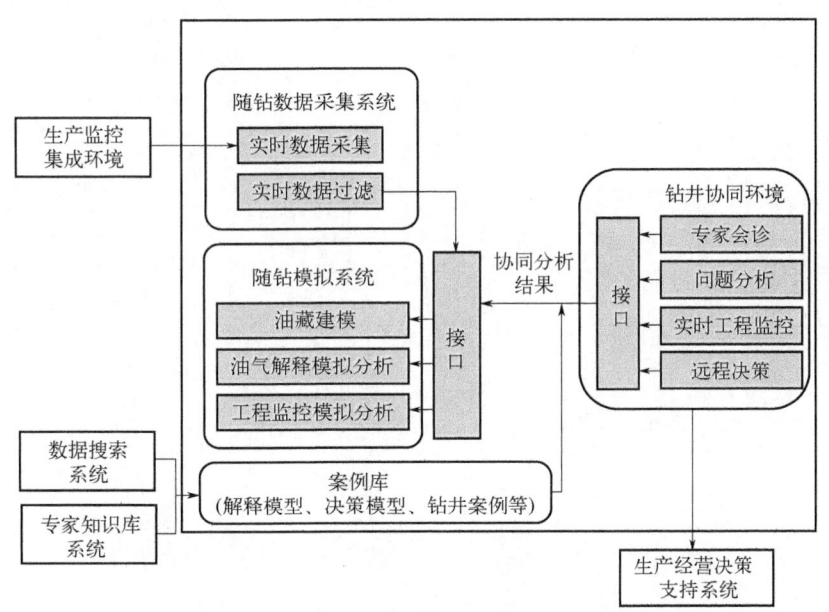

图 3-14 探井现场跟踪系统的体系

探井现场跟踪技术首先需要建立实钻中心（完善随钻实时信息采集传输，搭建综合信息平台，进行三维展示）；然后实现工程模拟分析和预警，基地与现场的协同指挥；进行实时地质模拟分析，与工程情况集成，在一体化协同环境下，实现地质模型的实时更新，实时问题分析解决，及时调整；提升并完善随钻跟踪研究辅助系统的实时分析和模型。

## 复习思考题

1. 油气勘探技术的智能化技术主要包括哪些？
2. 油气勘探智能化技术的发展方向是什么？
3. 数字盆地的概念是什么？
4. 简述勘探智能选区的体系框架。
5. 简述战略选取的操作系统发展现状。
6. 井位协同设计技术的体系组成有哪些？
7. 简述探井部署的软件研发现状。
8. 简述探井现场跟踪技术研究现状。

# 第四章　智能钻完井技术

智能钻井区别于传统钻井，是钻井过程的智能化，不仅包括钻井工具的智能化，还包括钻井过程的监控、各种参数采集、井眼轨迹的优化与控制智能化。通过建立理想钻井轨迹的模型，引入计算机控制，最大幅度地提高井眼轨迹精度、降低作业安全的影响。

## 第一节　智能钻井技术的发展现状及趋势

智能钻井技术是融合了大数据、人工智能、信息工程、井下控制工程学等理论与技术的一项变革性钻井技术（基本组成如图4-1所示），通过应用地面自动化钻机、井下智能执行机构、智能监控与决策技术等，实现钻井作业的超前探测、闭环调控、精准制导和智能决策，大幅提高钻井效率和储层钻遇率，降低钻井成本。

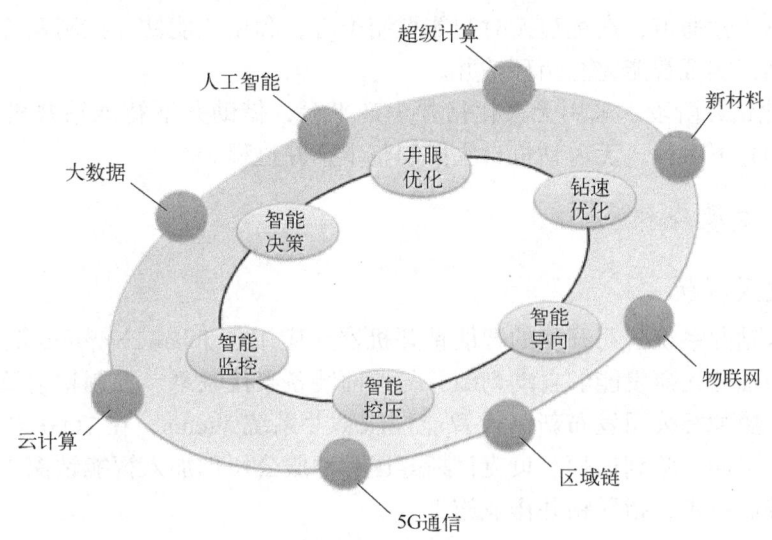

图4-1　智能钻井技术的组成示意图

### 一、智能钻井技术的发展现状

#### 1. 钻井技术发展阶段

一般来说，钻井技术的发展分为机械化钻井、自动化钻井、智能化钻井和无人化钻井四个发展阶段，如图4-2所示。

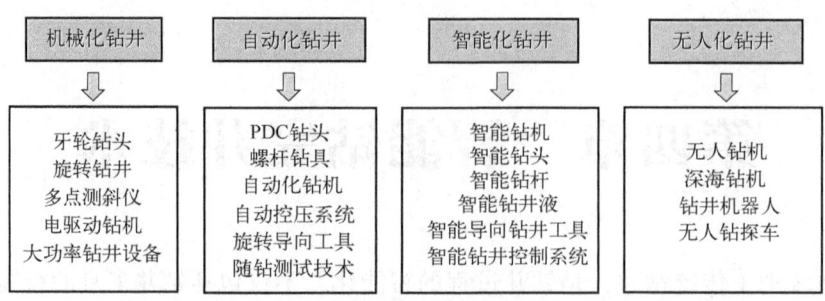

图 4-2 钻井技术发展历程

（1）机械化钻井阶段。牙轮钻头快速发展，多点测斜仪和大功率钻井设备投入应用。同时，喷射钻井技术、地层压力检测技术及平衡压力钻井技术出现。

（2）自动化钻井阶段。PDC钻头和螺杆钻具广泛投入商用，多种井口自动化设备逐渐从实验室走向钻井平台。自动控压钻井系统有效解决窄密度窗口问题；自动化钻机成为油气勘探开发领域自动控制技术成熟的应用；随钻测量技术改变依靠钻后信息和人工经验钻井的方式，实现根据井下实时随钻信息进行钻井的新进程；旋转导向工具是当前全球尖端的井下钻井设备，成为勘探开发各种复杂地质环境应用的关键工具。

（3）智能化钻井阶段。钻井过程具有自主学习、记忆、分析、决策和执行的能力。借助智能钻机、智能钻头、智能钻杆、井下智能导向钻井系统等设备，通过井下与地面之间双向高速闭环信息传输通道，在远程实时智能控制中心，利用智能钻井控制系统对钻井过程进行实时精准控制，实现智能完全闭环钻井。

（4）无人化钻井阶段。采用无人化钻井生产平台，借助井下智能钻井机器人直接观察检测工程需要的井下参数，无人钻机自主控制整个钻井过程。

## 2. 智能化发展现状

### 1）国外发展现状

挪威机器人钻井系统公司开发的智能钻井机器人应用于Johan Sverdrup油田半潜式钻井平台。阿帕奇石油公司研发能够自动判断并与地面装备直接联系、控制钻速及钻进方向的智能钻头软件包。威德福公司发布新一代智能控压钻井系统Victus，在7600多次钻井作业中成功应用。斯伦贝谢、哈利伯顿、贝克休斯等国际油服公司也加入智能钻探领域研究，开发远程智能钻井控制技术，指导钻井作业施工。

### 2）国内发展现状

中国石油长城钻探公司研发的远程控制录井系统，将井下数据通过无线网络传输给地面和远程控制中心，由远程控制中心远程控制现场设备，实现远程控制中心与现场联合工作。中国石化石油工程技术研究院开发的钻井工程决策支持系统Drill Adviser，具备数据同步传输、井场实时监控、钻井风险预测和井场虚拟仿真等功能，为近百口井提供远程技术服务。

总体上，中国智能钻井技术目前仍处于开发攻关前期阶段，个别单项技术处于商业应用或现场验证阶段。地面装备方面，管柱自动化处理系统、钻机集成控制系统、自动控压系统已现场应用；井下系统方面，系列井下测量系统等已经现场应用，地质导向系统已工业应用;自动垂直钻井、旋转导向系统实现突破,有缆钻杆等还处于试验阶段;软件平台方面,远程钻井作业支持系统实现现场应用,并不断完善中;钻井过程仿真软件正在开发,人工智能、大数据应用技术还处于起步阶段。

**3. 智能钻井的核心技术**

智能钻井技术(视频4-1)可以归纳为七个部分:系统架构、数据测量系统、信息传输系统、自动控制系统、智能决策分析系统、人机交互、标准与认证体系等七大部分组成,如图4-3所示。

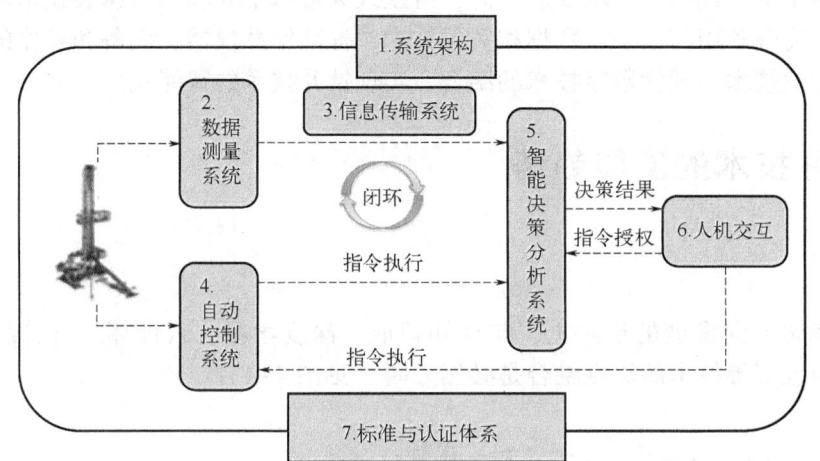

图4-3 智能钻井技术七大组成部分

视频4-1 复杂油藏智能导向钻井

主要体现在以下几个方面的内容:(1)建立顶层到最末端的等级系统体系,并确定各个子系统之间如何整合及如何互联互动,包括各系统之间的通信、标准化程序、人机一体化等;(2)从原始数据的采集方式到过滤、转换、冗余度、数据输出等处理技术;(3)钻井智能化的神经网络和中枢,连接井下、钻台和远程作业中心的各个系统节点;(4)地面钻井设备和井下钻具的智能化、精细化和小型化,实现钻井作业的指令执行;(5)钻井智能化过程各个子系统的区域大脑,相当于电脑操作系统,借助仿真系统、远程决策系统、大数据分析、人工智能等提高钻井智能化水平;(6)通过人机交互,实现人与机器之间的有效互动和可视化,避免操作人员被海量信息淹没和信息缺失带来的人为失误;(7)建立标准与认证体系,助力智能钻井技术各系统之间的衔接,提高系统可操作性和可靠性。合适的标准与认证体系能加速智能钻井技术的应用推广,从而实现跨越式发展。

现阶段,智能钻井技术主要包括智能钻井系统、智能钻井工具及配套的智能完井技术三个部分。

**4. 智能钻井技术的核心问题**

(1)缺乏智能钻井技术的总体规划设计。智能钻井技术需要整合行业力量,由企业牵头,联合科研院所构建统一的系统体系、数据标准和协议,实现智能钻井各系统之间的通用性和可操作性。

（2）随钻数据实时获取、高速大容量传输和控制系统等核心技术研发不系统，井下传感器、芯片的耐温性及工具的可靠性难以满足要求，还没有打通地层—井筒—地面数据高速获取与传输链路，不能实现软硬件协同的自动化闭环控制钻进。

（3）对目前钻井过程中已经采集的历史数据和能够实时采集传输的地上地下数据流，还不能通过智能化手段进行有效融合、快速处理和高效分析，未能系统深入挖掘这些数据蕴含的价值以优化钻井和生产过程（实时优化、单井优化、井到井的优化）。

（4）地面作业系统、井下控制工具和决策软件系统的智能化程度低，各装备、工具、系统之间的融合程度低，还没有形成集成效应。

智能钻井技术代表了下一代钻井技术发展方向，有望成为继水平井和水力压裂技术之后具有颠覆效应的技术。充分利用与数字、数据相关的技术，提高钻井仪器、设备和操作的智能化水平，通过传统专业技术与现代数字技术的结合，实现钻井技术的智能化。

## 二、智能钻井技术的发展趋势

### 1. 发展方向

在钻井技术向智能化方向发展的道路上，与认知智能、深度学习、云计算、计算机视觉、人机交互、虚拟与现实等技术的深度融合是必然方向（见图4-4）。

图4-4 钻井技术的智能化发展方向

（1）人工智能在向能够分析、思考、理解和判断的认知智能延伸。未来认知智能将被应用于智能钻井决策，根据海量数据洞察信息之间的关系，优化钻井方案，辅助人类做出决策。

（2）深度学习实现需要依靠优化升级的高阶神经网络算法。在油气领域，利用人工神经网络算法训练大量已知测井资料，既可以解释各种岩石物理、力学参数、识别地下断层、绘制逼真的油气层图像，还可以优化调整钻井参数、优选举升系统和地层钻头。

（3）云计算打破普通钻井控制系统CPU存在的计算速度和存储容量的限制，大幅扩展信息储存空间。同时，云计算具备超强容错能力，能够有效减少电脑出现故障造成的信息丢失，确保信息的完整性和安全性。

（4）利用虚拟与现实技术，可以为跨地域各领域专家建造一个高度可视化的远程协同决策环境，实现临境式钻井指导，模拟现场钻机工作场景，对钻井工程人员进行培训，让操作人员直观感受在操作过程中出现问题时产生的后果，反复预演事故处理过程。

（5）对于钻井过程产生的大量测井图像、地质图像、仪表数据等，需要投入人力成本进行数据读取，计算机视觉的引入可以实时拍摄、读取、分析、解释图形，使信息处理更加高效。

（6）智能钻井技术的实质是以人为中心，借助智能技术解放生产力，但是地质情况复杂，机器不可能完全取代人力。在钻井作业中，对于常规重复性作业，机器往往比人做得好，当钻遇高风险地层或机器发生故障时，人具有更好的应变能力。采用与过程适应的人机交互技术，可以将钻井过程中一系列任务根据人机各自优势进行分工，实现人与机器之间的协调互动。

## 2. 主要攻关方向

未来的主要攻关会向着框架规划与标准体系、数据实时测量技术、信息高速传输技术、自动控制系统、钻井智能决策分析系统、智能钻井一体化技术等六个方面开展。

1）方向一：框架规划与标准体系

包括智能钻井技术框架规划和标准与认证体系两个方面的内容。

（1）智能钻井技术框架规划：建立顶层到最末端的等级系统体系，并确定各个子系统之间如何整合及如何互联互动，包括各系统之间的通信、标准化程序、人机一体化。

（2）标准与认证体系：搭建公开的行业数据标准和协议，使各方能够统一在该协议下实现数据交换。建立统一的钻机控制标准，为实现钻井智能化集成解决方案提供保障。

2）方向二：数据实时测量技术

包括高精度井下动态参数智能监测技术、多维多参数随钻测井与智能解释技术、高温井下测量仪器等三个方面的内容。

（1）高精度井下动态参数智能监测技术：实时监测井下钻柱及井筒动态数据，包括井底钻压、扭矩、横向振动、轴向振动、黏滑振动、水眼及环空压力、温度、转速等。

（2）多维多参数随钻测井与智能解释技术：实时测量地层岩性、地层界面、油层特征等参数，实现多维远探测和前探测，使钻头沿着储层最优位置钻进。

（3）高温井下测量仪器：针对深层超深层油气勘探开发，通过加强耐高温橡胶、耐高温电子元器件、智能芯片、高精度传感器、精密仪器等基础研发，提高175℃以上井下测量仪器的稳定性。

3）方向三：信息高速传输技术

包括高速随钻无线传输技术、智能钻杆与智能连续管传输技术、井下信息智能存储与微芯片高速传输技术等三个方面的内容。

（1）高速随钻无线传输技术：通过声波、电磁波传输技术和钻井液脉冲传输技术相结合，适应不同地层钻井测量和传输需要。

（2）智能钻杆与智能连续管传输技术：包括与测量仪器对接的数据接口短节、井下信号放大器、有缆钻杆、顶驱数据线旋转接头、地面数据接口控制器等。

（3）井下信息智能存储与微芯片高速传输技术：将采集的大量动态数据分类压缩存储、智能分发，或通过智能微芯片分批传输大容量数据。

4）方向四：自动控制系统

包括自动控制连续起下钻钻机及配套设备、自动闭环智能旋转导向钻井系统、井下自适应减震稳扭工具、智能钻头等四个方面的内容。

（1）自动控制连续起下钻钻机及配套设备：配备钻台机器人、自动控压系统、自动送钻系统、钻井液连续循环系统、钻井液在线监测系统等，实现钻机设备的全自动化。研发智能连续管钻井系统，配备电缆为井下工具供电，同时高速传输井下信息。

（2）自动闭环智能旋转导向钻井系统：完善常规旋转导向系统，开发下一代高造斜率旋转导向系统，实现井眼轨迹的高效、精准控制。

（3）井下自适应减震稳扭工具：智能识别诊断井下工况，联动减震稳扭工具减少井下冲击和振动等不利影响。

（4）智能钻头：在钻头上安装智能微芯片，实时识别钻遇地层特性，调节钻头性能和切削特性。

5）方向五：钻井智能决策分析系统

包括钻井智能仿真系统、钻井工程人工智能技术、钻完井大数据分析技术、智能钻井人机交互和远程决策系统等四个方面的内容。

（1）钻井智能仿真系统：对钻井过程中钻头破岩机理、钻柱力学、井筒环空水力学等进行仿真模拟。

（2）钻井工程人工智能技术：采用人工智能技术进行钻井参数优化、故障智能诊断、风险识别与预测等。

（3）钻完井大数据分析技术：采用大数据技术进行钻完井参数优化、KPI 寻优、学习曲线等。

（4）智能钻井人机交互和远程决策系统：开发智能化司钻操控系统，将司钻部分职责交给智能系统自动完成，同时智能系统协助司钻做出基于实时数据分析的决策。

6）方向六：智能钻井一体化技术

包括关键技术的集成优化、智能仿生钻井技术两个方面的内容。

（1）关键技术的集成优化：加强研发部门和应用单位的协作，集成优化系统方案、装备工具和软件平台等，形成解决方案，实现规模效益、集成效应。

（2）智能仿生钻井技术：钻完主井眼后，利用智能连续管、智能油藏导航系统、高压水射流等技术钻分支井眼沟通含油层系，实现钻井效率和单井产量最大化，大幅降低作业成本。

## 第二节　智能钻井系统

智能钻井系统是智能钻井技术的核心，必须具备的功能包括：对井眼轨迹实现精确控制的能力；对井下钻井各个参数的实时监控和调节能力；以智能网络，专家系统等为依托的实时解决问题的能力。以自动化，智能化、微电子、机器人技术等多学科的综合集成是智能钻井系统的显著特征。

智能钻井系统主要包括井下智能导向钻井系统、数据传输通信网络系统、现场地面智能控制平台和远程实时智能控制中心，组成如图 4-5 所示。

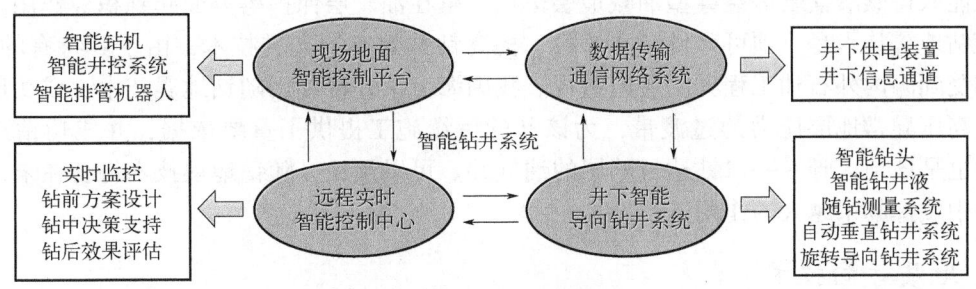

图 4-5 智能钻井系统的组成

井下智能导向钻井系统利用随钻测量技术，结合自动垂直钻井技术、旋转导向钻井技术及井下闭环控制技术。在钻进过程中，首先实时快速地将井眼附近和钻头周围的各种地层信息、钻进参数，以及钻头工况通过双向数据传输通信网络系统传输至地面；现场地面智能控制平台接收井下上传的信息后，根据已知的取心测井及邻井资料进行解释分析，准确判断钻探目标的位置、大小、形态、厚度及走向，快速调整作业方案；然后控制智能钻机、智能控压系统、智能铁钻工、智能排管机器人等井场地面智能设备执行相应决策；同时，现场地面智能控制平台通过数据传输通信网络系统发出相应下传指令，指导井下智能钻头、智能钻井液、旋转导向钻井系统等工具做出精准动作，智能寻找最佳井眼轨迹并抵达目标靶点位置。结合信息中心数据、已建知识库和多学科专家系统，远程实时智能控制中心对整个钻进过程进行实时监测并做出智能优化决策，在完钻后对钻井效果进行评估，将相应信息纳入系统知识库。

# 一、随钻测量技术

随钻测量技术（视频 4-2）包括钻井工程测量（MWD）和随钻测井（LWD）两大部分。与常规测井资料相比，随钻测井资料更为客观真实地反映了地层的实际地质特征。当一些油水井不能用电缆测井，或者在某些特殊地层条件下操作困难，花费钻井时间过多时，就可以用随钻测量代替电缆测井。近年来，随钻测量技术无论是在理论上，还是在仪器设备方面都日趋完善，所取得的各种资料在复杂储层地区的地层评价、岩性对比、油藏描述及钻井设计和实施过程中的应用更为广泛，所带来的经济效益比较明显。随钻测量技术在钻井应用中，有着多种应用需求，下面介绍三种主要的随钻测量技术。

视频 4-2 随钻测量技术

1. 随钻地震技术

随钻地震（seismic while drilling，SWD）技术是地震勘探技术与石油钻井技术相结合的产物，是国外近年来发展起来的一种逆垂直地震测井（VSP）的井中地震方法。它以井底的钻头振动能量为震源，只需在钻杆顶部安装传感器和在井场附近的地表埋置阵列检波器就可以进行应用。在测量过程中，不单独占用钻井台时，数据的采集与钻进同时进行，并实时传送测量数据，且不用担心引起井下工程事故。该技术在探井钻井中可以预测异常地层压力，为及时发现油气层提供重要的地质资料；能为定向井、水平井井眼轨迹控制提供地质导向依据；还能取得碳酸盐岩等裂缝型油藏地层信息，可在油气层保护等方面起到积极作用。

随钻地震技术是一项可降低钻井风险、提高钻井效率的先进技术，由于其特有的优点，越来越受到国内外石油工程界的普遍重视。我国海上某井曾利用随钻地震技术，成功地预测出了超高压异常地层压力的过渡带，为该井的后续施工提供了重要依据，并成功钻达目的层，这也是该地区唯一一口钻达目的层的油气井。可以预见，随钻地震技术将会在未来的石油钻井中发挥越来越大的作用。

2. 地质导向技术

视频4-3 导向钻井技术

地质导向技术（视频4-3）是用近钻头岩石物理和钻井工程响应参数与模拟结果进行比较，实时交互式地调整水平井和大斜度井的井眼轨迹。该技术指导非垂直井穿过最佳的地质目标，最大限度地开采储层石油，而不是定向穿入预先确定好的（可能不是最佳的）地质位置。水平位移超过8000m的大位移水平井若不采用地质导向是无法钻成的。

地质导向最常用的随钻测井组合系统为"MWD+伽马+电阻率"，安装在钻头处或靠近钻头处。地质导向仪器短节装有探测近钻头电阻率、自然伽马和井斜的探测器、遥控遥测电路和电池。被测数据通过无线遥控传给随钻测量系统。随钻测量系统装在变径稳定器上方。自然伽马和电阻率用于检测地质情况变化，井斜数据对井底钻具组合的任何变化给予警告，测出的任何井眼轨迹偏差，即时地通过钻井液脉冲调整稳定器刮刀片的内外伸缩，从而改变井底钻具总成的倾斜方向。跟踪目的层、预测地层界面是地质导向的重要一环，用近钻头电阻率跟踪目的层，用传播电阻率在高角度地层界面处的极化峰预测地层界面。

3. 地层评价技术

地层评价钻井过程中，实时地层对比与评价有助于选择取心和下套管位置。由于LWD是在钻井液侵入很浅的情况下完成的，这些数据可有助于实时地发现油气层。随钻测井主要用于大斜度井和水平井钻井。目前使用的测井解释、地层评价方法和模型主要是针对垂直井的情况而研究的，用于随钻测井资料的解释和评价时，有许多不适用的方面，尤其是大斜度井和水平井中地层各向异性普遍存在，常规测井解释评价方法没有考虑地层各向异性，解释评价结果往往存在偏差。

国际三大石油技术服务公司目前使用的成像测井装备都包括各自公司的随钻测井系列，相应的配套软件GeoFrame、eXpress、DPP也用于对随钻测井资料进行处理解释，进行地层评价。

## 二、远程智能钻井决策控制系统

远程智能钻井决策控制系统包括数据采集传输、信息处理、工程设计、实时监控、施工作业与决策分析功能，具有实时、稳定、可靠、自学习等优点。该系统利用数据仓库、大数据分析、分布式计算和协同决策等技术对钻井过程进行仿真模拟；利用人工智能技术进行钻井参数优化、井身结构设计、故障智能诊断、风险识别与预测；基于智能决策系统，做出实时分析决策，跨地域实现钻井作业的远程实时控制。

典型系统包括：（1）贝克休斯公司SCADA Drill远程控制平台，具有数据远程传输、大数据智能解释、风险预测、方案模拟优化和智能决策等功能，通过采集钻井历史资料、机器自主学习、模拟钻井过程、调整钻进参数；（2）壳牌公司智能定向钻井分析系统，实现高效定向钻进；（3）挪威 eDrilling 公司钻井仿真系统，包括地层模拟模型、水动力学计算模型、管柱力学计算模型、井壁稳定性分析模型及钻柱振动模型，能够实现钻前模拟优化、随钻监测与优化和钻后分析等。

## 三、智能控压钻井技术

为更有效解决窄密度窗口、井涌、漏失、坍塌和卡钻等井下复杂问题，产生了智能控压钻井技术。该技术通过特定的技术手段进行环空压力剖面的精细控制，实现井筒压力动态实时监控，以提高快速钻进复杂井段的能力，有效阻止钻井液流入地层而造成的储层伤害；内嵌专家模块，具有智能识别和自动过渡工况、人工干预等多种功能，满足复杂地层条件下的精细控压钻井。

1. 核心技术

1）工作原理

智能控压钻井技术的基本工作原理是：实时采集立管压力、井口回压、钻井液入口流量、出口流量、回压泵流量、钻井液密度等工艺参数及录井设备获取的大钩速度、钻头位置、钻进深度等井场数；内嵌的专家模块进行合理的逻辑判断和精确的水力计算；同步实时比对实际井口回压（或出口流量）实测值与目标值，数字控制器依据二者的偏差值发出节流阀开度大小的调控指令，自动调节节流阀的开度大小以改变井口处的出口流量或井口回压，间接实现环空压力剖面和井底压力精细控制的目标。

智能控压钻井技术的核心测控指标是出口流量和井口回压。出口流量和井口回压的调节主要通过控压钻井装备来实现，该装备主要由回压泵系统、节流管汇系统、控制中心等组成。整个控制系统围绕压力剖面控制指标，进行"开泵、停泵、正常钻进、起下钻、接单根（立柱）、重钻井液顶替"钻井全过程实时监控。控制技术的主体是一个旋转控制头、专用控制器和传感器等设备组成封闭可控的钻井液返回系统，测控装置是其核心装备。

2）测控装置

测控装置是智能控压钻井装备的核心部分，主要由上位机（工业控制计算机）及其配套软件、下位机（专用数字控制器）与控制柜、钻井工艺参数数字信号采集板、现场一次仪表（压力/流量检测变送器）、节流阀和平板阀及其伺服执行器件等组成。上位机配套软件包括两大部分：（1）钻井水力计算子程序，其功能是根据钻井水力学模型完成实时计算和控制指令处理；（2）测控人/机交互子程序（HMI），其功能是根据实时工况完成基础数据的录入和界面控制指令的操作。

专用数字控制器是测控装置的核心处理单元，其功能是：（1）采集现场一次仪表的数据检测值并发送至控制中心；（2）根据控压钻井控制模式的要求，进行控制运算和处理，控制节流阀的开度，调节回压或者流量；（3）与此同时，它还实时采集反馈数据，不间断循环进行下一轮闭环控制。根据智能控压钻井技术特点和要求，测控装置设计有恒压控制和恒流控制两大功能子系统。

### 2. 应用进展

(1) 斯伦贝谢公司的钻井压力控制系统能够智能调节压力，进行井下压力的实时动态监控和调整；

(2) 威德福公司的 Vistus 控压钻井系统能够在线动态分析井下压力，通过传感器和节流控制装置监测钻井液压力并迅速调整井口回压；

(3) 哈利伯顿公司的 Flex 移动式集成控压钻井设备系统集成钻机数据，能够根据流量和钻头深度智能调整回压；

(4) 中国石油天然气集团有限公司研发的 PCDS 精细控压钻井系统，集成恒定井底压力控制与微流量控制技术，实现欠平衡钻井及过平衡钻井过程中的精细控压。

随着钻井环境越来越复杂和对安全环保的要求越来越高，智能控压钻井技术将得到更快的发展和更广范围的应用。

## 第三节 智能钻井工具

智能钻井工具包括智能钻机、智能钻杆、智能钻头等。

### 一、智能钻机

钻机是钻井作业的核心装备，为整个钻井作业提供动力和支撑。智能钻机（图 4-6、视频 4-4）具有高度自动化的控制系统，可以实现钻台无人化操作、钻井过程与钻井参数的自动化精准控制，有利于大幅提高钻井效率，降低钻井风险和人力成本。随着智能技术的发展，大数据和云计算等信息技术在石油行业的应用越来越广泛，智能钻机已经成为石油钻井装备领域的必然趋势。

视频 4-4 智能钻机

图 4-6 智能钻机示意图

智能钻机可以实现钻台无人化，通过钻台控制中心对井下工况进行实时监控，调整钻机各项工作参数，自动完成多种作业过程。智能钻机根据智能化程度的不同可分为半自动智能钻机和全自动智能钻机。半自动智能钻机在钻井过程中，钻机操作人员需借助远程控制装置给钻井作业设备/机具发出指令，以完成起下钻、接单根或下套管等作业。目前国内外知名公司生产的智能钻机均属此种类型，有的称其为液压钻机，有的称其为自动化钻机，NOV 公司则把它称为快速钻机（Rapid Rig）。

全自动智能钻机在自动化程度及智能化（聪明度）方面与半自动智能钻机相比有较大进步，如在钻机的起下钻、接立根和钻具排放等作业中，不再需要司钻给出各具体步骤的动作指令，而是由计算机控制系统自动完成整个作业过程；同时在钻进过程中，结合井下信息实时检测技术，计算机控制系统也完全代替了人工操作，司钻无须频繁地调整钻压和转速等参数。计算机控制系统是整个智能钻机的大脑，能对各种复杂工况、运行状态、操作对象的异常变化等进行实时识别、逻辑分析及决策，实现钻井施工的精准闭环控制，并且还能充分与钻井、地质和测井等专业大数据进行融合，提高生产效率。但目前国内外还没有完全符合此要求的钻机产品。

智能钻机的特点如下：

（1）操作人员大幅度减少，钻台一般仅需 1~2 人即可完成钻井过程中的基本操作，大部分时间钻井工人远离危险的井口区域，一部钻机仅需配备 5 人左右。

（2）井架通常采用柱式或桁架结构。

（3）有些智能钻机已不采用天车、绞车和游车等设备，而是通过液压油缸的顶升来实现钻具的提升和下放。

（4）台面面积通常较小，钻台上已不配备液压猫头、手动大钳和气动绞车等设备；钻台上不设立根盒，同时井架上也没有二层台和指梁等结构。

（5）很少使用三单根立柱钻井，基本上用双立根或单立根。

（6）数字控制技术可为智能钻机提供相应工序的施工模块，各模块之间通过软件进行纵向、横向的立体衔接，总体实现闭环智能化。

（7）数据采集与实时传输技术、数字集成分析技术和互联网技术的联合运用及广泛链接，可以实现实时钻机设备参数分析、远程在线预警及诊断。

（8）钻井、地质和测井等相关专业的大数据融合，完全凭借人工智能实现钻井工程一体化，最大限度提高生产效率。

国际上，美国 NOV 公司研发的 RAPID 智能钻机可以完成钻杆自动安装更换等工作，整个钻台仅需 1 人操作，并且能够适应多种复杂钻井环境；美国 Schramm 公司研发的 T500XD 智能钻机具有智能一体化司钻控制室，无需钻台工和井架工参与，通过卫星或互联网将井下实时数据传输到多个地方进行远程连接控制；挪威 RDS 钻井公司开发的智能钻机具有自主学习、记忆和判断功能，能够使用不同的管柱操作工具，精确高效完成钻台作业。

国内，中国宝鸡石油机械有限责任公司开发的小型智能钻机，能实现管柱自动更换和无人化司钻控制等功能；中国石化胜利油气田有限公司钻井工艺研究院设计的初级智能化钻机，具有智能钻机平台和一体化司钻操作系统。总体上，中国智能钻机处于初级发展阶段，需要融合现代前沿技术，将变频控制、管柱处理、顶驱等技术结合起来。

## 二、智能钻杆

钻杆是沟通井下与地面的关键设备。为了满足智能钻井中井下信息的高效传输、供电和钻井过程闭环控制的需求,需要研发智能钻杆。智能钻杆是在普通钻杆本体上进行改造升级,嵌入包裹绝缘材料的多芯铜导线,具有高速传输信息功能。这种闭环信息传输方式不受钻井环境影响,具有信号传输稳定和延时短的特点。

智能钻杆概念由美国 Intelli Serv 公司提出,利用磁感应信号传输方式,发明能够双向传输数据的智能钻杆,数据传输速率达到 $2×10^6$ bit/s。基于电磁感应机理,美国 NOV 公司开发"软连接"智能钻杆,具有传输速度快、信息容量大特点。美国 Fiberspar 公司开发智能连续管,钻杆内部埋设电力线和信号线,能够同时进行数据传输与井下供电。中国石油集团工程技术研究院研制一种高速智能钻杆,开发磁耦合有缆钻杆的关键技术,传输速率达到 $1×10^5$ bit/s。总体上,智能钻杆技术突破钻井数据传输效率瓶颈,改善钻井信息传输延时性,是实现智能钻井的一项关键技术。

智能钻杆由布线钻杆和电磁感应耦合接头连接组合而成,智能钻杆级联的系统称为电遥测钻柱,具有信号高速实时传输特性。图 4-7 为 Nevotek 公司的 Intellipipe 智能钻杆结构示意图,其理论传输速率是目前除了光纤传输中最高的,并在美国进行了现场试验。智能钻杆是一种特殊结构的布线钻杆,在钻杆中进行布线,钻杆两端设置有高聚磁材料嵌套的电磁感应耦合线圈及高磁导率磁芯,采用电磁感应耦合的方式实现布线钻杆间的信号传输。由于钻杆与钻杆之间不存在电接触点,因此可保证钻杆中的导体与钻杆及钻井液之间的电绝缘,其密封性好。钻杆级联时钻杆端部的线圈组成电磁耦合式接头,智能钻杆与电磁耦合感应接头级联组成的系统称为智能钻柱系统,可实现井下数据的高速上传。

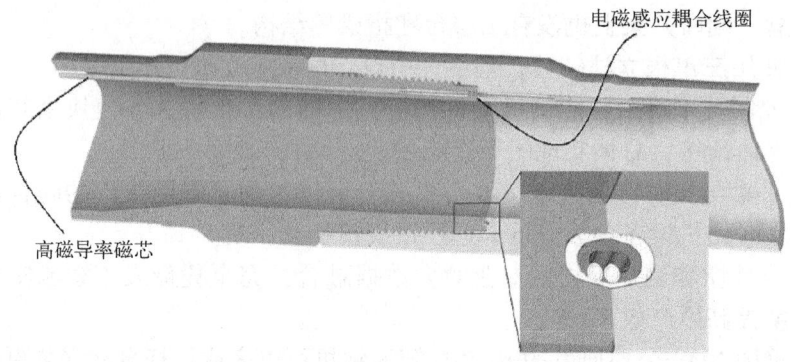

图 4-7 智能钻杆示意图

## 三、智能钻头

智能钻头（视频 4-5）上安装有智能芯片与井下传感器,在钻井过程中,自动感知地层压力、地层温度、钻头角度和深度,实时识别钻遇地层特性,调节钻头工作性能和切削参数,使钻头处于最佳工作状态。贝克休斯公司 Terr Adapt 钻头（视频 4-6）和哈利伯顿公司 Cruzer TM 钻头为智能钻头代表,安装自动调节装置,结合传感器反馈的信息,根据地层结构和目标靶点优化钻头切削深度,降低黏滑效应。由于钻井处于高压、高温、高振动、高摩擦和高腐蚀的环境,现有的智能钻头还需要在机械强度、工作条件和可维护性等方面取得突破。

视频 4-5　智能钻头　　　　　　视频 4-6　贝克休斯公司自适应钻头

部分国外新型智能钻头特点及适用范围见表 4-1。

表 4-1　国外新型智能钻头特点及适用范围

| 钻头名称 | 生产厂家 | 特点及适用范围 |
| --- | --- | --- |
| Pexus 组合钻头 | Shear bits | 结合了牙轮钻头与 PDC 钻头的优点,适合于软硬互层 |
| FuseTek 融合钻头 | NOV | 结合了 PDC 钻头与孕镶金刚石钻头的优点,适用于定向钻井和海洋深水钻井 |
| Kymera 组合钻头 | Baker hughes | 寿命长、岩屑细、井眼易清洗,适用于页岩气钻井坚硬地层、黏—滑地层、软硬互层与含夹层地层 |
| IRev 孕镶钻头 | Baker hughes | 钻压大、效率高、损耗小、适用于极硬和研磨性极高地层 |

## 第四节　智能完井技术

20 世纪 80 年代,国外部分油气田开始对采油树和油嘴附近的地面传感器进行远程控制,对地下安全阀进行远程液压控制,对采油树阀门进行液压或电、液组合控制,进行初级的智能化管理。到 90 年代,随着各种永久性置入传感器可靠性的提高及计算机技术的快速发展,国外提出了无须实施修井作用的新技术——智能完井技术。该技术将油层动态实时监测与控制结合在一起,实现了井下压力、温度测量和流量控制,为完井技术的发展迈上了新台阶,真正有了智能完井技术。

### 一、井下监测系统

智能完井技术具有实时监测功能。通过把各种传感器长期放置在井下,可以对井下的各个特性参数进行实时动态监测。井下传感器组是永久安装在井下,间隔分布于整个井筒中的,包括压力、温度、流量等多种传感器组。智能完井井下监测的数据不但包括单井数据,还包括地震、声波等井间数据。

1. 井下压力监测技术

目前,井下压力监测技术主要是光纤压力监测技术和井下电子压力计测压技术。两种技术各有特点,前者具有很高的准确性、稳定和可靠性,但是其价格昂贵,令中小型油气田无法接受,所以光纤系统一般使用在海上高产油气田。后者虽然价格较为经济,但是井下高温、高压的工作环境使电子元器件的性能和寿命急剧下降,其准确性、稳定性和可靠性大大降低。两种压力传感器对比见表 4-2。

表 4-2 井下压力传感器类型及性能对比

| 压力传感器类型 | 量程与精度 | 环境温度 | 稳定性及寿命 | 特点 | 趋势 |
|---|---|---|---|---|---|
| 电子式 | 约 100MPa ≥0.1% | ≤150℃ | 年漂移约 2%，寿命一般不超过 5 年，易受电磁干扰 | 成本低，技术相对成熟 | 浅井，常温井，低成本井中有优势 |
| 光纤 | 约 100MPa ≥0.1% | ≤370℃ | 稳定，理论寿命超过 15 年 | 井下无电子元器件，抗干扰能力强，可以进行分布式测量，数据处理复杂，成本高 | 随着技术的发展，市场潜力巨大 |

目前在井下压力单点测量中，有两种产品：一是光纤光栅压力传感器；另一种是基于法布里—珀罗干涉仪原理的压力传感器。

1）光纤压力监测技术

光纤（optical fiber）是光导纤维的简称，它是截面为圆形的介质光波导。1966 年，英籍华裔物理学家高锟发表论文《光频介质纤维表面波导》（*Dielectric-Fiber Surface Waveguide for Optical Frequencies*）提出用石英玻璃纤维（简称"光纤"）传送光信号进行通信，他由于在光纤及光纤通信方面的突出贡献而获得 2009 年诺贝尔物理学奖。诺贝尔物理学奖评审委员会称，"光纤彻底改变了人们的日常生活"。周光召院士在《物理学的回顾与展望》中指出，光纤是美国工程院选出的 20 世纪最伟大的工程技术之一。

光纤它包括纤芯和包层两层，光在纤芯中传播，纤芯之外是折射率略低的包层。光纤是利用全内反射实现导光的，如图 2.1 所示，纤芯的折射率略大于包层（$n_1 > n_2$），光在以一定角度从光纤端面入射时，在芯包界面的入射角大于全反射角的光会被全反射，从而被束缚在纤芯中向前传播，在芯包界面入射角小于全反射角的光由于在每次反射时有部分光折射入包层，从而损失部分能量到包层中，导致无法传输。

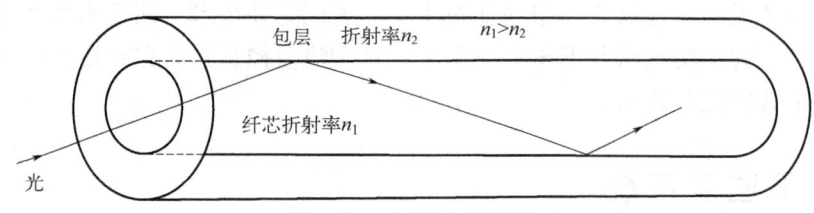

图 4-8 光纤导光示图

在实际应用中，为保证光纤的机械强度、隔绝外界影响，在拉制光纤过程中同时在表面均匀涂上热固化硅树脂或紫外固化丙烯酸酯，之后再套上尼龙、聚乙烯或聚酯等塑料。

光纤传感器作为传感器中一支新秀，已被国内外公认为最具有发展前途的高新技术产业之一。20 世纪 70 年代末，在光纤通信迅猛发展的带动下，光纤传感器作为传感器家族中年轻的一员，以其独一无二的优势迅速成长，成为近年来国际上发展最快的高科技应用技术，具备以下优点：

（1）抗电磁干扰，电绝缘，本质安全。由于光纤传感器利用光波传输信息，而光纤又是电绝缘的传输媒质，因而不怕强电磁干扰，也不影响外界的电磁场，并且安全可靠。这些特性使其在各种大型机电、石油化工、冶金高压、强电磁干扰、易燃、易爆的环境中能方便有效地传感。

（2）耐腐蚀。由于光纤表面的涂覆层由高分子材料组成，耐环境或者结构中酸碱等化学成分的能力强，适合于智能结构的长期健康监测。

（3）测量精度高。光纤传感器采用光测量的技术手段，一般为微米量级，采用波长调制技术，分辨率可达到波长尺度的纳米量级，利用光纤和光波干涉技术使不少光纤传感器的灵敏度优于一般的传感器。

（4）结构简单，体积小，重量轻，耗能少。光纤传感器基于光在传感器中的传播机理进行工作，因而与其他传感器相比耗能相对较少。

（5）便于成网。光纤传感器可很方便地与计算机和光纤传输系统相连，有利于与现有光通信网络组成遥测网和光纤传感网。

（6）外形可变。光纤遵循虎克定律，在弹性范围内，光纤受到外力发生弯曲时，芯轴内部受到压缩作用，芯轴外部受到拉伸作用；外力消失后，由于弹性作用，光纤能自动恢复原状。光纤可挠的优点使其可制成外形各异、尺寸不同的各种光纤传感器。这有利于在航空、航天及狭窄空间的应用。

正是由于这些优点，光纤传感技术被广泛应用于如石油、化工、电力、土木工程、交通、医学、航海、航空、地质勘探、通信、自动控制、计量测试等国民经济的各个领域和国防军事领域。

2）井下电子压力计测压技术

电子式压力传感器在井下压力监测中仍占据主导地位，大多数电子式压力传感器都以石英或者硅蓝宝石晶体为核心部件，这是因为晶体结构和特性的稳定性较好，相比于其他应变材料，用石英或硅蓝宝石晶体制作的压力传感器精度可以达到 0.1 级甚至更高，温度漂移量和年漂移量累计小于 5%，基本上能够满足井下测量的精度要求。井下电子压力计测压系统一般包括三部分：地面记录仪、井下传感器和单芯电缆。地面记录仪是一种便携式动力源，提供传感器的动力并且记录井下传感器传输上来的信号。单芯电缆传送动力到井下传感器，并将有关信号传输到地面记录仪。该信号以模拟/数字方式被记录，压力、温度可连续或以一定间隔被记录。由于电子元件长期工作在井下高温、腐蚀的环境中，容易出现故障，因此限制了电子压力计在永久性监测中的应用。

## 2. 温度测量技术

传统的温度传感器（如热电阻、热电偶等）都可应用于井下温度测量，但传统的温度传感器在井下高温、高压环境中连续工作，其寿命大大降低，且封装工艺和数据传输也是传统温度传感器存在的问题。2001 年，Weatherford 将拉曼反向散射分布式温度传感（Distributed TemperatureSenser，DTS）技术结合到其光学永置式温度监测系统中。至今，DTS 技术在油气田生产中得到广泛的应用。

分布式光纤温度传感器的测量基础是温度对光散射系数的影响，通过检测外界温度分布于光纤上的扰动信息来获取温度的信息，实现分布式温度测量，测量的技术基础是光时域后向散射 OTDR（Optical Time Domain Reflectometer）技术。

Sillixa 研制的分布式光纤系统 XwellXpress，采用井间低频应变与微地震监测技术，实现了实时定位微地震与应变，从而能够实时优化增产作业与完井方案，解决了高成本、易干扰、缺乏实时数据的问题。该技术的关键是分布式声波传感器采用工程光纤，与其他 DAS（分布式光纤传感）系统相比，信噪比提高了 100 倍，慢应变与微地震的低频范围提高了 100 倍以上。分布式声波传感器性能与 10Hz 左右的地震检波器性能相当，优于 1Hz 以下范围内的地震检波器的响应。高灵敏度的低频应变测量为储层内井间孔隙弹性构造的监测及邻井中压裂干扰的监测提供了有价值的数据。

由于无法采用电缆进行实时压裂监测、井间应变测量，特别是岩石力学或应变的孔隙弹塑性影响的测量，XwellXpress 系统利用建模与可视化处理实现对整个井眼的实时监测，所使用的电缆可部署到未进行增产作业的井筒中，并将其作为观察井，在水力压裂作业期间得到井间应变数据，从而更好地掌握实际裂缝形状的有效性。根据井间应变数据可以观察到临界应变效应与作业过程，包括泵启动时间、孔隙弹性效应、压裂干扰、泵停止时间及裂缝闭合。基于数据得到裂缝的深度、方位及速度曲线，并能够将其反馈到裂缝模型，XwellXpress 采集数据与永久光纤数据的对比结果如图 4-9 所示，所采集数据可与永久光纤的数据相结合，为压裂监测与完井诊断提供更广的覆盖范围。根据测量结果优化压裂设计，提高油藏最终采收率。

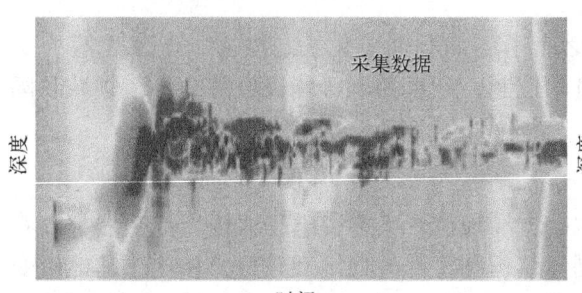

(a) 采集数据　　　　　　　　　　　　　　　(b) 永久光纤数据

图 4-9　XwellXpress 采集数据与永久光纤数据的对比结果

### 3. 多相流测量技术

随着光纤技术的发展，出现了新型的光纤流量测量技术。井下光纤流量计可以对流动液体进行两种基本测量，即体积流速和混合液体的声波速度测量。根据测量温度和压力下单相流体的密度及声波速度就可以确定两相系统中的某一相流体的流量。目前，光纤流量计有光纤光栅涡街流量计、光纤质量流量计、光纤涡街流量计及光纤涡轮流量计等。其中将光纤光栅与传统涡街流量计结合形成的光纤光栅涡街流量计比较成熟，已有产品。

涡街流量计是一种基于流体振动原理的流量计，目前已成为管道中液体、气体、蒸气的计量和工业过程控制中不可缺少的流量测量仪表。其特点是压力损失小，量程范围大，精度高，重复性好，在测量工况体积流量时几乎不受流体密度、压力、温度、黏度等参数的影响，无可动机械零件，因此可靠性高，维护量小。

流体的速度是通过记录湍流压力获得的。光纤流量计采用相关分析法确定混合流体的体积流速。相关分析法基于对流体随时间变化沿轴向移动特性进行测量。在理想状态下，下游传感器测得的信号与上游传感器所测信号有一个时差，通过确定沿轴向变化的信号间的时差，可以得出流体的体积流速，进而可以推导出体积流量。与对流压力扰动测量进行相关对比的结果表明，该装置同样可用于单相流体及充分混合的多相流体。

### 4. 声波速度测量技术

流体在管道中经过旋涡发生体后，产生漩涡。这些漩涡在沿着管子向前行进时，就会产生以声速向前传播的声波。

为测量混合流体的声速，井下多相流量计采用不稳定压力测量方式，通过一组光纤光栅"监听"采油时油管中产生的噪声的传播。这些噪声可能来自与采油有关的各个方面，包括通过射孔孔道和井下节流网时流体的流动、气泡的分离、电潜泵和气举阀的动作，因此不需要人工噪声源。不稳定压力的测量是由仪器上多处分布的、具有足够间距与时间分辨率的测点提供的，由此确定产出液的声速。

5. 地震监测技术

Weatherford 公司的 Clarion$^{TM}$ 地震系统是一种多通道光学传感系统，能可靠地、永久性地用于井间地震监测，并能与 Clarion$^{TM}$ 光学地震加速度检波器相兼容，将先进的光学多道传输与高性能地震记录结合在一起，可与绝大多数地震采集系统相对接。地震阵列数量最多可达到 16 站，最大阵列长度为 1000m；Clarion$^{TM}$ 光学地震加速度检波器的带宽范围为 1~800Hz，采用 1C 或 3C 传感器结构，灵敏度一般情况下为 1%，最大工作温度 175℃，最大工作压力 100MPa。

## 二、井下生产流体控制技术

智能完井关键技术主要包括井下生产流体控制系统，井下信息监测系统，井下数据传输系统，地面数据采集、分析处理与反馈系统，智能完井生产优化控制系统。目前，油藏生产动态控制主要是利用井下节流技术来实现对层段或分支流量的控制。常见的井下执行器有井下可调油嘴/节流器和井下流量控制阀，井下层间流体控制主要采用液力、电力、电液结合（电动控制结合液力驱动），三种方式通过小直径金属液压控制管线和金属包裹的电缆驱动井下滑套的开/关或无级调节。

其工作原理是：地面控制设备通过液力或电力方式操纵井下执行器动作，实现对不同生产层段或者分支流量的单独控制，进而调节油藏的生产动态，实现油藏实时控制与生产优化开采。

井下生产流体控制系统主要包括流量控制阀（ICV）、压裂滑套、井下控制系统和封隔器，主要用途是关闭、开启或节流一个或多个储层，或调整储层间的压力、流体流速等。

1. 流量控制阀

流量控制阀是智能完井技术中的关键工具，是油气井智能完井的关键组件。流量控制阀通过液力、电力或者电液结合的方式动作。控制技术的关键是井下工具：层段控制阀和隔离阀。层段控制阀是智能完井中的关键工具，达到优化流量等目的，主要有开/关类和节流类。主要功能是：节流一个或多个储层，调整储层间的压力、流体流速流量（节流类）关闭、开启一个或多个储层（开关类）。

隔离阀是油气田完井作业过程中的常用封隔器工具，能够实现井筒与地层的隔离，在完井、修井过程中防止井筒内的液体向地层漏失。国外较早开展了隔离阀研究，按结构分为板阀结构、球阀结构和滑套结构，目前隔离阀的主要问题是打开、关闭受到限制，需要单独下人工具操作，增加了作业成本和风险。基于现实的功能需求，隔离阀朝着具有多次开关和智能控制的方向发展。

1) 电控隔离阀

哈里伯顿公司推出的电控隔离阀（eMotion-LV）实现了智能控制和不限次数打开、关闭，在海上油气田完成了成功应用。eMotion-LV隔离阀由球阀单元和控制单元两部分构成（图4-10）。

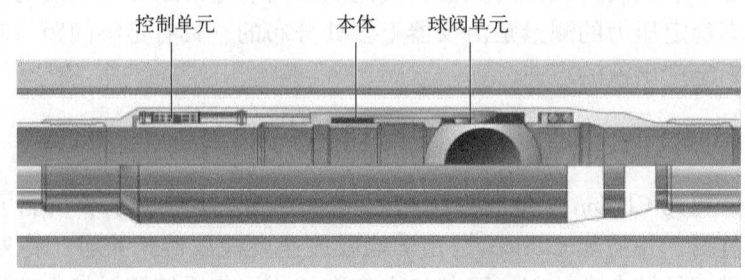

图4-10　eMotion-LV隔离阀的结构示意图

球阀单元为旋转球阀结构，承压达到10000psi；控制单元由压力、温度传感器、控制电路及电池等部件组成，控制单元与球阀单元液压端口连接，实现与地面的通信并提供球阀运动的驱动力。隔离阀入井前设定压力、井温和时间等多个参数指令，入井后根据井下环境和指令实现自动控制。达到设定触发值时，控制单元会自动发送指令并驱动球阀打开或关闭。该过程能够重复进行，从而实现多次打开关闭。隔离阀触发条件可单独设定，也可组合构建复杂的触发指令。如eMotion-LV隔离阀检测到压力低于2000psi时，设置为关闭，控制系统具有较高的可靠性，能够将自身指令与发生波动的静压力或储层压力等外部因素进行区分，避免意外激活隔离阀的风险。eMotion-LV隔离阀同时具有远程控制功能，可由地面施加压力信号，实现控制阀的远程打开和关闭。

隔离阀具有以下技术优势：实现了多次打开和关闭，避免了管串及电缆下入，降低了作业费用和风险；运行时间较长，可达到10个月，可用于临时废弃作业或作为流量控制；根据现场需要提供井控方案；能够用于全井眼尺寸并实现双向密封，隔离阀关闭后可进行管串试压、封隔器水力坐封等作业。

2017—2019年，eMotion-LV隔离阀在北海油气田进行了多次应用。其中，作为浅层屏障采用顶部和底部两个eMotion-LV隔离阀实现了防喷器拆卸和海底采油树安装，底部隔离阀部署在生产封隔器下方的完井管柱最低部位，初始为开启状态，可实现完井作业，根据需要实现关闭，隔离阀关闭后能够对油管进行压力测试，并对封隔器进行坐封；顶部隔离阀位于油管悬挂器下方，初始为开启状态，该隔离阀关闭后可作为第二个测试屏障，这样不需要防喷器就可以安装并测试井口装置。与常规作业相比，eMotion-LV隔离阀减少作业时间超过30h，并且极大地降低了操作风险。

eMotion-LV隔离阀参数指标见表4-3。

表4-3　eMotion-LV隔离阀的参数指标

| 指标 | 规格 |
| --- | --- |
| 外径规格，in | 3.5, 4.5, 5.5 |
| 最大压差，psi | 5000 |
| 温度范围，℃ | 4~140 |
| 最大开启压力，psi | 5000 |

### 2) RIV 隔离阀

射频识别技术 (radio frequency identification, RFID), 又称电子标签或无线射频识别,利用射频信号, 通过空间耦合 (交变磁场或电磁场) 实现无接触信息传递。信息存储在射频识别标签内, 当标签经过或接近读写器, 标签内部信息被读取。威德福基于 RFID 技术实现了隔离阀的智能控制和多次打开、关闭, 推出了 RIV 隔离阀 (图 4-11)。通过向井筒中投入具有打开或关闭指令的 RFID 标签并循环至隔离阀位置, 由隔离阀 RFID 控制单元读取信息并执行操作。RIV 隔离阀在巴西 Santos 盆地的深水井完井作业中得到了应用, 显著减少了阀体打开时间, 效益显著。

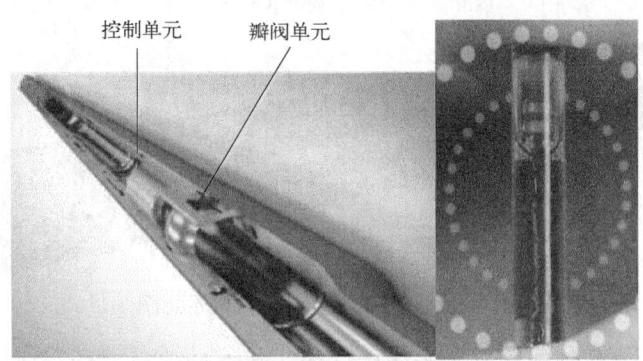

图 4-11 RIV 隔离阀示意图

RIV 隔离阀包括瓣阀单元和控制单元两部分, 瓣阀为双向屏障, 关闭后管串能够承压并实现封隔器坐封。RIV 隔离阀在入井过程中处于打开状态, 需要关闭时向井筒中投入写有关闭指令的 RFID 标签, 标签经过隔离阀时, 指令信息被读取, 实现隔离阀关闭, 隔离阀具有重新打开的功能。控制单元由两个模块组成, 第一个模块识别标签关闭阀瓣, 第二个模块通过压力循环实现阀门再次打开。正常情况下, 阀瓣以打开状态入井, 阀瓣关闭时需要投入具有关闭信息的 RFID 标签, 激活第一个控制模块, 向瓣阀施加作用力实现关闭。瓣阀关闭后可进行完井作业。瓣阀再次打开时, 需要投入具有打开指令的 RFID 标签, 激活第二个模块, 依靠内部液控机构使瓣阀向下转动并复位到初始位置, 实现瓣阀打开。

RIV 隔离阀参数指标见表 4-4。

表 4-4 RIV 隔离阀参数指标

| 指标 | 规格 |
| --- | --- |
| 井眼规格, in | 4.5, 5.5, 5.5 |
| 最大压差, psi | 10000 (4.5in, 5.5in); 7500 (4.5in, 5.5in) |
| 温度范围, ℃ | 4~150 |
| 最大开启压力, psi | 5000 |

### 2. 压裂滑套

以 Elect 滑套和 RFID 滑套为代表的智能压裂滑套已应用于地层分段压裂, 实现了智能控制打开和压裂级数不受限制, 但目前压裂过程中仅用到了打开功能, 将该智能压裂滑套技术改进后可实现各级滑套的多次打开和关闭控制, 简化液控滑套控制阀结构, 使其应用于智能完井流量控制。

1) Elect 压裂滑套

多级滑套压裂增产是储层改造的重要工具，而目前常规压裂滑套压裂级数受到限制，影响增产效果。哈里伯顿公司推出的 Elect 压裂滑套针对多产层段压裂完井，采用了电磁通信控制滑套打开，实现了无限级压裂作业。目前，该技术已开展现场试验。Elect 压裂滑套（图4-12）能够配合固井作业实现无限级压裂，该滑套采用信号球激活，而不是常规的憋压球与球座憋压打开滑套，从而突破了常规滑套结构限制，因此 Elect 压裂滑套内部不再采用球座结构，使得结构简化、滑套通径增大，并且滑套级数不受限制。

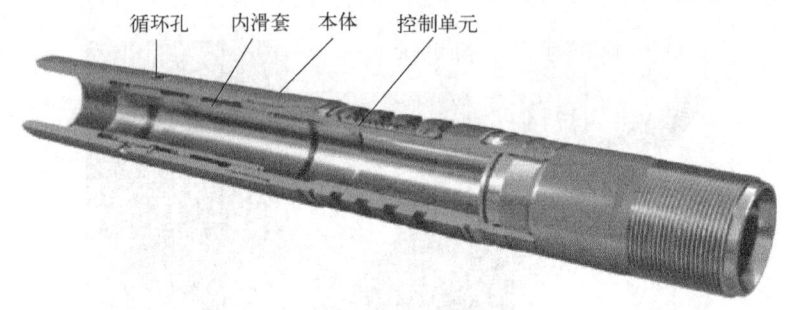

图4-12　Elect 压裂滑套结构示意图

当压裂作业时，滑套管柱内投入磁体信号球，滑套控制单元检测到信号球磁场，根据统计磁脉冲计算出压裂球的数量，控制滑套动作。磁体信号球采用降解材料，实现滑套打开后能够自行降解。Elect 压裂滑套具有以下优势：精确激活目标层，提高井筒与储层的连通性，提高增产作业效果；管柱实现全通径，使井筒内流体的流动更通畅；适用水平段更长，增大油井与油藏的接触面积，提高采收率；采用电控方式激活，将常规套管完井工具转变为智能完井工具。Elect 压裂滑套同时还具有作业工艺简化、压裂时间缩短等技术优势。

2) RFID 压裂滑套

威德福基于 RFID 技术推出了电控压裂滑套，结构如图4-13所示。滑套控制单元包括射频识别装置，实现了 RFID 标签的识别。该滑套目前为单开滑套，滑套入井过程中处于关闭状态，滑套开关通过射频装置识别标签，由控制模块驱动，依靠流体静压作用在液压滑套的一侧，迫使滑套打开。该滑套不受岩屑影响，具有独立的内部液压系统。由于该压裂滑套内部同样不需要常规滑套所使用的球座结构，因此滑套通径增大并且滑套下入级数不受限制。

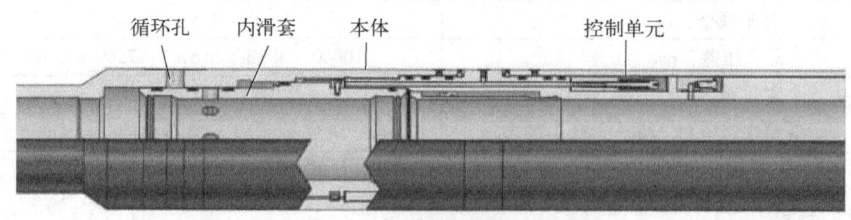

图4-13　电控压裂滑套

3. 井下控制系统

井下控制系统是实现油藏动态实时控制的关键部分之一。国外井下控制系统中采用液力、电力、电液结合（电动控制、液力驱动）三种方式。

井下流量控制可利用纯机械方法（例如球阀驱动、线圈驱动、电磁阀等）或者电动机和液压泵。这些设计必须考虑到可靠性问题。对于井下电气设备，一个很小的泄漏也会导致 TEC 电缆短路甚至破坏整个电子系统；在极端的井下环境下，电气装备的可靠性问题及高成本成为设计中面临的一个巨大考验。因此，控制系统趋向于简单可靠的液压控制方式。目前 Baker Hughes 已开发研制出全电子控制井下操作系统。

### 4. 封隔器

封隔器是建立油管与地层间分隔的必备工具。由于油管封隔器发展较早，也很成熟，智能完井用的油管封隔器除了设计有传输线/控制线通过的贯穿孔以外，与常规完井时所使用的封隔器没有本质区别。

封隔器按操作方式分为机械式和液压式两种。随着智能完井技术的发展和需求，封隔器逐步向液压式发展，并且逐步用控制管线来代替油管内、外压差操作坐封。

随着封隔器技术的发展，目前已开始将遇油气膨胀封隔器用在智能完井技术中。因遇油气膨胀封隔器具有自愈合能力，控制线/传输线可无间隙通过封隔器，从而可大幅度地提高智能完井技术的可靠性。

遇油气膨胀套管外封隔器可以辅助增强水泥环对地层的封隔，或者直接代替水泥环对套管与地层之间的环空进行封隔。这种封隔器的橡胶具有自愈合能力，可将智能完井中的控制线/传输线预先埋入封隔器胶筒中而不需要切割、连接，这样既节省时间又增加系统的稳定性。

遇油气或水膨胀封隔器是将一种特殊的可膨胀橡胶材料直接硫化在套管壁上。遇油气或水膨胀封隔器的工作原理为：封隔器下入井底预定位置后，遇到油气或水，可膨胀的橡胶即可快速膨胀，橡胶膨胀至井壁位置后继续膨胀而产生接触应力，从而达到密封的效果。可膨胀橡胶是一种置于特殊液体里就会膨胀的弹性材料，其原理是橡胶材料吸收了适量的液体引起体积增大，体积增大可超过 6 倍。

## 三、井下数据传输技术

井下数据传输系统是连接井下工具与地面计算机的纽带。这种传输系统能将井下数据和地面控制信号，通过永久安装的井下电缆中专用的双绞线或单芯电缆，在井下与地面间建立数据双向传输，即使在有井下电潜泵的情况下，也不会对所传输的数据信号产生影响。

井下各种传感器采集的数据通过数据传输系统传送到地面的控制设备中，数据传输系统的设计需要注意以下几点：（1）可靠性，数据传输过程中需要做到抗干扰、降低信号衰减速度等；（2）实时性，数据传输的过程中需要确定一定的传输带宽、波特率等参数，确保信号上传下达传输的快速性；（3）满足远距离通信的要求，井下传感器采集的数据传到地面需要 5~10km 的传输距离，数据在这个距离内必须做到有效传输；（4）低成本和安装维护方便。

目前，智能完井井下监测数据通信方式主要以电缆传输和光纤传输为主，有些公司正在研发井下无线传输方式。

井下数据传输系统关系到整个智能完井技术的可靠性和稳定性，为了使系统中的液压管线、光缆、电缆等在下入和使用过程中不被损坏，提高系统的安全性和可靠性，将这些线统封装在一起是现今智能完井技术采用的方法。因为油气井下的环境复杂，对于传输和连通系统的材质选择及保护装置的研究非常重要。另外，减少优化液压管线/传输线的数量也是这一部分非常关键的内容。

1. 地面—井下数据传输

1）直接水力数据传输

直接水力传输的是液压压力信号，由地面压力控制设备发出信号，经液力传输管线传输到井下 ICV。主要设备包括地面液压产生设备、地面压力控制设备、液力传输管线、液力传输管线连接头、井下 ICV。

2）数字水力数据传输

数字水力系统采用水力编码的方式传递液力和控制信号（水力压力编码），经水力解码器解码后使得相应的井下 ICV 动作。主要由地面液压产生设备、地面压力控制系统、液力传输管线、液力传输管线连接头、井下 ICV 设备、井下水力解码器等设备组成。

3）电液结合数据传输

电液智能系统（SmartPlex Downhole Contol Syetem）为电动控制、波力驱动的多节点电液系统，有 3 根管线其中 1 根为电缆（信号线和动力线合用），既传送控制信号，也传送电动力，其余 2 根为液力线。主要设备有地面设备、控制线及接头、液力传输管线及接头、井下电液智能执行器模块。

4）全电动数据传输

全电动数据传输将动力传输、指令和控制、数据传递等汇合在一根 1/4in 控制电缆中。主要设备有电缆及接头、井口接口单元、井下智能生产调节器 IPR。

2. 井下—地面数据传输

井下参数监测有电子传感测量方式和光纤传感测量方式两种，因此井下—地面数据传输也分为两种方式。

1）电子传感传输

井下参数的传输采用通信总线传输，其基本原理是：由永久性井下传感器（PDG）节点的微处理器将所测量的压力、温度信号或文丘里管流量测量的差压信号和压力信号转换为数字形式，然后通过通信总线传输到井口的 PDG 接口模块，由接口模块进行通信协议转换后，以 RS485、RS232 或 CAN（Controller Area Network，控制器局域网）总线方式传输至地面的数据采集计算机。该 PDG 接口模块也可以是操作计算机的内置模块。

CAN 是一种支持分布式控制或实时控制的串行通信网络，采用总线型串行数据通信协议，通信介质可以是双绞线、同轴电缆等，通信速率可达 1Mbps。CAN 的直接通信距离最远可达 10km（速率在 5kbps 以下）；CAN 的通信速率与其通信距离呈线性关系。CAN 上的节点数主要取决于物理总线的驱动电路，节点数可达 110 个。因此，其传输距离与传输速率能够满足智能完井技术的数据采集与井下状况监测的要求。

2）光纤传感传输

井下参数测量采用光纤压力、温度传感器，数据传输（信号传输）采用光纤光缆传输。

这种分布式光纤传感器是将呈一定空间分布的、具有相同调制类型的光纤传感器耦合到一根或多根光纤总线上，通过寻址、解调，检测出被测变量的大小与空间分布，其中光纤总线只起传输光的作用。根据寻址方式的不同，可以分为时分复用、波分复用、频分复用、偏分复用、空分复用等几类，其中时分复用、波分复用、偏分复用、空分复用技术较成熟，多种不同类型的复用系统还可组成混合复用网络。

时分复用通过耦合与同一光纤总线上的传感器间的光程差来寻址，即光纤对光波的延迟效应。

波分复用通过光纤总线上各传感器调制信号的特征波长来寻址。

频分复用将多个光源调制在不同频率上，经过各个独立的传感器后汇集在一根或多根光纤总线上，每个传感器的信息包含在总线信号中的对应频率分量上。

空分复用将各传感器接收光纤的终端按空间位置进行编码，并通过扫描结构控制选通开关来实现地址选择。

总体来看，由于井下监测技术的发展，多传感器、多参数监测将成为未来的主要发展方向。在现有的无线传输、电缆传输和光纤传输技术中，为了高质量、高速度、大容量地将采集的数据实时传递到地面系统，多站式井下光纤通信技术将是一种最佳的选择。

Well-Sense 公司研发的 FLI 技术利用一次性光纤从油气井中采集传输数据。该光纤能够低成本、快速下入井筒中，完成整个井段的分布式数据测量。FLI 采用的光纤外表裸露并仅可使用一次，完成数据测量后可溶解于井筒中，能够获取温度、压力及声波数据。该光纤在使用过程中获得了高质量的数据，能够达到电缆或连续油管作业所达到的效果。

可溶光纤缠绕在探头上，入井测试时探头在井筒自由下落过程中解开光纤。光纤利用连续激光束，沿长度方向实时测量周围环境变化数据并传输至地面。FLI 的特点是光纤不封装在井筒中，直接裸露下入，获取数据后在井筒中自行溶解。可溶光纤不需要使用连续油管或电缆，大幅降低了作业成本，与标准测井工具相比，可溶光纤质量更轻。目前所使用的可溶光纤从直径 50mm、长度 1m 的铝制圆筒中缠绕引出，光纤总长约为 4600m，总质量不超过 15kg，光纤直径为 200μm。可溶光纤采用涂层防护，根据现场需求，作业时间从数小时到数天。Well-Sense 探头及可溶光纤入井如图 4-14 所示。

图 4-14　Well-Sense 探头及可溶光纤入井

## 四、地面数据采集、处理和管理系统

地面数据采集、处理和管理系统主要完成井下传感器采集并上传信息，对没有经过处理的原始数据（通常这些数据在处理前是无法被识别或被正常使用的）进行解码、滤波、校正等处理，使其成为有效数据，并运用数据仓库和数据挖掘技术将地面采集的海量数据进行加工、集成、存储、管理和挖潜，为智能完井的生产优化、油气藏的智能管理等提供决策支持。

## 1. 数字信号采集与处理系统

分布式井下传感器的多路信号通过传输媒介传到地面以后，需要同地面的信号采集和处理系统相连。信号采集与处理系统一般分为数据获取单元（硬件部分）和数据分析处理软件两个部分。

数据获取单元通常是由解码器、小型CPU、电源、存储器、输入输出接口等组成的，利用光电转换、滤波、拟合、估计、解码、校正、存储、多传感器数据融合等技术，将来源于井下传感器的信号转换为数字信息，并通过接口和通信协议将数据提交给远程服务器。

由于井下传感器测得的信号在上传过程中会受到外界不良因素的干扰，导致信号中可能存在噪声、异常点等干扰，因此在信号转换过程中需要利用数据分析处理软件对信号进行清洁、异常点剔除、数据降噪、数据简化、特征提取与预警、特征过滤等数据分析与处理。数字信号处理方法有数字滤波、经典谱估计、相关性分析等，常用算法主要有小波分析、傅里叶变换、HILBERT空间正交分解、线性卷积、相关函数等。

在数据的特征分析方面，在Cook和Beale的研究方法中，首先将数据切割成多个窗口，然后以顺序方式独立分析数据，这种方法称为滑动数据窗口法。然而，滑动数据窗口法并不局限于数据窗口的独立分析，该方法进行修正后还可考虑以前窗口中的事件，这些事件将影响到后续窗口的分析结果，这对于分析长期监测的压力数据是非常有用的。

在数据降噪方面，Osmar和Stewart利用Butterworth数字滤波方法来移除数据中的噪声。在数据中没有奇异性存在，并且数据是在固定采样速度下以高频率采集的前提下，用小波分析方法来对压力数据进行降噪处理并确定压力数据中的瞬变过程。根据压力信息采集系统的设置和压力数据的特征，压力数据可在低频和高频下以变采样速度的方式进行数据采集。并且，在某些系统中，压力计预先设置成在固定时间间隔记录压力数据，或者设置成只有当压力变化超过预定阈值时才采集数据。因此，如何处理非均匀的采样数据及如何确定奇异性是非常关键并有待进一步研究的问题。

在数据简化方面，当井下压力数据是以高频率记录的情况时，减小数据规模则成为数据处理亟待解决的又一个问题。Bernasconi等人以小波变换为基础，研究基于小波的压缩算法来压缩钻井过程中的井下数据。该算法非常简单且非常有效，无须进行大幅度改动就能移植到现有井下设备的处理软件中。数据采集后，在个人计算机上就能完成数据压缩，并且用户可以决定重建信号的质量。对实际数据的大量模拟研究表明，对于大多数信号来讲，在不损失重要数据的情况下，压缩率可以达到1∶15。

张冰等人运用小波分析理论对含噪的压力、温度数据进行降噪，并利用正交实验法对小波阈值降噪条件组合进行优选；使用压力导数法划分压力变化的各个不同阶段，实现不稳定状态的识别，得到真实压力与温度数据的最优近似估计，并以此为基础，根据压力与温度变化的不同阶段用阈值和时间阈值对数据进行精简，为后续的优化控制和生产决策提供可靠的数据依据。

多传感器数据融合技术是近20年来发展起来的一门前沿数据处理技术，起源于美国国防部在军事领域的研究与应用，现在已经广泛运用于工业过程控制、自动目标识别、交通管制、遥感监测、图像处理、模式识别等领域，但在油气开采领域尤其是油藏监测重点应用非常少。多传感器数据融合（也称为信息融合）是指对来自单个或多个传感器（或信源）的信息或数据进行自动检测、关联、估计和组合等多层次、多方面的处理，以获取对目标参数、特征、事件、行为等更加精确的描述和身份估计。与单传感器系统相比，多传感器数据融合技术能够充分利用不同时间和空间上的多个传感器数据资源，并依据某种准则将空间和时间上的冗余或互补信息组合起来，从而获得对被测对象的一致性解释与描述，进而实现相应的决策和估计。

多传感器数据融合的常用方法可以概括为随机和人工智能大类。随机方法有加权平均法、卡尔曼滤波法、多贝叶斯估计法、D-S证据推理法等；人工智能方法包括模糊逻辑理论、神经网络、粗糙集理论、专家系统等。

通过永久性井下传感器得到的大量的、连续的压力、温度、流量、油藏物性等参数及这些参数的分布位置，而这些参数之间也具有较大的相关性，因此，通过多传感器数据融合技术，可以对采集到的数据进行多方位分析、关联、校正、估计，同时准确判断出传感器的工作状态，大大提高采集数据的质量、监测系统的精度和可靠性。

有效的数据处理可以提高数据分辨率，增大传感器系统适用性，可以对原始数据进行纠偏和校正，因此数据处理在测量系统中的作用越来越重要。

### 2. 地面数据管理与数据挖掘技术

数据在油气生产决策中至关重要，它所提供的有效信息能够减少油气勘探和开发过程中的风险。因此，如何管理并有效利用从井下采集的海量数据，已成为油井实时管理与优化的一个新挑战。

数据仓库和数据挖掘技术能够为地面海量数据的加工与管理、智能完井生产优化等提供可靠的数据依据和决策支持。

数据仓库（Data Warehouse）是一个面向主题的、集成的、相对稳定的、反映历史变化的数据集合，用于支持管理决策。来自不同数据源或数据库的海量数据经加工后在数据仓库中存储、提取和维护。数据仓库主要面向复杂数据分析和高层决策支持。它能提供来自不同应用系统的集成化和历史化数据，为相关部门和企业进行全局范围的战略决策及为长期趋势分析提供有效的数据支持。

基于数据仓库的决策支持系统由三个部分组成：数据仓库技术、联机分析处理技术和数据挖掘技术，其中数据仓库技术是系统的核心。数据挖掘（Data Mining），也称为数据库中的知识发现（Knowledge Discovery in Database，KDD），是通过分析每个数据，从大量数据中寻找其规律的技术，主要有数据准备、规律寻找和规律表示三个步骤。数据准备是从相关的数据源中选取所需的数据并整合成用于数据挖掘的数据集；规律寻找是用某种方法将数据集所含的规律找出来；规律表示是尽可能以用户可理解的方式（如可视化）将找出的规律表示出来。数据挖掘的任务有关联分析、聚类分析、分类分析、异常分析、特异群组分析和演变分析等。数据挖掘的分析方法有分类、估计、预测、相关性分组或关联规则、聚类、描述和可视化、复杂数据类型挖掘等。

## 五、智能完井生产优化技术

智能完井投入生产后，通过控制流量控制阀打开程度来优化油藏生产动态，从而实现其采收率（或净现值）最大化的目标。智能完井监测系统得到的数据，经过传输、采集、处理后，结合预测的油藏模型和油井模型，运用特定的优化算法对井下智能调节阀的开度进行优化计算，从而预先确定控制阀打开程度，在生产早期采取措施来减轻油井可能出现的问题。

目前，国内外学者主要采用确定性算法和随机性算法两种优化算法。确定性算法（如共轭梯度法、拟牛顿法、高斯—牛顿算法等）利用目标函数的梯度进行寻优计算，速度较快，但是不能保证得到全局最优值。随机性算法（如遗传算法、模拟退火算法等）利用非线性函数预测进行寻优，可以得到全局最优值，但是速度非常慢。

二者各有其优点，也各有其局限性，具体应用过程中，要以简单、实用、有效为原则合理地选取。

### 1. 单井智能完井生产优化

Ebadi 和 Davies 提出根据优化时机不同将智能完井生产优化分为两大类：被动生产优化和主动生产优化。

#### 1）被动生产优化

被动生产优化是指当油藏水体突破时，根据各层段不同含水率，通过关闭或调节最大含水率层段的产量，实现降低产水量的控制方法。

2003 年，Yeten 等人将非线性共轭梯度法应用于智能完井生产优化，设计五个模型来模拟比较多分支井在传统完井方式和智能完井方式下的累积产油量，结果表明，智能完井明显提高了累积产油量。

2014 年，Amadi Jgioma 和 Matthew Jackson 开发了一种闭环反馈控制策略，在这种闭环反馈控制策略中，流量控制阀的开度设置与井下监测数据有着直接关系，可以通过控制流量控制阀的开度设置直接量化得到油井的净现值。

2016 年，张宁生与王金龙等人通过分析多层合采智能井流入动态理论提出绘制双层合采智能井流入动态曲线方法。通过分析双层合采智能井流入动态曲线优化调控各层产量，提高油井总产油量，较常规井产油量提高了 27%，双层合采智能井流入动态曲线如图 4-15 所示。

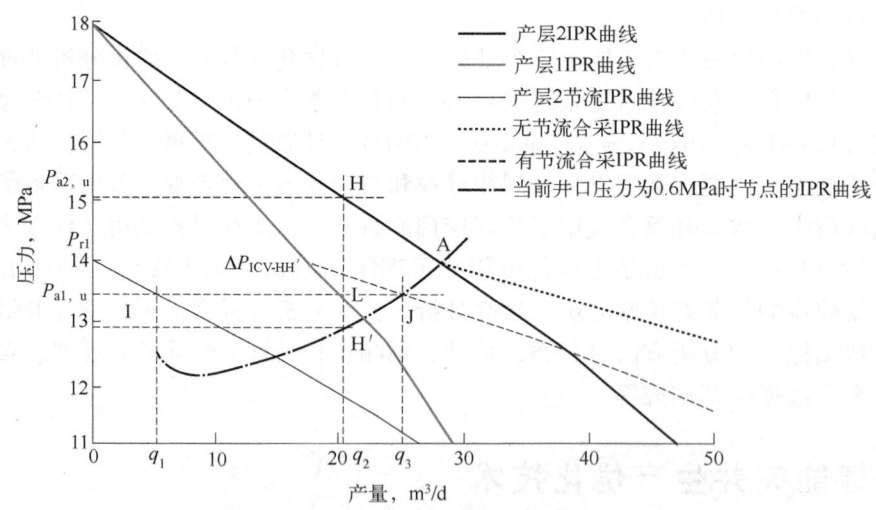

图 4-15 双层合采智能井流入动态曲线

$P_{a1,u}$—产层 1 阀孔处的压力；$P_{a2,u}$—产层 2 阀孔处的压力；$q_1$—产层 1 的体积产量；$q_2$—产层 2 的体积产量；$q_3$—产层 1 与产层 2 合采体积产量；$P_{r1}$—产层 1 的地层平均压力；$\Delta P_{ICV-HH'}$—产层 2 流量控制阀产生的压差

2) 主动生产优化

主动生产优化是指在油井出现高含水或高气油比问题之前，制定一套井下流量控制阀在整个生产周期内的调整开采方案，从而控制入侵流体前缘动态，推迟水体或气体突破，提高水驱替效率。

2004 年，Aitokhueli 采用智能完井实时优化方法，将油藏自动历史拟合、油藏数值模拟预测及井下实时控制结合在一起。该方法利用井下传感器实时获取的数据，用集合卡尔曼滤波方法进行油藏自动历史拟合，从而更新油藏地质模型，通过结合油藏数值模拟器和非线性共轭梯度优化算法来决策最佳井下控制阀的生产方案。

2012 年，Sampaio 等人为解决主动优化存在的大维度优化收敛问题，采用快速遗传算法对智能完井生产优化进行研究，该算法在解决多变最优化问题时展现较好的高效性，适用于连续变量和离散变量。在非均质油田模型中，净现值提高 3.7%，增加了产油量，降低了产水量。

2014 年，Carvajal 等人为智能完井专门设计了一套自动优化控制工作流程，该工作流程以两种方式运行：主动模式和被动模式。短期被动控制方案采用多岛遗传算法，同时利用自适应模拟退火算法优选各井段的产量配置。长期主动控制方案每个月获取一次数据，将得到的最优方案与被动控制方案对比，优选目标函数更高的方案。

2016 年，国内研究出充分利用气层能量，提高油井日产量，恢复油井自喷能力，通过流入控制阀阻流降压的作用，将气顶气或气藏气注入生产井筒，从而降低井筒的流体密度，延长油井自喷时间；综合分析了自动气举系统的流动理论，研究了油藏含水率等敏感因素对注气点深度的影响，同时采用节点分析法设计控制阀各级开度的面积。经过案例模拟验证，油井产量从 $120m^3/d$ 增加到 $413m^3/d$，增长了 2.4 倍，提高了油井的产量。

2017 年，有专家通过 Eclipse 构建智能完井数值模型，采用 Matlab 软件编写序列二次规划优化算法程序，实现油藏数值模拟与优化算法相结合，累积产油量和累积净现值增长至少 5%以上，累积产水量下降 8%左右。

2018 年，Osho 等人采用迭代模式搜索算法与遗传算法相结合优化流入控制阀的设置对多层合采智能完井进行生产优化。第一步，使用离散遗传算法提供可行区域的全局搜索；第二步，提供围绕现有解决方案的局部搜索。为了解释储层不确定性，自动对多种历史匹配的储层模型进行优化。结果表明，在该油田的剩余寿命期间，预测油藏的采收率可以得到明显提高。

2. 智能完井优化注水

2006 年，Alhuthali 和 Oyerinde 等人采用最优化理论、净现值与数值模拟技术相结合的方法对非均质油藏智能注水完井调控水驱前缘与水线分布进行了研究，并且取得了良好的研究效果。模拟结果显示：采用常规分层注水，生产仅 350d 后采油井中间层段见水，采收率仅为 48%；采用智能分层注水开发同样油藏，生产 575d 后所有的层段才见水，采收率提高到 80%，注水波及效率要远大于常规分层段注水开发。同时，在得克萨斯州西部某区块 31 口井进行现场验证，验证该理论的可行性。使用智能完井后，通过生产优化调控注水后，减少了该区块不必要的关井和钻加密井作业，降低了生产成本。

国内应用最优控制理论中的伴随法计算优化算法所需的梯度值，并结合序列二次规划法，将其运用到人工构造的水平注水开发模量中，制定最优的生产方案。有研究表明，与传统的完井方式生产方案相比,智能井的生产方案可使累积产油量增加 22.2%,累积产水量下降 33.6%,净现值增加 33.2%。

### 3. 智能完井注采组合闭环生产优化

2012 年国外有专家将智能水平采油完井与智能水平注水完井应用在非均质性比较强的老油田上,通过调控注采水平井的各个流量控制阀,维持恒定的注入剖面与生产剖面,采油井产水得到了很好的控制,利用油藏模拟技术预测该生产方式生产 8 年后,油藏最终采收率可以提高 11.7%,注采组合系统与含油饱和度分布可以看出,使用智能完井优化注采水驱波及效率 90% 以上;常规水平井已经在高渗透层段快速见水,水驱波及效率不足 20%,存在大片的死油区。

### 4. 全油田智能完井生产优化

2008 年,哈利伯顿公司在尼日利亚海上 Agbami 油田安装了 7 口双层合采智能完井,实现全油田智能化。优化工作流程后,生产初期平均单井产量从 795$m^3$/d 增加到 1590$m^3$/d。连续生产 2 年后上部产层含水率为 2%,产液量 1212.3$m^3$/d;下部产层生产无水原油,产量为 878.8$m^3$/d。通过使用智能完井技术优化油藏管理,免除修井等人工作业,全油田节省生产成本 7200 万美元。

2011 年,Khrulenko 与 Anatoly zolotukhin 等人利用 3 口智能完井开发一个包含上、下两个油层的底水油藏,上、下油层中间有隔层。其中直井段安装一个流量控制阀开发上油层,水平段安装两个流量控制阀开发下油层。以最大净现值(Net Present Valve,NPV)为目标函数,以 Eclipse 油藏模拟软件根据实际油藏参数构建多智能井协调开发模型,采用直接搜索算法调控 3 口智能完井 9 个流量控制阀的开度组合决策最佳生产方案。与常规生产方式比较,采用多智能完井协调生产优化方式产油量增加 24%,净值增加 13%,实现少井开发全油藏,降低生产成本的目标。

被动生产优化控制方法的优点是仅需要当前的生产数据,不需要去认识油藏的地质特征,因此不用去建立油藏模型,同时计算量小,容易实现,该方法是智能完井生产优化用得比较多的优化控制方法。但是,由于该方法无法有效地控制油水前缘的位置,当水平井见水后,水体会沿着井筒向其他层段流动,从而导致其他层段产水,此时只能相应地降低产水层段相邻层段的产量,延缓整个井筒水淹情况,因此,该方法具有较大的使用局限性。主动生产优化控制方法是在未见水之前就已经调控油水前缘的运动,所以相对于被动优化控制,主动优化控制方法可以获得更高的累积产油量、水驱波及效率与油藏采收率,因此,智能完井主动生产优化控制方法是现在智能完井生产优化的主流方向。通过对比分析发现,智能完井注采组合闭环生产优化方法比全油田智能完井生产优化开发油藏程度更高,因此,多个智能完井协调生产优化控制是智能油田的主要发展方向之一。

## 复习思考题

1. 智能钻井的核心技术组成有哪些?
2. 智能钻井系统功能有哪些?
3. 调研最新的智能钻机。

4. 调研最新的智能钻头。
5. 调研最新的智能钻杆。
6. 智能钻井工具的未来发展方向是什么?
7. 智能完井技术包括哪些内容?
8. 智能完井的井下生产流体控制技术作用原理是什么?
9. 智能完井的井下数据传输技术包括哪些内容?

# 第五章 智能油气藏开发管理技术

油气藏开发管理技术的智能化是借助物联网、地下传感器、数学建模、知识库、关联搜索等先进技术,实现油藏模型简化、油藏动态模拟分析、油藏趋势预测,进而实现中长期油藏开发优化,有效提升油气产量和采收率。简而言之,就是通过智能化的宏观调控实现对地下的油藏动态规律进行分析、监测、调控优化。

## 第一节 智能油气藏开发管理技术概述

视频 5-1 智能油气藏开发模拟及生产优化一体化系统

油气开发的主要内容是以油气产能建设、产量优化为核心的管理。宏观上看,油气开发围绕着地下油气藏展开系列复杂的工作。与之对应的油气藏管理工作主要包括:(1)如何定期采集地层、井筒等地下动态数据;(2)如何在较短的周期内进行油藏建模和模拟分析;(3)如何在油藏模型中反映和集成开发生产动态情况;(4)如何有效进行油藏开发趋势的预测,提出优化方案,合理安排生产计划。解决油气开发中油气藏开发管理的相关问题,数字化与智能化建设是当前的最佳途径(视频 5-1)。

### 一、智能油气藏开发管理技术内涵

智能油气藏开发管理技术的内涵包括产能建设、油气藏研究、措施管理三个内容,每个业务环节有不同的层次的智能化目标。

1. 产能建设智能化

产能建设在科学决策层面的目标是开发方案知识经验的积累、提取并用于指导开发管理和决策辅助,支持项目评估指标的定义,并展现方案评估结果,辅助开发决策。

产能建设在动态分析层面的目标包括三个方面:(1)通过油气田有关部门的业务协同,减少沟通障碍,快速处理项目问题,加快项目协调进度;(2)监控油藏、采油和地面等工程方案的动态情况;(3)对超时处理事件进行提醒,对违规事件进行预警,保障开发进度。

2. 油气藏研究智能化

油气藏研究在科学决策层面、生产优化层面的目标是辅助井位、井型和注水方案的效果模拟和方案评估,为新区开发、老区调整方案提出优化建议和可选方案。

油气藏研究在动态分析层面的目标是油藏的可视化建模、精确模拟和简化易用,有效集成生产动态数据、油藏监测数据,对油藏模型进行实时更新。基于开发资料进行油藏历史拟合,并使用实时生产数据对油藏模型进行高频率的校准,更准确地预测开发趋势、产量趋势;利用油藏模型进行动态分析,辅助开发地质研究、油藏工程研究。

油气藏研究在全面感知层面的目标是全面的油藏感知,从油气藏管理角度全面而实时获取和优化井底、产层、井口、注水、地面监测,及产量、含水等生产数据。

### 3. 措施管理智能化

措施管理在科学决策层面的目标是建立模型,对现有井生产状况及参数的因素分析,对全区块进行扫描,辅助措施选井,制定评估的指标体系,通过信息化手段评估方案适用性,优选高质量的方案。

措施管理在动态分析层面的目标是从多维度分析增产措施的实际效果,以评估增产效果对区块的总体影响,制定明确的指标来分析投入产出比,同时增加分析维度,包括短期和长效增产分析,以及单井与跨井增产分析。

## 二、油气藏开发管理智能化建设核心内容

油气藏开发管理智能化建设的主要内容包括:(1)油气藏实时监测和动态模拟系统;(2)油气藏分析和优化系统;(3)措施选井和方案评估系统;(4)注采关系监测和优化系统;(5)产能控制管理。各部分的主要内容见表5-1。

**表5-1 油气藏开发管理智能化建立内容实质**

| 内容名称 | 涵盖的主要内容 |
| --- | --- |
| 油气藏实时监测和动态模拟系统 | 建设油藏实时监测体系,建立简易油藏模型实时模拟油藏动态,实现油藏的可视化建模和实时更新,为油藏分析、调整挖潜提供依据 |
| 油气藏分析和优化系统 | 在油气藏动态模拟的基础上,提供问题和趋势分析预测系统,产生预防性措施和开发计划,指导生产管理,主动优化开发效果 |
| 措施选井和方案评估系统 | 辅助措施选井,模拟分析措施效果,评估措施方案 |
| 注采关系监测和优化系统 | 实时监测注入动态,优化注入系统效率,分析注入效果,优化注采关系 |
| 产能控制管理 | 包括产量变动因素分析、预测系统、产能方案辅助设计、质量评估系统和产能方案动态跟踪优化系统。前者是基于单井分析、油藏分析,科学预测区块、油藏、油气田三级产量趋势,分析产量变动因素。质量评估系统是基于油藏模型分析计算,辅助方案设计,并计算技术和经济指标,对产能方案实施后的效果和质量进行评估。最后是跟踪产能方案的实施进度和效果,记录方案与实际开发情况的差异,优化调整实际实施方案 |

油气藏开发智能管理的应用体系如图5-1所示,分为基础数据、业务模型、业务应用、一体化协作四个层次,其中,基础数据层提供统一数据源,业务模型层提供统一的数学模型,业务应用层实现与业务直接相关的软件功能和软件系统,一体化协作层提供跨应用系统的集成应用平台。

(1)基础数据:基础数据层以共享、标准的方式为各应用系统提供实时数据、非实时数据、各类生产运行数据、历史数据,主要数据源包括实时/非实时采集数据、生产数据库、开发地质资料。

(2)业务模型:业务模型层通过数据建模的方法建立适用于油气田具体情况的整体系统模型,为单井、油藏的模拟分析提供统一基础,主要包括单井运行监测模型、单井问题诊断、优化模型、注采关系模型、简易油藏模型等。

(3)业务应用:业务应用层主要包括智能单井管理系统、智能油藏管理系统、产量管

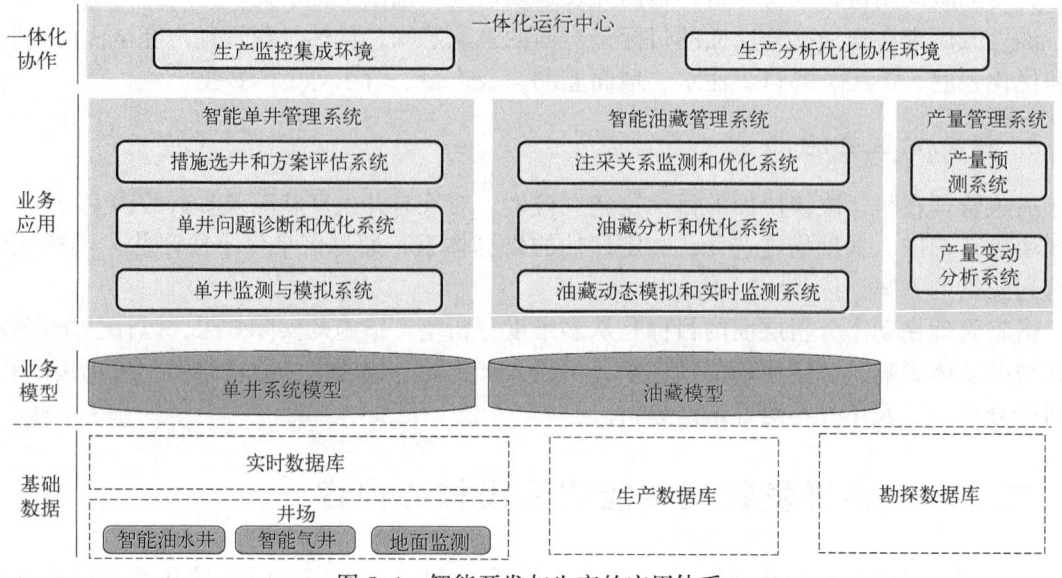

图 5-1 智能开发与生产的应用体系

理系统三个组成部分,满足单井、油藏短期、中期、长期管理的智能化需求,并为产量管理提供决策辅助。

(4)一体化协作:将各应用系统集成在一起,提供生产运行监测、生产分析优化两个协同工作平台。

# 第二节 油气藏数值模拟技术

智能油气藏开发管理技术发展的核心技术之一就是油气藏数值模拟技术。数值模拟技术是指基于历史生产数据和实时数据,通过数学的方法,对油气藏储层进行描述;通过数学模型、模型求解的方式,进行各种参数的模拟计算,预测生产动态及趋势。数值模拟的主要因素包括数据、模型和算法,其核心是模型。

## 一、油气藏动态模拟

视频 5-2 油气藏动态模拟

油气藏动态模拟(视频 5-2)就是应用数学模型再现实际油气田生产动态,具体通过渗流力学方程,借用大型计算机,结合地震、地质、测井、油藏工程学等方法在建立的三维地层属性参数场中,对数学方程进行求解,实现再现油气田生产历史,解决油气田实际问题。油藏数值模拟是一门综合性很强的科学技术,涉及油气田地质、油层物理、油藏工程、采油工程、测井、数学、计算机及系统等学科。

研究和开发一个油气田是一个复杂的综合性科技问题。首先,高精度地震资料的处理解释提供研究区域的构造、断层、边界及其走向,但地震纵向分辨率受到限制,不能很好地反映一个同相轴(地震道)中沉积砂体的物性变化特征;而测井可较好地反映物性特征，提供可靠的地层对比结果。但是，作为新老油气田开发方案的研究及剩余油分布的研究，仅仅应用地震、地质、测井等理论方法是无法做到的。因为，地质上能定性或半定量地分析，测井可用于生产监测，却不能以点带面。而油藏数值模拟工作可再现生产历史，定量分析剩余油潜力，并做到室内研究投入少、时间短，还可进行开发方案优选及经济评价工作，所以开发方案的部署一定要开展数值模拟工作。值得强调的是油藏数值模拟工作是一项系统性强的一体化研究，十分注重前期的地震解释和测井解释，即油藏描述工作。

在进行油藏数值模拟工作前，应根据油气田开发过程中存在的难以解决的实际问题，提出开展此项工作的目的及意义，明确最终所要达到解决问题的目标。一般，通过油气藏数值模拟可进行以下三方面研究工作。

（1）初期开发方案的模拟：①评价开发方式，如枯竭开采、注水开发等；②选择合理井网、开发层系、确定井位；③选择合理的注采方式、注采比；④对油藏和流体性质敏感性研究。

（2）对已开发油气田历史模拟：①核实地质储量，确定基本的驱替机理（如是天然驱，还是注水开发）；②确定产液量和生产周期；③确定油藏和流体特性；④发现问题、潜力所在区域。

（3）动态预测：①开发指标预测及经济评价；②评价提高采收率的方法（如一次采油、注水、注气、化学驱等）；③剩余油饱和度分布规律的研究，再现生产历史动态；④潜力评价和提高采收率的方向；⑤专题和机理问题的研究，如对比注水、注气和天然枯竭开采动态，研究各种注水方式的效果等。

油气藏模型的选择非常关键。对一般油气藏而言，有两相（油+水、油+气、气+水）和三相（油、气、水）的模型，而油气藏维数有一维平面、垂直模型、两维平面（剖面）、两维径向（锥进）模型和三维平面等模型。但实际油气藏，其地下流体渗流机理、岩石及流体性质等地质特征不同；生产过程中的开采方式、机理不一等复杂问题，非常规油气藏模型孕育而生。如：（1）天然裂缝油气藏的模拟应用双重介质的裂缝模型；（2）凝析油气田开发及注气油气田开采应用组分模型；（3）视油气田含富气或平气大小可采用组分或黑油模型；（4）稠油开发用热采注蒸汽模型；（5）注各种化学剂的三次采油应用化学模型。而对一般油藏，模拟可选用常规油气田开发的黑油模型。

## 二、数值模拟的工作流程

对一个油气藏进行综合的数模研究，往往需要花较大的精力和较长时间（有时会达一年甚至更长的时间），同时还对计算机硬件和技术人员有很高的要求。尽管在不同的项目中，面对的问题会千差万别，但大多数油藏数值模拟的基本研究过程是一样的。

### 1. 问题的定义

开展油藏数模工作的第一步是确定研究的目标和范围，即首先要给本次数模研究一个明确的定位，明确本次模拟要解决的主要问题是什么，需要研究哪些油藏动态特性，这些项目的完成对油藏的经营管理者会产生什么影响等。从而根据项目的要求进行数值模拟研究程序设计，并收集有关的油藏基础地质、流体及生产动态数据。

## 2. 研究方法的选择

确定了研究目标，并收集到了研究所必需的数据后，接下来的工作就是对模拟模型进行选择，即确定用哪种模拟模型对该问题最为有效。并不是所有的情况下都需要对油藏进行整体模拟，如在研究锥进、指进、超低产问题时，就应采用单井、剖面或平面模型，这样会大大节省计算成本。通常影响研究方法选择的因素有多种，但其中有三条是最重要的：一是能否找到针对所研究问题的相应模拟器；二是解决面对的具体油藏模拟问题时，常常因为需要反映井和开采设施对开采过程的影响，而必须对选定的模拟器作某些修改；三是研究所允许的时间、计算机、人力及经费的限制。

## 3. 模型设计

模型设计指的是在模拟器选定以后，必须设计出一套合适的网格模型。网格模型的设计要受到模拟过程的类型、在非均质油藏中的液体运动的复杂性、选定的研究目标、油藏描述的精确程度及允许的计算时间和成本预算等因素的影响。网格数目越多，模拟出的单井动态会越精细，但网格数目越多，计算的时间会越长，计算成本越高。

## 4. 程序修改

选择好模拟器并设计出了网格模型后，常常因为要达到所要处理的问题所需的效果，而不得不对已有的程序作某些修改，最常见的是修改井管理程序和模拟结果的编辑和输出程序。

## 5. 历史拟合

历史拟合是油藏模拟中的一项极其重要的工作。因为一个油藏模型被建立起来以后，它是否完全反映油气藏实际，并未经过检验。只有将生产和注入的历史数据输入模型并运行模拟器，再将计算的结果与油气藏的实际动态相比，才能确定模型中采用的油气藏描述是否是有效的。若计算获得的动态数据与油藏实际动态数据差别甚远，就必须不断地调整输入模型的基本数据，直到由模拟器计算得到的动态与油藏生产的实际动态达到满意的拟合为止。由于历史拟合调整参数的目的是把真实油藏的描述搞得尽可能精确，所以，它是油藏模拟中不能缺少的重要步骤。模拟使用的模型，显然应当与实际油藏是相似的。若描述油藏的数值模拟所采用的数据与控制油藏动态的实际数据存在明显差异，则将导致模拟结果出现严重失真。在未经试验以前，对模型的准确程度，以及应该修改哪些参数才能保证它与实际油藏相似，知之甚少。在这种情况下最有效，也是最经常采用的一种验证方法，就是模拟油藏过去的动态，并将模拟计算结果与油藏的过去实际动态作对比，这就是历史拟合。历史拟合能帮助人们发现和修改油藏描述数据的错误，以使模型更加完善，并验证油藏描述的可靠性。如果修正后的模型模拟计算动态与油藏过去的历史动态能达到一致，且油藏描述又是合理的，那么，历史拟合本身就是一种有效的油藏描述方法。

## 6. 动态预测

获得了好的、可以接受的历史拟合后，就可利用该模型预测油气藏未来的生产动态。预测的内容包括原油、天然气和水的产量，气油比与油水比的动态，油藏压力的变化动态，液体前缘位置，对井设备和修井的要求，区域采出程度，估计油气藏最终采收率等。预测的结果将作为人们进行开发与管理决策的重要依据。这里所指出的是，动态预测的准确性明显地取决于人们采用的模型的正确性和油藏描述的准确性与完整性。因此，花一定的时间与精力对模拟的结果进行评估，判断它是否达到了预期的研究目的是十分必要的。

### 7. 报告的形成

数模研究的最后一步是将计算出的结果进行系统的整理，得出明确的结论，形成一个清楚、简明的报告。报告的格式，根据研究目的的不同，可以是一份简单的专题报告，也可以是一套具有大量文字、数据、图表及多幅彩色附图的多卷报告。然而，无论报告的形式和长短如何，它们都应当以恰当的篇幅、充分的论据，清楚地陈述研究所使用的模型、计算的依据及得到的主要结果与结论。

## 三、影响模拟准确性的因素

从分析拟合的技术实现来看，一个模型的建立需要大量的时间，而建立一个新的模拟器，则需要更长的时间。一般来说，分析模拟系统主要采用成熟的模拟器（软件），通过建模、配置、少量的程序开发来实现。只有在很特殊的分析领域，而且是在物理模型和分析算法相对比较简单的情形下，才采用自开发的方式来实现。

数模技术的应用是有局限性的，尤其对复杂油藏，目前模拟预测的结果准确性较差（有时甚至很差），模拟计算的指标有时需要根据油藏工程师的经验来校正；对于某些比较特殊的油藏，或油藏工程经验较少的开采方式，对模拟计算结果的把握性比较小。

造成数模结果不准确的原因主要有以下三方面：（1）应用油藏描述技术建立的地质模型不准确。目前虽已用地震、测井、地质研究等多种方法做地质建模工作，但对井间油藏分布状况的认识仍有不确定性。（2）数模的流动方程还不完善。即便是目前最成熟的黑油模型，其流动方程也是以达西定律为基础的，而非牛顿流体或特低渗油藏，有时也不完全遵循达西定律。（3）数模所用网格太粗，很难描述油藏非均质状况。

在以上原因中，流动方程和网格太粗都是数模技术今后发展中要解决的问题。流动方程问题属于渗流力学理论问题，应从基础出发，与油层物理和渗流力学实验相结合进行研究，在软件中增加适合不同类型油藏的流动方程选件，提高某些类型油藏的数模精度。

在开采过程中有流体注入（注水、注气、三次采油等）时，网格粗化对数模结果的影响尤为严重。20世纪90年代以前，计算机能力的限制，最多能做数万个节点的数模，因此在地质建模后需要网格粗化后才能模拟计算，这就导致所模拟的注入流体前沿运动规律很不精确。根据目前计算机发展趋势，在不久的将来，要做数百万个节点的数模，技术上和经济上都将是可行的（至少对黑油模型是如此），有可能把平面网格尺寸缩小到10~20m，垂向也可能划分足够多的模拟层，以更好地描述油藏的非均质性，从而提高模拟精度。在现有计算机能力的条件下，对单井（包括三维径向模型）、井组或油藏某一部分用精细网格做数模，有针对性地研究一些问题，然后再计算开发指标，也是行之有效的方法。此外，水平井、多底井等多种类型的井近年逐渐增多，在数模中如何处理这类井底附近的流场，以及如何设计网格系统，这是对数模技术提出的新挑战。

最近10年来，商业性数模软件在设计综合软件平台、建立与用户友好的输入输出方式、提高图形显示质量及改进计算方法等方面做的工作很多，大大提高了数模工作效率，这无疑是十分必要的。除此之外，还必须根据油藏工程的发展和要求，在数模基本理论和方法方面进一步做工作，很好地体现不同类型油藏的流体流动特征，这样才能使油藏数模软件达到一个新的水平。

## 第三节　智能油气藏动态监测技术

实时油气藏模拟的目标是建立能够实时更新、简化易用的油气藏模型；通过油气藏监测数据实时更新模型数据，与类似油气藏对比或与历史模型匹配，进而不断论证和校准油气藏模型，基于油气藏模型，预测开发趋势，优化开采。与此同时，监测和优化注采关系面临的挑战是渗透率的变化、流度变化、窜水（生产井出水）影响生产效率和最终采收率，最终导致注水面积/采油面积的降低、注水效果（与实际需要不匹配的注水容量）的降低、采出物成分的不良变化（如高二氧化碳或水）、井伤害（如出砂）。监测和优化注采关系的目标是优化注水方案提高水驱效果，优化注水系统提高注水效率。

智能油气藏动态监测技术包括两个方面的内容，一方面是动态监测模拟，另一方面是监测和优化注采关系。

### 一、动态监测模拟技术

动态监测模拟包括四个方面的内容，分别是（1）获取信息；（2）可视化与报警；（3）基础分析；（4）计划与执行。

（1）获取信息：依据采集方式分为连续性和间歇性信息两类，其中连续性信息包括井筒和井口的压力、温度及其他各种计量结果；间歇性信息包括4D地震测量、室内试验、试井数据等。（2）可视化与报警：涵盖可视化仪表板方案、KPI监控与趋势预测（油层动态、注采比、注水量、产量等KPI指标）、自动化报警与预警（基于多因素分析与工程技术应用）等方面。（3）基础分析：涵盖自动处理与数据流、待处理任务和误差提醒（如计算亏空）、分析（如减产分析、预测、区块配产）、模型更新（如地质数据、压力体积温度关系、磁导率）等；（4）计划与执行：部署石油工程师和其他工作角色使用的可视化仪表盘界面（数据与工作流）与分析工具用于辅助短期的事务性决策，并为中长期规划提供参考标准。

现有的油气藏实时监测体系和动态模拟系统是根据不同油气藏类型（稀油、稠油、气藏）开发的，主要功能包括井口动态监测、储层动态监测（压力、流体流量、温度等）。其中监控和自动预警包括油藏开发KPI综合图形化展示和自动预警；油气藏动态模拟包括油藏建模和实时模拟，油藏建模在建立完整复杂的油藏模型基础上进行简化，建立能够实时更新、简化易用的油藏模型，实时模拟根据油藏监测数据，实时更新模型参数，实时模拟油藏形态，并以可视化形式进行展示。

具体实施步骤可以分为以下三个阶段：（1）建设简化油气藏模型，实现油气藏数据的自动更新、油气藏模型的历史拟合和校准，以稀油油藏为试点进行效果验证；（2）完善油气藏监测环境，包括井下储层传感器、井筒传感器和传输、井口数据自动采集设备和传输，建立油气藏开发 KPI 监控系统，自动预警；（3）建设油气藏实时监测体系和动态模拟系统，目标是通过实时传感和工程监测手段，获取油气藏开发过程中的动态信息，并进行监控和预警，建设简易油气藏模型，实时模拟油气藏动态，实现油气藏的可视化建模和实时更新，为油气藏动态分析、调整挖潜提供依据。

油气藏实时监测体系和动态模拟系统预期达到的效果是油气藏全面监测，为油气藏动态分析提供数据基础，通过简化数据模型的建立和实时更新，在较短的周期内对油气藏进行动态分析，提高油气藏开发的效果和效率。

## 二、注采关系监测和优化技术

监测和优化注采关系目前面临的挑战是渗透率的变化、流性变化、窜水（生产井出水）影响生产效率和最终采收率，最终导致注水面积/采油面积的降低、注水效果（与实际需要不匹配的注水容量）的降低、采出物成分的不良变化（如高二氧化碳或水）、井损害（如出砂）。监测和优化注采关系的目标是优化注水方案提高水驱效果，优化注水系统提高注水效率。

监测和优化注采关系的主要内容是实现注水方案的闭环管理及注水系统运行的闭环管理，其智能化流程如图 5-2 所示。

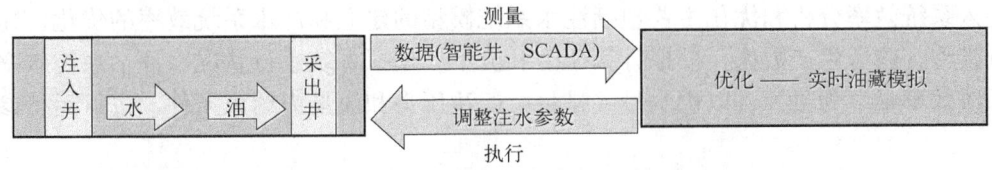

图 5-2　注采关系监测和优化的智能化流程

### 1. 注水方案的闭环管理

包括注水方案评估、注水方案效果分析、注水方案优化。注水方案评估是通过注采比模型进行模拟预测，配合传统监测方法（产量曲线下降、含水率）来支持生产管理和设置，从而对注水方案进行评估。注水方案效果分析是根据注水井指示曲线的变化、指示曲线分析等关键指标分析注水方案效果。注水方案优化是根据生产效果与原有模拟效果的比对分析，给出差异分析报告，并设计优化调整方案，从而对注水方案进行优化。

### 2. 注水系统运行的闭环管理

建立管网结构和注水系统仿真模型，参考生产数据，模拟计算出注水管网各段的管线压力损失、各节点处的压力和流量、仿真系统运行状况，评估系统效率，实现注水系统仿真运行。通过设备监控和远程计量，实时监控设备和管网运行状况，并进行远程流量抄表。以注水系统单耗最小为目标，以注水站供水量、注水泵最大、最小排量、注水井的配注压力和流量约束条件，根据现有管网情况，进行站排量、开泵方案和运行参数的优化，实现注水系统整体运行效率优化。

分析当前管网中存在的一些问题，提供改进意见，对管网中出现的各种问题分别给出相应的改造建议，实现管网结构分析优化。

注采关系监测和优化的系统体系如图 5-3 所示。

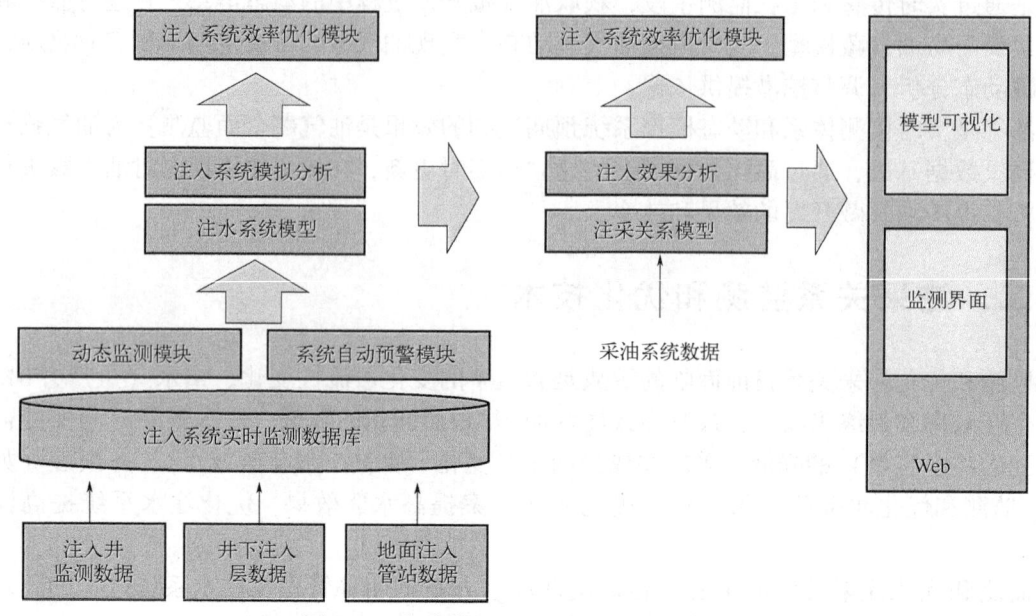

图 5-3　注采关系监测和优化的系统体系

注入系统效率分析和优化主要包括注水系统模型的建立和注水系统效率的优化。建立注水系统模型，参考生产数据，模拟计算压力和流量，模拟系统运行状况，评估系统效率，以注水系统效率最高为目标，以供水量、排量、配注压力和流量为约束条件，进行运行参数的优化。

注采关系模拟主要包括注采模型、注水效果分析和注水方案优化。通过注采比模型进行模拟预测，配合传统监测方法（产量曲线下降、含水率）来支持生产管理和设置。通过产量变化曲线、注水井指示曲线、指示曲线分析等关键指标分析注水方案效果。根据生产效果与原有模拟效果的比对分析，给出差异分析，并进行方案的优化调整。

开展注采关系监测和优化系统项目建设的目标是建设采出与注入全面监测系统和注采关系分析优化系统，实时监测注入动态，优化注入系统效率，构造注采关系模型，分析注入效果，优化注入方案，提高水驱效果。

实施注采关系监测和优化可以达到的预期效果是通过监测和优化注水系统运行效率，节约系统运行所需的能源消耗，提高注入量，综合分析采油系统和注入系统，优化注采关系，提升注入效果。利用效果对比，优选和调整注水方案。

# 第四节　智能油气藏动态分析优化技术

油气藏动态分析优化智能化的目标是基于数字化油气田环境进行油气藏（以下简称油藏）历史情况比对，并使用历史生产数据对油藏模型进行高频率的校准，产生更准确的预测，并用于生产管理，如图 5-4 所示。实现油藏分析智能化的意义在于可提高油藏模型的可用性，提升预测的准确性。

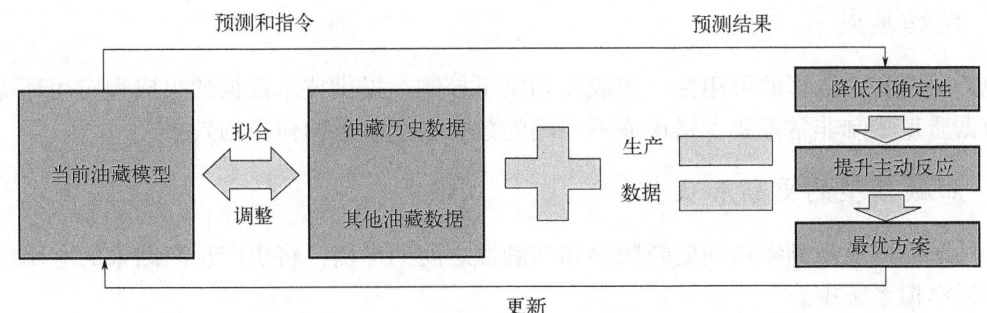

图 5-4 油藏动态分析优化的功能示意图

## 一、油藏动态分析优化智能化建设目的与意义

油藏动态分析优化智能化是基于油藏模拟优化生产和作业计划，目标是科学安排长、短期生产计划和作业计划，提升产量预测能力，指导日常生产管理调度（图 5-5）。

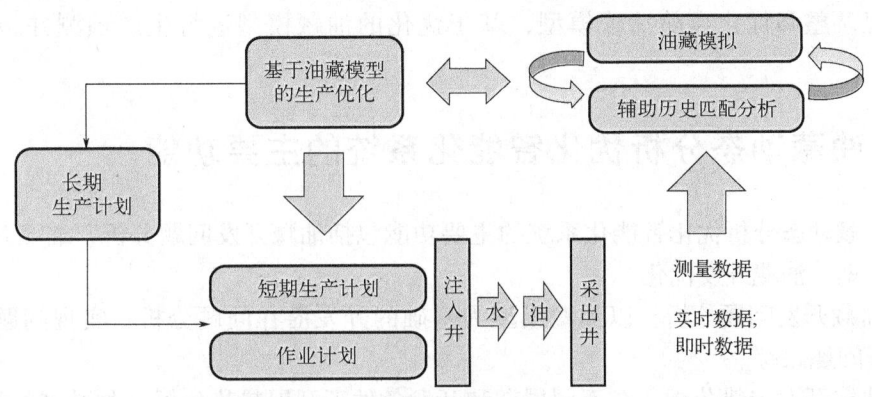

图 5-5 基于油藏模拟优化生产和作业计划流程

基于油藏模型的生产优化参数（如生产效率、井压等），要开展经常性评估，即评估从每天到整个生命周期不同时期的净现值，包括：短期生产计划（如日计划）关注短期内的油气采收；长期生产计划（如三年期计划），关注油气田全生命期中最大化的油藏效率。作业计划主要指基于油藏变化下达关井、措施、维护等生产指令，实时数据包括压力、温度、开采量、产出流体成分、注水容量与成分、油嘴尺寸等，即时数据包括四维地震数据、试井数据、地质和地球物理数据等。

建设油藏动态分析优化智能化系统的目标是在油气藏动态模拟的基础上，建设油气藏分析和油气藏开发优化系统，分析和预测问题和趋势，提出预防性措施和开发计划，指导生产管理，并借助专家系统和分析系统，主动优化开发效果，提高油气藏采收率和开采效益，规避开发风险。

## 二、历史拟合

实现油藏的历史拟合，并用于更新和优化油藏模型需要进行三个方面的工作。

1. 数据集成

包括所有相关数据的可用性、集成性和质量控制，提供技术数据的集成和应用环境。其中，数据质量控制非常重要，错误或不准确的数据会严重影响模拟的效果。

2. 油藏模型的更新和优化

采用适当的更新频率达到更新频率和准确性之间的平衡，将生产预测结果的应用情况及时反馈到模拟系统中。

3. 历史拟合的方法

通过计算机系统，根据预设参数模型和运算法则，进行自动历史匹配。同时，仍然需要依赖专家的判断和经验，对于频率较高的匹配和调整，使用本地人员或集中使用专家资源。

历史情况拟合和模型预测相对比的关键点包括根据生产数据持续更新当前油藏的模拟情况、当前油藏模型和历史情况的匹配，使用油藏的历史情况分析当前油藏情况，根据历史情况调整和优化当前油藏模型，基于优化的油藏模型进行生产预测并指导生产决策等方面。

## 三、油藏动态分析优化智能化系统的主要功能

建设油藏动态分析优化智能化系统的主要功能包括油藏开发问题分析、油藏开发趋势分析、配产计划、油藏开发优化。

（1）油藏开发问题分析：以油藏模型为基础的开发潜在问题分析、实现问题解决方案模拟、进行问题跟踪。

（2）油藏开发趋势分析：在不同周期和开发条件下开展趋势分析（如减产、增产），利用分析结果指导开发计划，并进行开发计划模拟运行。

（3）配产计划：根据油藏参数和开发趋势自动产生配产计划，通过人工调整参数调整配产计划，自动产生各级配产（区块、单井等）计划。

（4）油藏开发优化：实现油藏开发逐步优化，参数调优和整体开发方式、方法优化。

建设油藏动态分析优化智能化系统可以达到的预期效果是通过油藏模拟分析发现、处理潜在开发问题，通过油藏模拟分析预测开发趋势，优化开发计划，提高油藏采收率，利用模拟运行结果，优化配产计划，调整油藏开发参数，提高开采效率。

油藏动态分析优化系统模块如图5-6所示。

油藏动态分析优化系统可分三个阶段：（1）基于油藏模型，建设问题分析和跟踪环境，提出问题解决方案和作业计划，建设开发趋势分析环境，并实现辅助制订配产计划；（2）基于油藏动态分析数据，建设开发参数的调整和优化系统，实现优化方案的模拟运行和效果评估体系，集成和利用油藏开发专家经验；（3）前两个阶段建设的油藏类型为稀油，取得经验后，推广到气藏、稠油油藏。

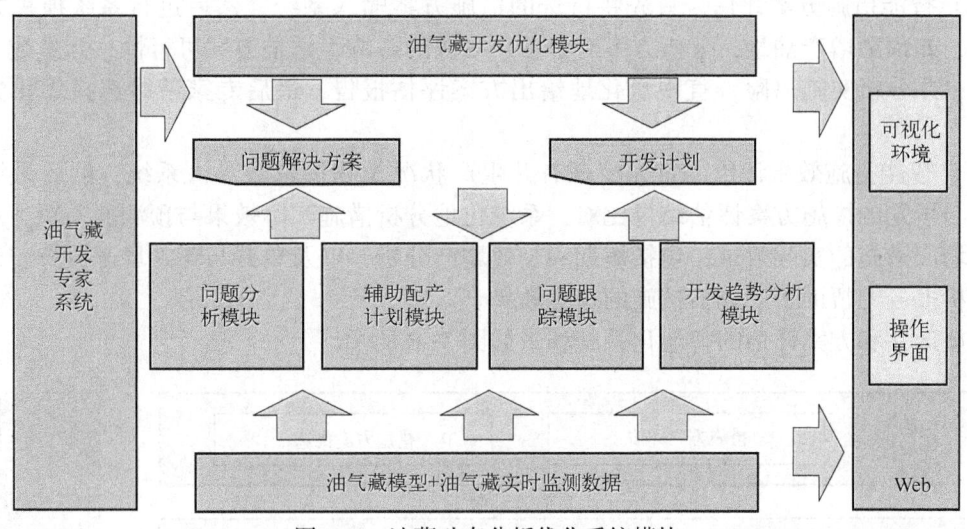

图 5-6　油藏动态分析优化系统模块

## 第五节　措施选井和方案评估智能化

实施措施闭环管理的主要目标是帮助措施方案设计人员加快设计进度，优化措施方案，提高措施实施的长期综合效果。在当前措施选井和方案评估业务中，措施选井、方案评估和优选、措施效果评价缺少信息化辅助手段，方案质量和效率提升尚有较大空间。措施效果分析需要制定明确的指标来分析投入产出比，同时增加分析维度，包括短期和长效增产分析，以及单井与邻井增产分析。通过实施措施闭环管理，实现措施选井和方案评估的智能化。

措施闭环管理业务场景如图 5-7 所示，包括三个核心组成部分：

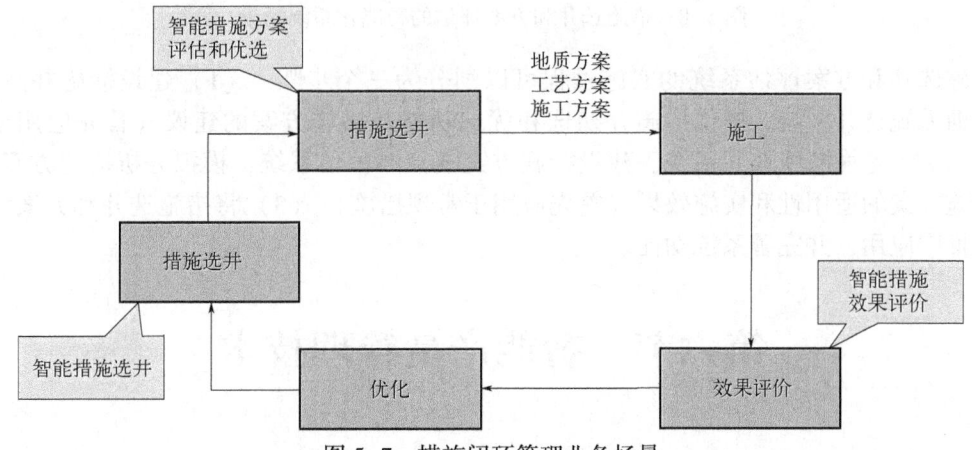

图 5-7　措施闭环管理业务场景

（1）智能措施选井。首先将详探成果、现有井生产状况及物性参数导入系统，然后通过系统对全区块进行扫描和因素分析，根据经验模型优化选井，最后专家根据系统的优化建议确定选井方案。

（2）智能措施方案评估。首先将待选的措施方案输入系统，然后进行系统模拟方案实施效果，如预测增产油量，分析方案对单井、区块的影响，评估方案可行性、开发成本和作业时间，并分析实施风险，直观量化地给出方案评估报告，最后专家最终选择优化的措施方案。

（3）智能措施效果评价。首先将现有井生产状况及物性参数导入系统，然后系统将增产效果与早先的措施方案评估结果比对，系统化地分析措施实际效果与预测的差距，从多维度分析增产措施的实际效果，包括短期和长效增产分析，以及单井与跨井增产分析，最后专家在分析报告的帮助下，评估措施的综合效果。

措施选井和方案评估的智能化系统场景如图 5-8 所示。

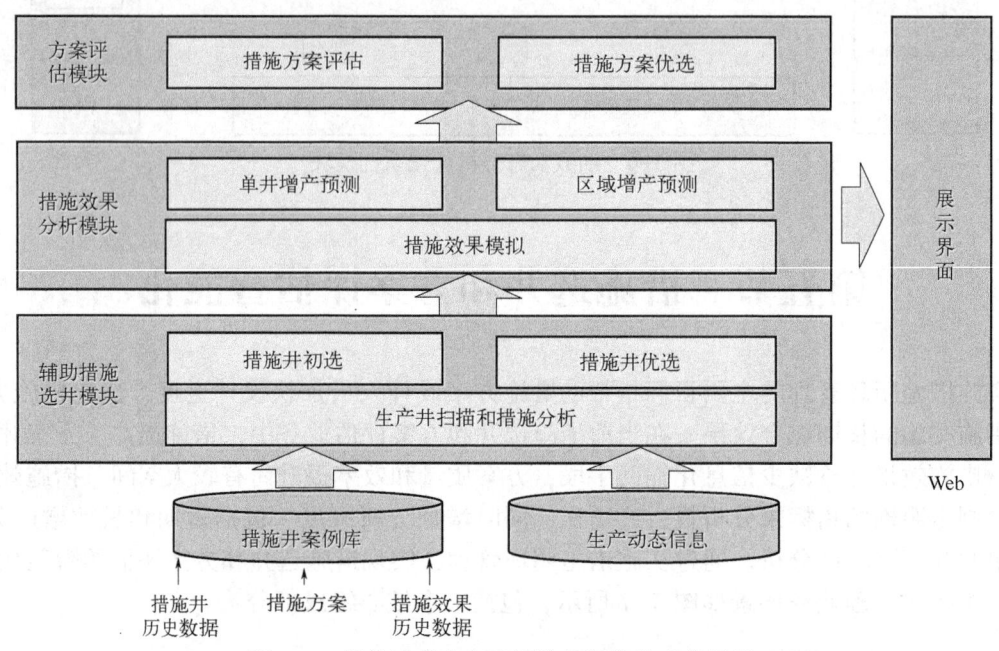

图 5-8　措施选井和方案评估的智能化系统场景

措施选井和方案评估系统的实施过程可以划分为三个步骤：（1）建设措施井案例库，建设辅助措施选井系统，提供措施井初选和优选功能及措施方案的建议（首先应用于常规措施）；（2）完善措施选井系统，建设措施方案模拟和评估系统，模拟分析措施方案效果，评估措施方案的适用性和实施效果（首先应用于常规措施）；（3）将措施选井和方案评估辅助系统推广应用，并完善系统功能。

# 第六节　智能产量管理技术

## 一、智能产量管理技术主要内容

智能产量管理技术可以概况为两方面的内容：（1）产量趋势预测和预警；（2）产量变化因素分析。产量趋势预测和预警的主要目标是根据产量构成分析，在单井预测和油藏模拟的基础上，科学预测产量趋势，根据生产经验和区块情况，对超出正常范围的区块产量、综合含水变化进行预警。产量变化因素分析的目标是实时反映实际产量相对于计划产量的异常变化，对造成产量变化的各种情况进行检查和分析，包括增产、减产因素分析两种情况。

智能产量管理的目标是建设产量变动分析和趋势预测系统，在单井分析和油藏分析的基础上，分析产量变动因素，采用常规递减分析、同类型对比预测等多种手段，科学预测区块、油藏、油气田三级产量趋势，并比较生产情况进行预警，提升对产量趋势的宏观掌控能力。

产量变动分析和趋势预测系统的功能包括：（1）产量变动因素分析，重点关注增产原因分析和产量损失原因分析；（2）单井产量预测，涵盖新井产量预测、老井产量预测、措施井产量预测，产量预测方法包括常规递减、手动拟合、同类对比等；（3）油藏分析和预测，重点关注含水预测和措施效果预测；（4）产量综合计算和展示，根据产量构成情况，进行产量汇总计算，并以图形展示，对超出正常范围的区块产量、含水变化进行预警。

## 二、产量管理智能化系统

建设产量变动分析和趋势预测系统可以达到的预期效果是把握整体产量情况，辅助生产决策，通过图形化的方法直观表示产量变化、产量构成，利用数学模型和历史数据，对产量趋势进行预测，为生产管理提供科学决策依据，找出产量变动原因，为生产管理提供依据。

产量变动分析和趋势预测系统的系统结构及应用场景如图 5-9 所示。

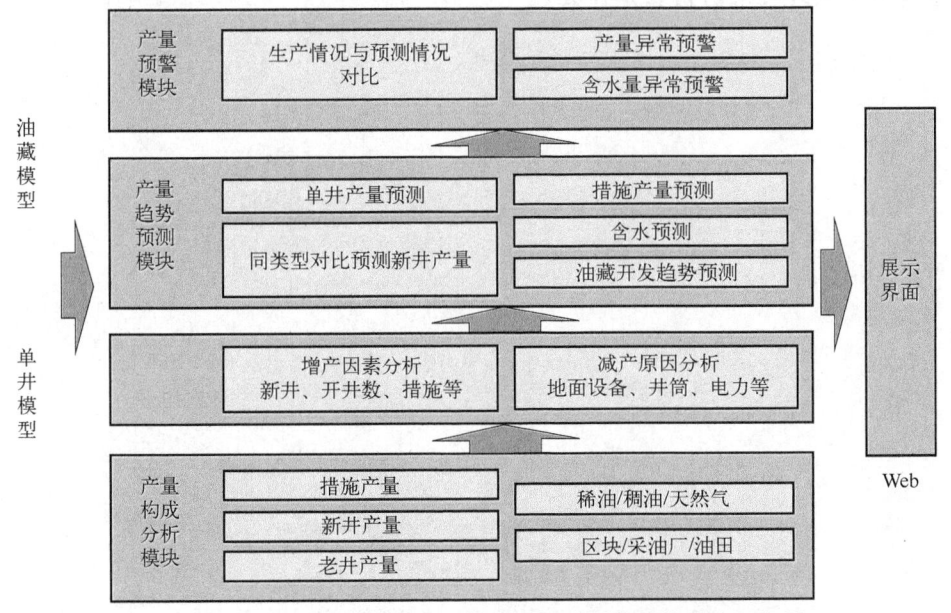

图 5-9　产量变动分析和趋势预测系统的系统结构及应用场景

产量变动分析和趋势预测系统的实施可分为两个阶段：（1）建设产量变动因素分析、区块一级的产量趋势预测和预警系统，建立各类分析手段的数学模型。首先进行单井产量变动因素分析，然后基于单井产量分析进行区块和整体预测。系统实施效果验证；（2）系统实施效果验证，即进行采油厂和油气田公司一级的建设，形成整体预测和预警，完善产量综合计算和展示方法，基于油藏分析进行预测修正。

## 三、产能方案管理

产能方案管理的目标是开发方案实施过程跟踪，根据实施情况提出方案调整建议，根据开发情况、油藏模拟分析结果，提出开采优化方案，开发知识和经验的积累、提取和加工利用，并提供多专业、多部门的协同工作环境。

产能方案管理业务需要打破专业限制，提高协作效率。目前缺乏油气田开发方案编制的跨部门、跨专业合作团队，导致在油气田开发方案管理工作流程中出现不必要的复杂性。同时，知识管理有待加强，需提高方案编制和调整相关知识及经验的积累与利用能力。

## 复习思考题

1. 智能油气藏开发管理的主要内容有哪些？
2. 油气藏数值模拟技术是什么？
3. 油气藏动态监测模拟智能化技术的内涵是什么？
4. 监测和优化注采关系智能化技术的内容是什么？
5. 智能油气藏动态分析优化技术的内涵是什么？
6. 措施选井和方案评估智能化内容包括哪些？
7. 智能产量管理技术的内容是什么？

# 第六章　智能油气开采技术

智能采油技术就是通过在井中安装传感器、控制开关及数据传输系统，取得井下油层生产数据，并能够在地面进行数据的实时收集和分析。其核心技术就是通过智能完井技术，实现对井下各生产井段进行封隔控制，通过安装井下节流控制设备和井下永久性监测控制设备，达到延长油井稳定开发和减缓见水见气的目的。对生产井的流态和井底流压的实时监测，有利于制定最优的生产制度。通过智能完井，实现从地面控制、监测、分析、管理多层段或多分支油井生产情况，保持生产井稳产，提高波及效率，对各井段产量进行控制，控水控气，减小各生产井段之间的干扰。

## 第一节　智能采油技术的研究现状

智能采油技术最早于 1995 年应用于萨迦石油公司的斯诺里油田中，是将传感器、控制开关与数据传输系统安装于井下，有助于实现分层时控制采油与分层压力的实时监测，了解井下油层生产数据，且能够在地面获取数据及分析数据；另外，该技术还能够实现远程控制油气井。智能采油技术具有显著的优势，不仅能对井下温度、压力进行实时监测，这对油井生产参数的优化发挥重要作用，而且还能监测邻近油水井的生产情况，使层间矛盾对油井产能的影响减小，油井产能得到充分发挥，大幅度提升油井开发效果。对于海底或者深水来说，智能采油技术能够降低以往昂贵的作业成本，使得经济效益收获更大。

### 一、智能抽油机发展现状

智能抽油机是主要以抽油机传感器技术、智能控制系统、智能配套技术为核心的新型油气生产设备，其中，传感器及监测数据自动传输至智能控制器，控制器集成微处理器和自适应控制模块，具备运行状态实时监测、工况自动分析、监测设备本地闭环控制等功能。

美国拉夫金公司、NSCO 公司、APS 公司等生产和应用了大量自动化抽油机，具有自动化程度高、运行高效、功能强大、适应范围广等优点。美国 Lufkin 公司研制的抽油机控制器通过井下示功图来实现防抽空控制和产量推算，控制器可以对集中工况进行定性和定量计算，这提高了产量计算的精度，同时减少了传统测试的需求，同时具有防止泵抽空功能，通过泵充满度来自动调节运行冲次，从而实现油井产量最大化。

另外智能抽油机配套技术上的大量改进提升了智能抽油机的工作效率。例如，为改善抽油杆偏磨，国外研制了 HerculesERR 抽油杆转动系统，由低压电机、旋转传感器、转动器和控制系统组成，可进行常规抽油杆转动器状态检测，并根据抽油杆受力情况，及时通知操作人员调整转速，降低了抽油杆的旋转扭曲和摩擦损耗。也可以进行人工系统的远程监测、警报，使摩擦损耗平均分布于抽油杆及联轴器，增强了系统稳定性，减少了停机时间，能有效降低大斜度油井的早期磨损。

Black Gold Pump and Supply 公司推出了一种新式液压油管锚新技术，与常规机械式油管锚相比，该液压油管旁路面积大，能够有效防止砂桥、气/液栓形成。此外，液压锚只有一个由压力控制的移动部件，避免了油管转动，降低了相关风险，流线型设计还大幅降低了结垢概率，同时具有回收简单、操作方便等优点。该液压油管锚已安装超过 5000 套，在减低作业成本、提高设备利用等方面具有广阔前景。

随着物联网、大数据等新型技术的飞速发展，国外智能油田建设呈现出"自动化、智能化"的特点，成效最为显著的成果之一是机采井远程监测优化技术，通过物联网技术将现场智能化传感器、本地控制单元与远程控制中心进行连接，实现生产数据远程监测、工况智能诊断、潜在方案优化。

斯伦贝谢公司的 Lift IQ 人工举升监测系统具有数据采集传输、平台诊断优化、方案优化、虚拟计量等功能，使用 DesignPro 软件和 PIPESIM 模拟器来优化 ESP 的电力成本，每口油井每月节电 16%，每年可节约 79000 美元。在俄罗斯 ESP 井作业优化中，通过 Lift IQ 服务，减少了 27% 的停机时间，提高了整体举升效率。

GE 公司 Field Vantage 远程监测系统由油井本地控制单元、传感器、通信网络、优化软件、物理服务器、终端显示等组成。该系统兼具本地闭环控制功能及远程监控优化功能，可兼容抽油机、螺杆泵、电泵等绝大多数举升方式，可以本地及远程智能调参、利用生产数据分析优化，在全球范围内应用超过 9000 口的抽油机井，超过 10000 口的电潜泵井。

## 二、智能采油平台

随着经济社会的发展，我国的石油开采已经普遍推广并应用了机械化、自动化运行的生产模式，随之而来机采井的数量出现了大幅增长。随着石油开采井的增多，开采用管杆磨损严重，设备集成化程度不高，存在设备不兼容、重复投资等现象。因此，在有条件石油开采区引进消化吸收智能化、集约化、平台化的新型开采平台显得尤为必要。同时，企业内部要整合资源，大力发展采油平台集中监测、智能调峰、优化设计等调控技术，从而不断适应油田智能化和集成化的发展要求，不断提高生产运行效率和企业管理水平。

### 1. 基于边缘计算的智能化闭环调控系统

边缘计算是指在生产数据源头的网络边缘位置，打造数据检测、分析、运算及存储为一体的分布式管理平台，实现生产边缘数据的实时分析和智能化处理的智能运算技术。基于边缘计算的机采技术本质上是一种本地闭环数据检测分析处理技术，由于无须经过通信系统和中心处理器远程调控，具有低投资、快应答的特点，特别适合现场人员对设备进行精细化调节的要求。未来机采井智能化闭环调控系统将会减少人工调控，更多依靠油井自我感知、自我监控、自我调控，实现无人值守、无人采样的智能化、数字化开采的发展模式。

### 2. 物联网+大数据平台

目前国内的数字化石油开采工作还处于起步阶段，长庆油田、胜利油田等虽然建成了机采井融合物联网运行的试验采油平台，但是在实际运行中还是存在智能集成化程度不高、监测数据精度有待改善等问题。未来，有必要借助人工智能、物联网等新技术，建立针对石油机采井平台的物联网大数据整合平台。

## 第二节 智能井管理技术

智能井是指在完井时安装了传感器、数据传输系统和控制设备，可在地面进行井下油气生产信息的数据收集、分析和远程控制，以达到优化产能目的的井。智能井利用放置在井下的永久性传感器实时采集井下压力、温度、流量等参数，通过通信线缆将采集的信号传输到地面，利用软件平台对采集的数据进行挖掘、分析和学习，同时结合油藏数值模拟技术和优化技术，形成油藏管理决策信息，并通过控制系统实时反馈到井下对油层进行生产遥控、提高油井生产能力和储层控制能力。

智能井系统为单井问题快速扫描、诊断，代替人工处理，单井问题及时处理，提高单井管理水平，分析单井生产趋势，为生产决策提供辅助，主动优化单井生产，提高单井生产效率。智能井系统体系如图6-1所示。

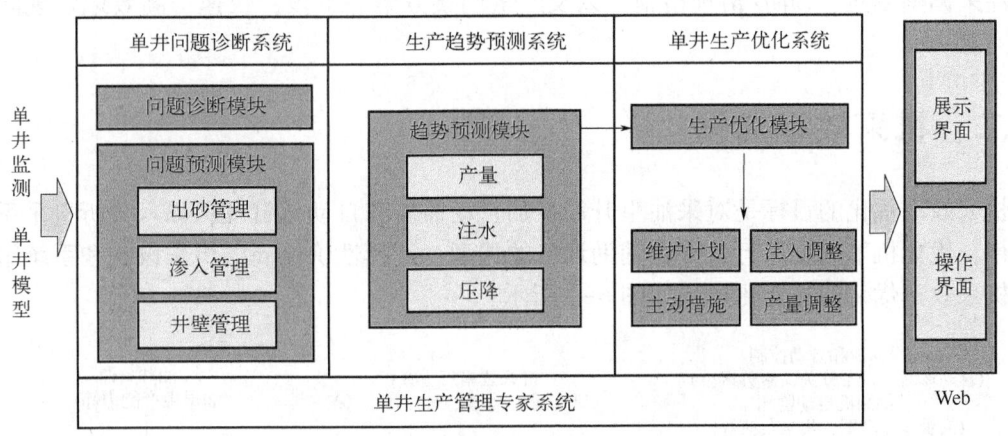

图6-1 智能井系统的体系特征

智能井管理依托智能单井系统实现控制管理，主要包括井问题诊断（据监测信息进行问题自动分析和预警、实现，问题快速诊断）、生产趋势预测（采用多种算法和模型进行产量趋势预测和注入量预测，进行压降趋势分析、采收率趋势分析）、单井生产优化（利用历史经验和模拟分析成果，进行常规调整建议和方案模拟，提出主动性措施建议并进行方案模拟，进行产量和注入量调整建议和模拟），覆盖了不同类型井，例如采油井、气井、注水井等。

### 一、油气井分析预测和优化

油气井分析预测和优化的目标是基于油气井动态模型进行单井问题分析、问题趋势和产量趋势预测，并利用专家系统提出主动性措施方案和优化调整方案。油气井分析预测和优化的智能化场景如图6-2所示。

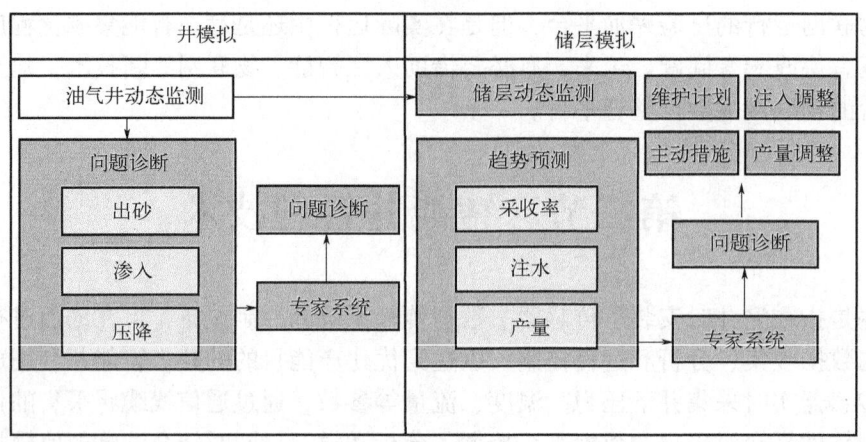

图 6-2　油气井分析预测和优化示意图

油气井分析预测和优化系统主要分为两个方面的模块，一个是井模拟，另一个是储层模拟。通过对油气井的动态监测，开展生产过程中的出砂、渗入、压降变化的问题预测分析，导入专家系统，形成问题及诊断后，分析各单井间的相互关系，形成储层的动态监测系统，对采油量、注水量、采水量等趋势进行预测，经专家系统优化分析后，建立起适宜的维护计划、注采调整方案、预防/治理措施，以及产量调整方案等手段，快速、高效地发现问题和解决问题。

## 二、机采效率优化

机采效率优化的目标是对采油举升设备的自动监测和自动化管理；深入分析机采系统运行规律，优化机采系统运行效率；辅助设备的选型，选择性价比高的机采设备和系统组合。机采效率优化的智能化场景如图 6-3 所示。

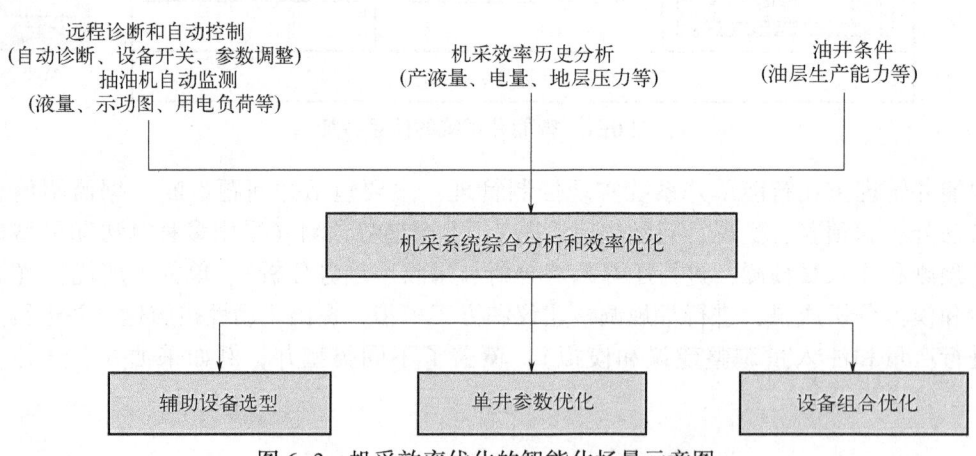

图 6-3　机采效率优化的智能化场景示意图

## 三、井场管理

井场管理包括智能油水井管理和智能气井管理。

1. 智能油水井的管理

智能油水井管理的目标是通过使用地面驱动的井底阀、井底温度、压力传感器、流量计等仪器，对各个产层进行监测和控制，包括对各分支井眼进行隔离、测试和调整等，从而实现对油气藏进行主动控制，并达到维持油井最高产量、延长油井经济寿命、加速生产、提高原油产量、降低水产量等目的。

智能油水井管理的监测主要采用永置式井底温度和压力传感器、永久性井底多相流量计、地震检波器、电极技术等。控制设施包括可远程控制的可变设置的节流阀、地面驱动的井底阀。

智能油水井主要用于以下四个方面：（1）优化按次序开采，从地面远程打开关闭各个产层，可节省修井费用，提高产量；（2）实现多层合采，通过设置控制阀控制层体流动，避免层间窜流，可放宽合采条件，提高产量；（3）灵活调整多分支井，持续监测，分析确定各井眼最佳产量，然后实时调整各分支井眼，可加速生产，保持高产量；（4）在注水井方面，通过井下控制阀控制注水量，降低产水量。

智能油水井管理的智能化场景如图 6-4 所示。

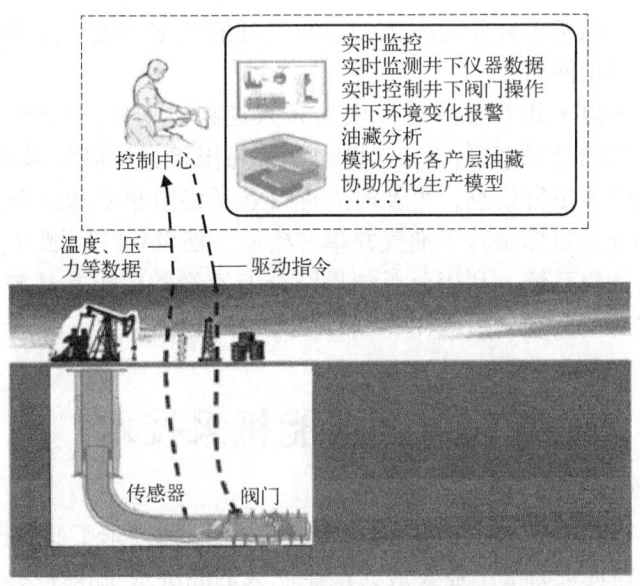

图 6-4　智能油水井管理的智能化场景示意图

2. 智能气井管理

智能气井管理的目标是通过采用规模化推广的自动化技术和传感器技术，即井口控制器和井下传感器的实时数据采集与处理，经无线通信网络传输到工区计算机进行监控和处理分析，实现气井生产全过程自动化管控，达到全岗位无人值守，全过程自动控制，从而减轻劳动强度，降低操作成本，提高排采效率。智能气井管理的智能化场景如图 6-5 所示。

智能气井的数据采集内容包括以下几项：井下温度、压力、流量等生产数据；电压、电流、功率、电度、用电量等电参数；电动阀、注水泵、储油罐、加热炉等状态参数；红外、

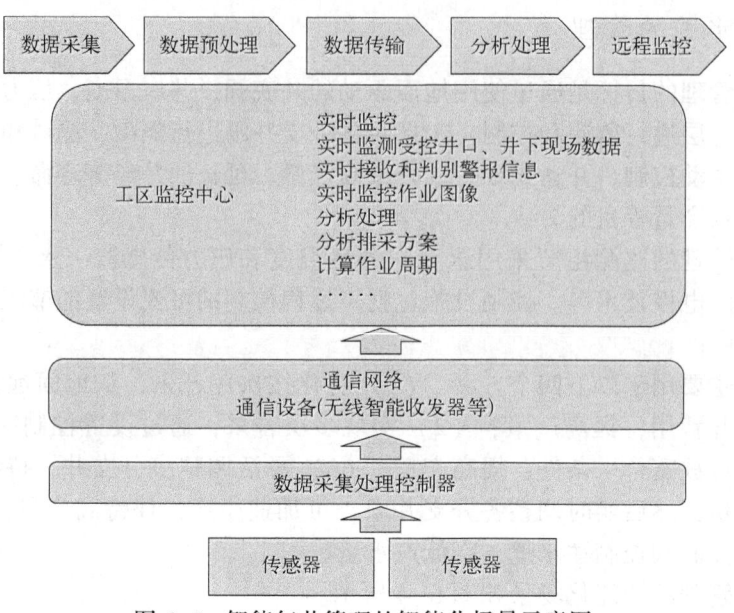

图 6-5　智能气井管理的智能化场景示意图

震动等安全检测数据,以及单井监控图像。智能气井的数据传输主要采用传感器传输光纤、井场光纤网络、无线通信网络。

智能气井主要用于以下几方面:(1)实现排采巡检自动化,取代人工巡检抄表,实时采集数据,反映每口井的排采情况;(2)自动预警与报警,检测结果出现异常且达到预设要求时,自动发送预警或报警信息,可及时处理(包括参数超限和防盗报警)。

智能单井系统的开发目标是基于油气井单井模型,建设单井问题分析、问题趋势和生产趋势预测环境和生产优化系统,利用分析结果结合专家经验提出常规整、主动性措施方案,并基于大量的油气井生产数据分析规律,进行单井生产优化。

## 第三节　智能机采技术

视频 6-1　智能人工举升

智能机采(视频 6-1)技术在我国石油开采工业发挥着重要作用,能够有效地促进石油工业发展,产生巨大的经济效益和社会效益。长庆油田的数字抽采技术、吉林油田的电参数检测技术、中石化的多参数调控技术等数字化集成技术为机采井迈向智能化发展积累了宝贵的经验。

### 一、机采井智能化技术

机采井智能化的建设,主要包括三个方面的内容,分别是机采井监测技术、机采井诊断技术、机采井优化控制技术。

**1. 机采井监测技术**

机采井监测系统由油井传感器、RTU 设备、传输网络等组成,如图 6-6 所示。

图 6-6 机采井监测系统示意简介

传感器将监测到的油井状态数据转换为电信号传输至 RTU（Remote Terminal Unit，远程终端模块），RTU 控制模块识别电信号，并通过网关与通信网络连接，利用通信网络将油井状态数据传输至后台服务器，进行数据存储、调用和处理分析。传感器包括载荷传感器、位移传感器、转速传感器、电参数采集单元、压力传感器、温度传感器、扭矩传感器等。载荷传感器和位移传感器分别实现对悬点载荷及位移的实时监测，生成地面示功图。电参数采集单元监测控制柜电流、功率等电参数据。温度传感器、压力传感器主要监测采出液温度、压力。无杆举升系统安装有井下传感器，监测电流、压力、机组振动等参数。机采井生产参数的实时监测，为工况诊断和方案优化提供依据。近几年发展比较快的智能传感器，将传感器与微处理器集成在一起，与传统的传感器相比，具有参数检测、数据处理、人工智能等特点。

RTU 是一种以微处理器为基础的智能装置，以标准的模拟和数字输入、输出信号，与生产现场的仪表及控制设备相连，实时采集监测工艺参数，利用编程实现就地控制，同时把监测数据通过通信接口回传给远程控制中心。RTU 具备数据通信、状态检测、数据存储、逻辑控制功能和计算功能。传统的 RTU 无显示器和操作键盘，设备功能较少。随着技术进步，最新的 RTU 设备与控制装置集成在一起，具有可视化、易操作、智能化等特点，同时具备数据检测、PID 控制、数据通信和计算功能等功能。

通信网络是传感器、井场 RTU 与后台监测中心的信息通信媒介，用于监测生产参数和状态参数的传输及控制指令的发送。目前常用的通信网络有无线通信和有线通信两种方式。无线通信方式有无线广域网、Wi-Fi 网络、无线数传电台、卫星通信及 ZigBee 网络、无线网桥中继等，主要用于距离短、数据容量小、地形复杂等环境，具有流量低、成本低、现场施工维护方便等优点。有线通信中应用最多的是光纤，光纤传导性能良好、光纤网络传输速率快，传输数据量大，数据不易受外界环境影响，安全可靠，但是自身成本高、安装复杂，且维护检修困难，目前主要用于重要站点、井场的视频监控，以及办公场所的信息传输。

## 2. 机采井诊断技术

机采井诊断技术主要是地面示功图分析法，由悬点载荷以及悬点位移生成地面示功图，进而开展示功图诊断分析。应用较多的有 API 类比分析法，主要通过将实际测得的地面示功图与标准示功图对比从而诊断抽油机运行状态。该方法很多条件都是理想条件，导致应用过程中存在一定偏差。地面示功图的另外一个主要应用是开展产量计量，在各大油田都得到大量应用。示功图计产技术经历了定性到定量的发展历程。目前，在大庆油田、大港油田应用较多的示功图计产技术将示功图诊断与液量计量相结合，计量精度更高。

美国 SGGibbs 等率先提出了有杆抽油系统的井下泵示功图诊断技术。该技术利用地面示功图求解波动方程来推导井下泵示功图，进而开展故障诊断分析。该方法排除了杆柱变形、振动和惯性等因素的影响，诊断精度更高，更为可靠。目前该方法已成为国内外学者研究的重点。传统的示功图诊断方法主要通过模式识别技术，随着计算机技术进步和油田数字化建设，人工神经网络、支持向量机、矩特征法等技术广泛用于抽油泵的智能诊断，使得诊断精度和效率大大提高。其他方法如坐标变换方法、灰色理论法则应用较少。综上所述，井下泵示功图诊断方法通常与计算机技术、网络技术紧密结合，形成远程智能分析诊断综合平台，能有效地提升工况分析诊断的效率和精度。

另外还有电参数法，是指基于监测电参数，间接计算悬点示功图，进一步开展工况诊断分析。冯国强等人提出基于油井实测电参数，结合抽油机动力学及运动学原理，建立了油井工况动态分析模型。燕山大学陈培毅等人由电动机转速及其机械特性曲线获得电动机的输出轴扭矩，继而通过扭矩系数法转化出悬点载荷。山东科技大学利用高速采集三相电参数，在抽油机示功图模板基础上，结合专家系统与神经网络的技术优势开展故障进行诊断。

电参数诊断技术在吉林油田（图 6-7）和大庆油田得到了应用。

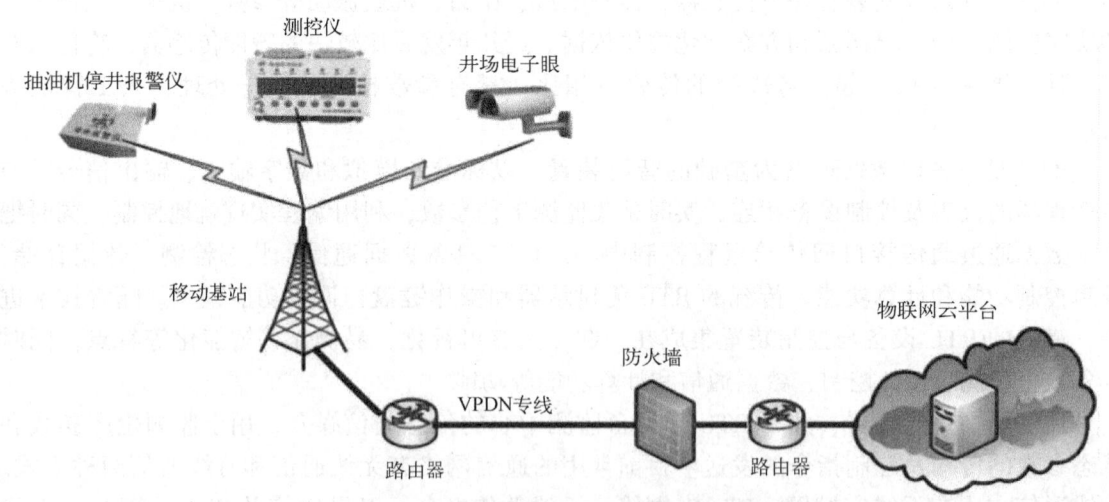

图 6-7 吉林油田电参数诊断技术示意图

吉林油田电参数诊断技术取消了示功仪、RTU 等设备，成本低，实现停机检测、电参数工况诊断优化、清蜡数字管理等功能，累计应用超过 10000 口井。大庆油田基于电参数的示功图诊断技术，累计应用超过 200 口井，示功图计算精度超过 95%，该方法解决了传统载荷传感器费用高、寿命较低、需要定期标定等问题，具有广阔的推广应用前景。

### 3. 机采井优化控制技术

1) 平衡度优化控制

游梁式抽油机承载周期性变化的交变载荷，曲柄平衡状态对机采能耗、设备寿命影响巨大。抽油机合理平衡度应保持在 0.8~1.2 之间。目前国内各油田进行平衡度优化控制的方法大致有两种，一种方法是对抽油机结构改进，安装平衡调节装置，长庆油田数字化抽油机在游梁尾部配备平衡自动调节装置，具备平衡度自动判定、最佳工作冲次判定和调整自动调节平衡力矩、远程调控等功能，累计应用超过 20000 口井。中国石油大学（华东）在曲柄平衡块上加装电动调节装置，根据"最小功率"平衡法，对抽油机平衡度进行自动调整，取得了一定效果。另一种方法是采用变速优化运行方法进行平衡调整，如大庆油田针对抽油机"大马拉小车"、平衡效果差等问题，研发了抽油机柔性动态控制技术，实现了由电动机恒速变功率运行向恒功率变转速的转变，有效解决了抽油机平衡问题，累计应用超过 1100 口井，电动机功率峰值降低明显，节电率 17.0%，该方法具有无须改造设备、调节方便等优点。

2) 井下泵充满度的优化控制

当油井沉没度较低时，容易发生供液不足现象，导致泵充满系数低，影响产量，同时下冲程易产生液击现象，影响设备寿命。针对以上问题，需要开展基于井下泵充满度的优化控制，通过诊断供液不足，自动调节抽油机冲次，等待动液面恢复，始终保持泵充满度处于合理范围，保证油井保持合理产量和较高的系统效率。

随着油田的逐渐开发，国内油田相继研发出抽汲参数优化技术、抽油机二次提捞技术、间隙采油技术，这都是优化动液面和提高泵效的有效手段。

3) 工作制度方面的优化

最新涌现的新式抽油设备，如长冲程抽油机、塔架式抽油机等，均以"长冲程、低冲次"的举升理念为目标，有效提高了油井举升效率。同时，在工作制度优化方面，针对低产间抽井液面波动大、间抽工作制度执行难度大等问题，大庆油田提出"停泵不停机"的高效间抽举升理念，实现了单井个性化不停机间歇采油，现场试验超过 1500 口井，平均节电率 35%。

4) 抽油机电流系统优化

抽油机不平衡条件下易产生负功，导致电网冲击、机采能耗增加，通过在变频器上加装能量回馈单元来将倒发电反馈给电网，但存在谐波污染，干扰电网正常运行。

为此，国内油田引入了抽油机共直流母线节能群控技术，共用一台变压器和整流滤波器，实现三相交流电向两相直流电转换，两相直流电共用直流母线输送到单井，单井配备"直—交"逆变终端，实现变频调控、直流母线输送、馈能合理利用，实现多井的"错峰运行"，大幅降低机采能耗。该技术在胜利油田、大庆油田应用超过 800 口井，平均节电率 15% 以上，实现变压器减容 50% 以上。

## 二、智能柱塞气举工艺

柱塞排水采气工艺是间歇气举的一种特殊形式，是以柱塞作为气、液之间的机械界面，利用气井自身能量推动柱塞在油管内进行周期地举液,能够有效地阻止气体上窜和液体回落,减少液体"滑脱"效应,提升间歇气举效率,达到增加产气量、降低产量递减速度、延长井的生产寿命的目的。与智能控制系统结合后,可根据气井运行数据、柱塞到达、柱塞速度等信息通过远程控制软件对工作制度进行优化分析,并进行新的设置,实现气井的远程控制管理。

开关井柱塞运行过程如图6-8所示,可分为四个阶段:(1)当关闭井口时,柱塞在自身重力作用下在油管内穿过气液进行下落,直至到达井底卡定器上坐稳;(2)柱塞在卡定器上停留一段时间,液面通过柱塞与油管的间隙上升至柱塞以上;(3)井口打开,生产管线畅通,套管气和进入井筒内的地层气向油管膨胀,到达柱塞下面,推动柱塞及上部液体离开卡定器开始上升,直到柱塞到达井口;(4)环空套压迫使柱塞及柱塞以上的液体继续上行,当柱塞到达井口后,油压会继续增加,套压降到最小值。

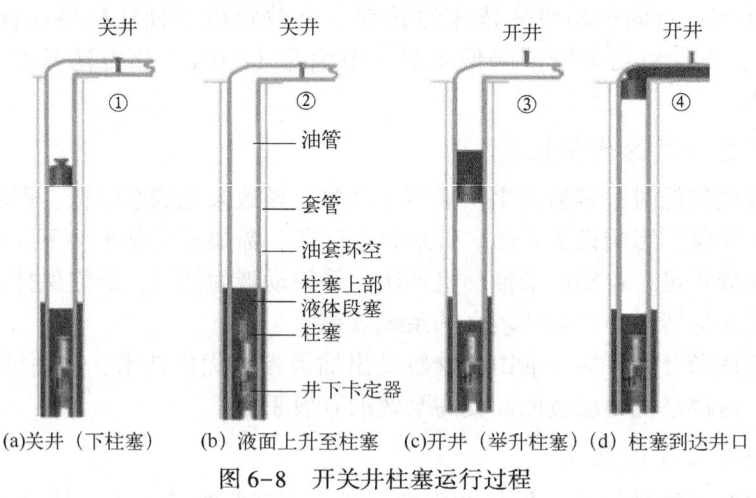

图6-8 开关井柱塞运行过程

### 1. 工艺流程

智能柱塞气举工艺具有配置灵活、数据采集精度高、适应性强、安全性高等特点。无须到现场,即可进行参数调整及制度优化,保证气井排液效果,降低了现场管理劳动强度,符合数字化油田的发展趋势。整个工艺流程由井口装置、远程控制系统、远程控制平台组成。

远程控制系统(图6-9)由控制器、到达传感器、数字压力计、电磁阀、数据传输系统组成。其中控制器是控制系统的核心装置,用于执行柱塞气举控制算法及远程开关井指令;到达传感器主要检测柱塞到达、跌落情况,用于计算柱塞上升速度及悬停时间;数字压力计用于实时监测气井油、套压力;电磁阀用于执行薄膜阀开关;数据传输系统用于保障柱塞运行数据和远程控制指令的准确可靠。远程控制系统安装如图6-9所示。

远程控制平台具有远程开关气井、设置运行参数、查看历史数据、查看操作记录、监测异常报警等功能,可对油套压、气液量、柱塞速度、制度情况、实时曲线进行实时监控,对生产报表、小时记录、分钟记录、操作记录的数据进行监测,拥有时间、压力、保护设置的优化模式,可以导出油套压、产气量、柱塞到达等数据运行曲线,实现了柱塞气举实时调参、远程控制和生产管理,达到单井精细化管理、降低现场人员作业强度的目的。

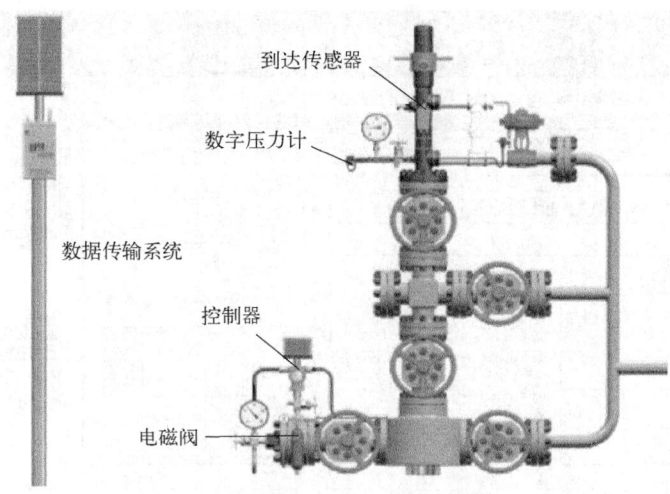

图 6-9 远程控制系统图

## 2. 典型的水平井柱塞工艺

### 1）存在问题

哥伦比亚的 GreatSierra 气田大约有 1750 口水平气井，初期产量 $5.6×10^4 m^3/d$，12 个月后降至 $1.4×10^4 m^3/d$，36 个月后至 $1×10^4 m^3/d$，其临界流量 $1.2×10^4 m^3/d$，出现了较为严重的水平井积液的问题：在水平段，当流速较小时，液体开始积聚在井眼轨迹低洼处，分层流和段塞流成为主要的流态。很多气田的实践证明：液体的举升过程也受液体蒸发的影响，液体蒸发成气体举升至地面，甚至有些井主要采用蒸发的方法来举升液体。可根据液体的举升过程来进行柱塞性能的优化，在 Jean Marie 气田的经验表明，柱塞举升技术也可以成功地应用于蒸发井中。然而，在一些井中存在地层液体"猛击"水平井的井筒现象，液量较多时，他们可能增加柱塞举升的难度。没有足够的能量举升液体到减震器弹簧的上方，在较低的压力，减震器弹簧和油管末端之间有较大垂直距离的井中，这个问题通常会更严重。

然而，在一些井中存在地层液体"猛击"水平井的井筒现象，液量较多时，他们可能增加柱塞举升的难度。没有足够的能量举升液体到减震器弹簧的上方，在较低的压力、减震器弹簧和油管末端之间有较大垂直距离的井中，这个问题通常会更严重。单纯使用常规的水平井中止回阀改善上述问题会存在较为明显的局限性：减震器弹簧通常下入井斜角 45°处，但在 Jean Marie 气层中，减震器弹簧可以下降到井斜角 50°~60°处。在大斜度井段下入止回阀后导致关井期间液体经止回阀泄漏，在快速柱塞举升周期中不明显，但在下入段井斜角大于 45°且流动时间和关井时间过长的情况下，泄漏更严重。

### 2）智能化柱塞工艺

有生产商开发了一种新的软件 SCADA，该系统的控制界面如图 6-10 所示。流动时间的长度可以由最小速率设定点和套管/油管压差及最大持续时间这三种方式控制。该软件系统增加了使用套管/油管压差来控制流动时间的长短，有自我优化的功能，在最小关井时间后期有多余的能量时，增加设定点可以增加的液体载荷。在最小速率设置点时关闭井，所需的液体载荷也会随着递减设定点液体流动周期下降。

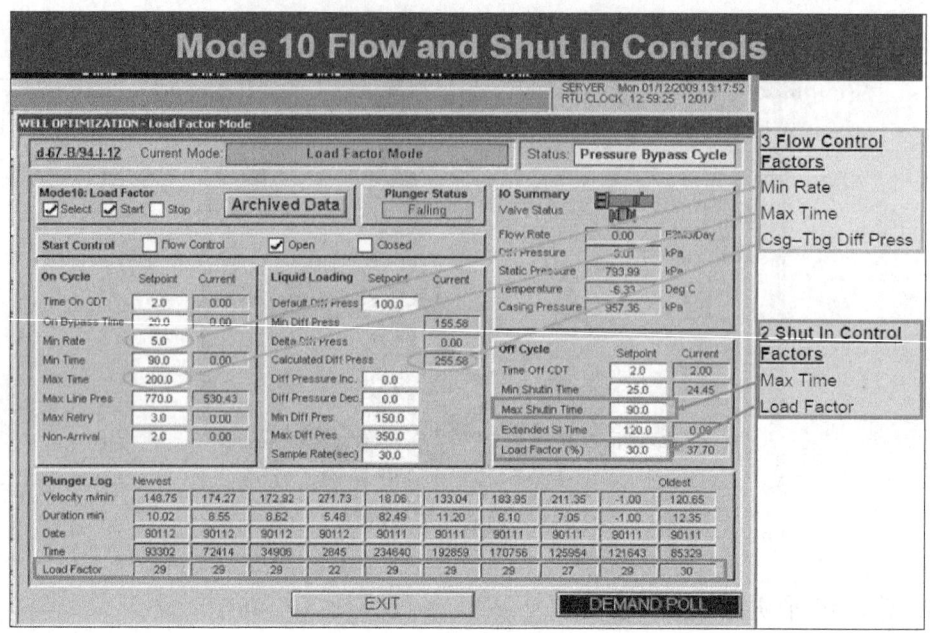

图 6-10 系统控制界面

柱塞气举最佳的负荷因子为 40%，但它的取值取决于能量和负载特性。如果负荷因子超过 45%，气举将会下降并开始加载液体。图 6-11 显示了负荷因子设定点从 20%~40% 的变化。

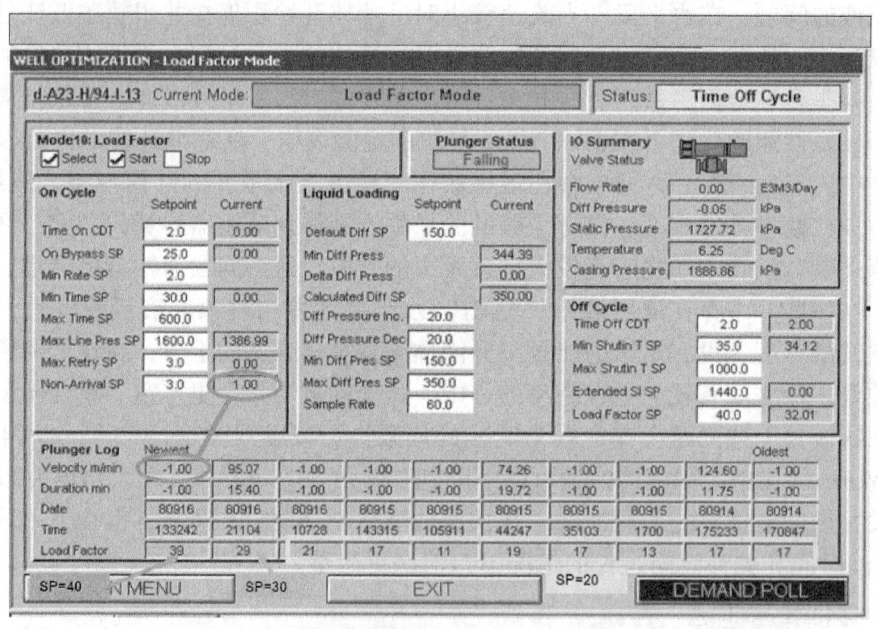

图 6-11 负荷因子设定点从 20%~40% 的变化

冬季操作时温度会低于 40℃，在控制系统工作 10 天后会出现单向阀冻结，这会造成流量表不准。大多数情况下，可以多方式控制流动时间，以防止在井中最大流动时间达到或套管/油管差设定点而造成超时负载。多个方式控制流动时间，可以保护井安全加载。

较慢的举升频率意味着柱塞举升的次数减少，为了帮助克服这一缺点，该软件具有数据归档功,操作者可以设定 10s 或更高的采样速率。控制柱塞的关键数据保存在井场远程终端设备中。气体速率、油管压力和套管压力在选定的高频下采样。这个较高的采样速率对诊断柱塞参数(如下降时间和上升时间)有效。它还可以识别快速,慢速和无速柱塞举升。

## 第四节 智能注水技术

注水技术是提高和改善油田开发效果的主要途径。近些年油田注水技术迅速发展起来,由早期的笼统注水、偏心注水、同心注水等发展到现阶段的分层注水。为满足油田开采需求,分层注水技术正逐渐发展为自动化、一体化和智能化。

智能分层注水(视频 6-2)就是典型的智能注水技术应用代表,其核心是在于其控制系统:将原有的注水工艺结合高速智能的无线传输技术,实现了自动化调控和精准数据采集,实时监测和智能判断使得控制系统更加趋于智能化。

视频 6-2 注聚井分层智能配注

### 一、智能分层注水工艺

智能分层注水的主要工艺流程就是数据信号采集系统对采油井下面的各种信息数据温度、压力和流量等进行采集,相关工作人员通过地面上的控制系统对多级流量控制装置进行手动或者是自动调节。

具体的测调流程如下:(1)首先对油层进行分层,使用装置为穿越液控管线的隔离/定位密封;(2)然后再通过油藏监测系统对油井下每层相关信息进行监测,包含流量、压力、温度等,于是再将测得的实际信息传输到地面数据采集和控制系统;(3)得到井下的实际数据之后,就可以对数据进行分析,根据每层的配注量要求,得到每层多级流量控制装置水嘴的开度;(4)确定好开度之后,需要工作人员对地面控制柜操作调节相关的多级流量控制装置水嘴的开度;(5)油藏监测系统会对井下的数据进行实时动态监测,所以需要将其更新的数据反馈到地面;(6)根据最新的数据显示,对多级流量控制装置开度进行调整。

上述具体的测调流程需要不断循环优化,直至调配结果满足设计要求。通过该智能分层注水工艺技术的使用,能够较大程度地增加其注水精度,提高采油效率和效益。

测调工艺有两种不同的控制原理,一种是无解码器情况下的测压控制原理,另一种是含有解码器情况下的液压 3-2 控制原理。下面将对两种情况下的测调工艺原理进行分析。

(1)液压控制原理(无解码器)。这种控制模式的液控管线有 $N$ 根,然后控制 $N$ 个多级流量控制装置。其中一根液控管线控制所有的多级流量控制装置的关闭,然后另外的 $N$ 根液控管线分别对应一个多级流量控制装置,控制器开启。为了能够更加形象地说明其工艺原理,使用 3 根液控管线对 2 个多级流量控制装置进行控制,如果该装置需要关闭所有多级流量控制装置时,液控管线 1 进行打压,如果需要将某一层的多级流量控制装置进行开启,则只需要将控制其装置的对应液控管线直接打压即可实现开启。

(2)液压 3-2 控制原理(含有解码器)。该种控制模式就是在每层的多级流量控制装置的上端连接一个解码器,然后使用 3 根液控管线进行控制解码器,从而控制每一层的多级流量控制装置。该方式可以减少液控管线的根数。液压 3-2 控制原理如图 6-12 所示,3 根液控管线分别为1#、2#和3#，1#与解码器的关闭口连接，2#的连接有两个部分，一个是解码器的打压口连接，另一个是多级流量控制装置的关闭口，3#也与两个部分相连接，一个是解码器保压口，另一个是多级流量控制装置的开关。当地面控制柜对解码器进行开启指令，此时液压控制线的状态是3#打压、2#保压；当地面控制柜对解码器进行关闭指令时，此时液压控制线的状态是2#打压、3#保压。

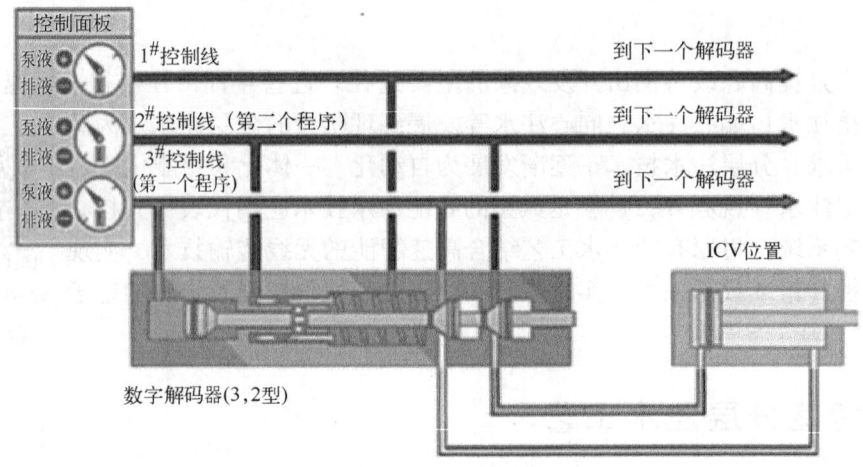

图6-12 液压3-2控制原理

## 二、智能分层注水设备

智能分层注水设备与传统的分层注水设备不同，能够实现自动化、智能化，对采油过程中的指标进行实时监控。在地面集成控制系统中有监控计算机、地面数据信号采集设备和地面控制器等（图6-13）。其中监控计算机和地面数据信号采集设备的主要作用就是可以对油井下面每层油层的流量、压力、温度等指标进行实时监测，然后通过地面控制器对井下多级流量控制装置进行自动或者是手动的控制，从而可以达到在线调节分层流量的目的。

在采油工程中，油层之间如果没有得到很好的分离就会造成层间串流现象，为了防止层间串流需要使用到一些仪器设备和工具，比如密封筒和防砂封隔器，在使用这两种仪器时需要配合使用定位密封和隔离密封，这两种密封是防止层间串流的重要工具。

多级流量控制装置要能够与液控管线进行连接，所以隔离/定位密封要有穿越液控管线的作用，如图6-14所示。

油井下面的多级流量控制装置由很多的部分组成，其中较为重要的几个部分有开启总成、关闭总成、防漂移锁和调节水嘴，如图6-15所示。

井下多级流量控制装置的主要作用是能够保持自身平衡，对地面进行控制，在井下安装等，其优势有调控等级较多，能够灵活控制流量范围，并且进度比较高。井下多级流量控制装置的控制逻辑为单相控制，由两个液控管线组成，其中一根控制阀关闭，另一根控制阀开启，液控管线由采油树穿出然后与地面液控系统进行连接，从而达到控制地面的作用。多级流量控制装置的数量有时会存在超过两个的现象，此时的液控管线数量就会增多，就会增加其复杂性，为了能够减少管线的数量，使用三根液控管线进行精准控制，需要采用解码器（如图6-12所示的液压3-2控制模式），通过给压顺序的不同对多级流量控制装置进行选择。

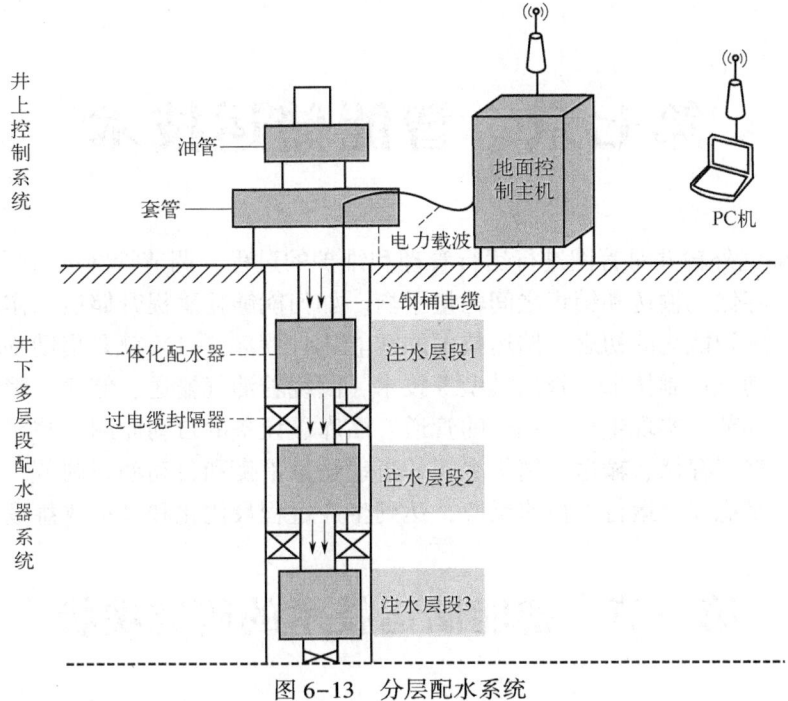

图 6-13 分层配水系统

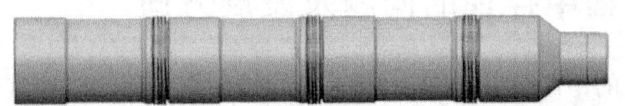 

图 6-14 可穿越式隔离/定位密封示意图

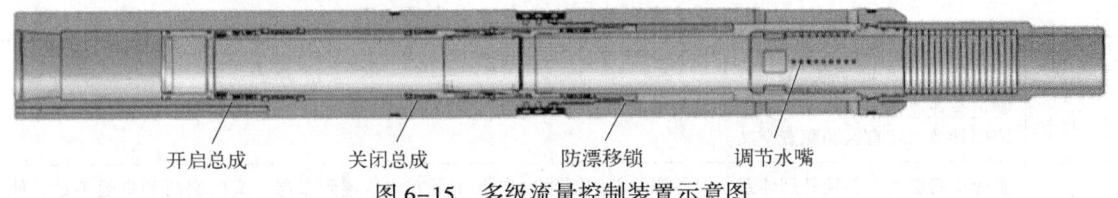

图 6-15 多级流量控制装置示意图

## 复习思考题

1. 智能采油技术的未来发展方向有哪些？
2. 简述智能单井管理技术的主要内容。
3. 简述智能柱塞气举工艺技术。
4. 进行智能注水技术的相关工艺调研？
5. 产量变动分析和趋势预测系统的实施可分为几个阶段？

# 第七章 智能储运技术

视频 7-1 智能储运技术

储运是将油气外输并对管网进行运行管理和维护的过程,调节管网运行平衡,实现油气存储、输送和销售之间输量平衡。如何能够显著提升储运工作成效是储运技术智能化的初衷。储运技术的智能化(视频 7-1)就是借助物联网技术、自动化控制技术、管网模型等技术,围绕着油气输送、储存、销售等关键业务环节,实现生产过程中的管道、站库、设备的自动监测、控制,以及原油天然气存储、输送、销售之间的自动输量平衡和自动动态调节,从而保障全网平稳安全运行、快速反应,达到生产过程最优化和经济效益最大化。

## 第一节 智能储运技术的研究现状

### 一、智能储运过程中存在的问题及发展方向

油气储运作为石油行业的中游,其"承上启下"的作用不言而喻。油气管道输送行业的传统模式存在管理效率低、人工成本高、技术决策风险大等发展瓶颈,迫切需要转变生产管理方式,降低运营成本,提升发展质量。存在的问题见表 7-1。

表 7-1 油气储运技术发展存在的问题

| 序号 | 问题 |
| --- | --- |
| 1 | 管道企业通常采用环保、安全、工艺等多专业管理模式,在处理复杂事项时极易因管理职责和权限界定不清而导致管理盲区和职责交叉 |
| 2 | 企业尽管制定了各项管理体系,但各职能部门通常以自上而下方式传递到基层,横向交流和沟通不足,使得组织、协调任务繁重,整体效率不高 |
| 3 | 管道在运营过程中产生了大量数据,但不同业务部门和生产环节共享信息量有限,使得数据质量难以保证且时效性差,同时产生大量"沉睡"数据库和信息孤岛,未能形成规律的有效逻辑链条 |
| 4 | 油气管道输送作为技术、信息密集型产业,需要考虑如何使技术真正服务于生产;由于缺乏高效整合分散技术力量和智力资源的统一平台,大量的预测和判断依靠专家或管理经验,导致决策管理风险高 |
| 5 | 与其他集中式作业不同,油气管道呈线状延伸、互连成网,使得管理区域广、依托条件差,加上管道企业对管道用地没有所有权,进一步加大了管控难度 |
| 6 | 近年来,通过技术创新和生产改造,管道管理信息化程度有所提高,但仍需依靠大量的人力、物力投入来支撑,随着生产规模的不断扩大,用工总量、投资成本居高不下 |

为此,油气储运技术也正朝着智能化、无人化的方向发展,形成了几大典型的智能化技术,包括管道泄漏检测、设备故障诊断、需求量预测等。

1. 管道泄漏检测

随着人工智能的发展，基于智能算法和数据驱动的管道泄漏检测及定位方法的开发近几年发展迅速。在现有基础上较负压波法、声波法等传统方法增加了管道泄漏检测和定位的准确性。为避免数据简化所导致的信息丢失，一部分算法利用数据驱动技术对管道大数据集进行全面学习，大幅提高管道监测和监控的时效性与准确性，有效降低了误报率，减小了工作人员现场勘查的频率，提高了管道监测、检测效率。（1）可以根据瞬态流模拟和模拟退火算法相结合，提出了检测管道网络泄漏的数值方法，该方法对传统的瞬态模拟方法进行了更新；（2）建立了管道瞬态变化的创新模型，利用基于 BP 神经网络的非线性时间序列来检测泄漏，该方法利用梯度下降的原理对模型进行训练，耗时短但效果不尽如人意；（3）提出了一种自适应设计，将一维卷积神经网络（CNN）和用于泄漏检测的支持向量机（SVM）融合在一起，该法采用了基于图形的定位算法来确定泄漏位置，思想较为创新；（4）利用不同的方法实现对管道泄漏信号的去噪，并进行有效信息的提取，提高了已有数据的利用率；（5）使用一个基于物联网现象的计算机网络来收集所有需要的信息来检测泄漏点，为了处理从管道获取的数据，使用了神经网络并进行了训练。

2. 设备故障诊断

随着输油管线的环境日益复杂，对设备故障诊断的时效性和准确性要求也随之更高，传统的设备故障诊断方式日渐落伍。将 SCADA 系统与物联网等新兴技术及管道完整性管理系统有效结合，实现管道数据的自动采集。基于远程故障诊断技术建立输油管线远程在线故障诊断系统是一项非常重要的工作，有利于提高设备故障诊断效率，降低停工时间，减少经济损失，例如：（1）由 5G 移动数据传输服务，将全线各站机组的运行数据发送至管理中心的技术服务平台，建立了长输管道压缩机组运行信息大数据库，并通过对压缩机工况效率性能估计建立了燃气轮机压缩机组远程故障诊断技术系统；（2）开展压缩机在线分析与预知维修，通过对设备的环境、状态参数的识别、分析，建立设备健康评价模型和专家知识系统，为智慧管道设备预知性维修提供了支持；（3）现存监管手段的不足，针对实际监管要求，基于信息化技术的快速发展及物联网技术在其他领域的成功应用，提出海上原油过驳的智慧监管体系的总体构架，并阐述了有关功能，为以后建设海上原油过驳智慧监管体系提供了参考。

3. 需求量预测

智能化的发展有效促进了能源预测模型的改进。在天然气需求量预测上，预测模型可分为两大类：传统模型和基于机器学习算法建立的模型。后者在处理非线性问题上有很强的泛化能力，广泛应用于天然气需求预测研究中。基于机器学习算法建立的模型主要包括支持向量机、神经网络模型和贝叶斯模型等。

## 二、智能储运的任务

智能储运技术的内容主要有以下几个方面：（1）如何缩短调度指令反应周期，加快指令传达速度；（2）如何借助先进的技术手段，实时感知管网运行的状态；（3）如何帮助管理人员进行更加有效的运行管控、预判分析和研究；（4）如何提高突发事件处理水平，及时、有效地做出科学决策；（5）如何收集、保留储运业务的历史经验，并用于储运现场工作过程。

1. 智能化任务

围绕油气储运工程的智能化对象可以分为管网监测、全网自动调节、模拟优化、科学决策四个方面的内容和知识管理、一体化协作两个基础工程，各任务的具体内容见表7-2。

表7-2 油气储运工程的智能化具体内容

| 智能化对象 | | 具体内容解释 |
| --- | --- | --- |
| 四个方面内容 | 科学决策 | 包括：（1）油气配置输送计划；（2）油气调度指令；（3）管网运行实施方案的决策辅助；（4）管网运行趋势预测 |
| | 模拟优化 | 包括：（1）管网运行状况模拟分析；（2）设备能力模拟分析；（3）输送工艺模拟分析；（4）管网压力平衡分析；（5）能耗分析；（6）输差分析 |
| | 全网自动调节 | 包括：（1）涵盖装置；（2）设备的自动化控制；（3）全网运行自动调节；（4）遥控遥测；（5）自动巡检；（6）远程诊断及维护 |
| | 管网监测 | 包括：（1）管道站库运行监控；（2）管网压力和流量监测；（3）设备和装置监控；（4）应急监控 |
| 两个基础工程 | 知识管理 | 包括：（1）涵盖管网设备故障诊断的案例积累；（2）专家经验积累和应用；（3）分析决策场景的重现 |
| | 一体化协作 | 包括：（1）生产指挥；（2）跨部门协作平台。 |

油气储运智能化系统的结构如图7-1所示。

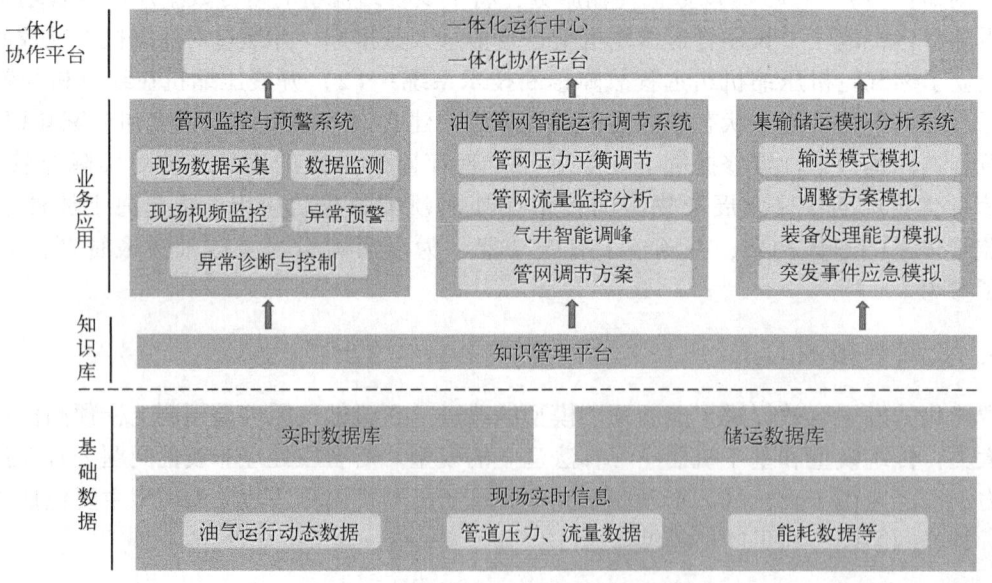

图7-1 油气储运智能化系统的结构

作为第一层次的基础数据是以实时数据库和储运统计数据库为主导的数据库，实时数据库资源根据现场实时信息不断更新呈现，包括油气运行动态数据、管道压力及流量数据、能耗数据等。实时数据的不断更新、不断累计形成了油气储运的数据库（累计库），以共享的方式为其他应用系统提供实时数据、非实时数据、各类储运业务资料、项目资料。

第二层次是一个平行层次的组合,包括知识库、业务应用、一体化协作平台。知识库层通过建立统一知识库和管理平台,为集输储运模拟分析和运行决策提供知识管理手段及专家经验应用接口,主要包括专家知识库。业务应用主要包括核心应用系统,是与业务直接关联、实现储运智能化业务应用的应用系统。例如管网监控与预警系统下的多种数据、视频的采集、监测,以及异常情况预警、诊断和控制等内容。一体化协作平台则是将智能储运各应用系统集成在一起,为储运业务提供一体化的协同工作平台。

2. 智能化系统建设

智能储运建设工程是一项长期、创新性的建设任务,建设战线长,并涉及一对一、一对多的多条油气管网运行模式,在工程实施过程中应首先明确整体实施策略,并在整体实施策略和阶段划分的基础上,统一方向,逐步展开。可以通过建设3个核心应用系统、设计2类数学模型和构造2个基础平台来实现油气储运技术的智能化内容(表7-3)。

表7-3 油气储运智能化建设内容

| | | |
|---|---|---|
| 核心应用系统 | 管网监控与预警系统 | 负责管网设施的数据自动化采集与控制,异常情况实时预警 |
| | 集输储运模拟分析系统 | 建立从采油厂范围内的集输到储运公司的外运集输全体系的模型,并基于模型实现对油气集输储运动态和各种方案的分析 |
| | 油气管网智能运行调节系统 | 通过对油气井、集气管线、输油管线、长输管线、配气站、处理站、供气管线的全线压力实时监测和模拟分析,实现可全自动控制的油气产、输、供智能平衡和智能调峰 |
| 数学模型 | 建立管网运行模拟分析模型 | 包括反映油气输送、储存、销售过程的管网节点模型、运行工艺模型、设备能力模型及岗位协作模型,为进行管网模拟优化奠定基础 |
| | 建立决策模型 | 用于辅助特定决策过程的决策模型,提供决策建议 |
| 基础平台 | 一体化协作平台 | 通过面向岗位的一体化生产协作系统,指导生产部门对突发设备故障、自然灾害等事件进行有机协作,确保生产安全运行 |
| | 知识管理平台 | 用于存储、管理专家知识和经验,便于系统能准确调用专家知识、经验快速解决生产问题和制订优化方案 |

不同模块实现了在油气输送、运行保障、运行调整、产销量核实等环节的智能化。

1) 油气输送的智能化目标

油气输送智能化主要涉及科学决策、基础工程2个层面:(1) 油气输送智能化在科学决策层的智能化目标是对油气输量历史数据进行分析,为年度输送计划提供辅助决策,根据油气输送计划制订调度计划,根据油气特点,结合季节等因素设计油气输送方案;(2) 油气输送智能化在基础工程层的智能化目标是对油气输量历史数据进行多维度分析、形成趋势预测、实现专家经验的积累和有效运用。保留准确、科学的信息,利用专家经验辅助决策,借助一体化协作平台,实现调度指令及时、准确地传达和执行,并反馈运行结果。

2) 运行保障的智能化目标

运行保障智能化主要涉及模拟优化、管网监测2个层面:(1) 运行保障智能化在模拟优化层的智能化目标是管网运行模拟,建立管网运行工艺模型,实时反应管网运行状态,对管网波动情况进行跟踪模拟,异常诊断,对管网集输能力和输送模式模拟分析,优化调度,模拟装置动态操作过程，寻找装置最优生产状态；（2）运行保障智能化在管网监测层的智能化目标是利用现场传感设备实时传递管网及流体、气体数据，实现监测数据量上下限报警指示。

3）运行调整的智能化目标

运行调整智能化主要涉及科学决策、自动调节、基础工程3个层面：（1）运行调整智能化在科学决策层的智能化目标是通过全线管网流量和输出量监测数据分析，为油气统配量的制定提供科学依据，通过实时传感设施监测和全网模拟运行模型，进行管道智能停输和管存智能调整，并对集输方案进行优化，利用管网运行模型和设备能力模型提高管道操作优化能力；（2）运行调整智能化在自动调节层的智能化目标是将巡检周期、控制参数、报警线等参数组态，形成完整的全网自动调节流程；（3）运行调整智能化在基础工程层的智能化目标是利用知识库和专家经验，为运行调整提供科学决策依据。

4）产销量核实的智能化目标

产销量核实智能化主要涉及科学决策、基础工程2个层面：（1）产销量核实智能化在科学决策层的智能化目标是对油气销量数据进行对比核实，提高销量统计准确性，通过实时管网运行模型和工艺模型，快速准确反应库存量、输送量和中转量，并进行数据积累，形成图形可视化展示，为领导层提供科学决策依据，以产销量核实为手段，提高管网全系统科学统计分析能力，形成趋势预测；（2）产销量核实智能化在基础工程层的智能化目标是实现现场管网全面实时数据传输和数据叠加分析，管网全系统和全流程数据入库和对比分析，实现实时输送量和输差对比统计。

### 3. 智能化系统建设步骤

智能油气储运系统的建设步骤分为如图7-2所示的三个阶段。

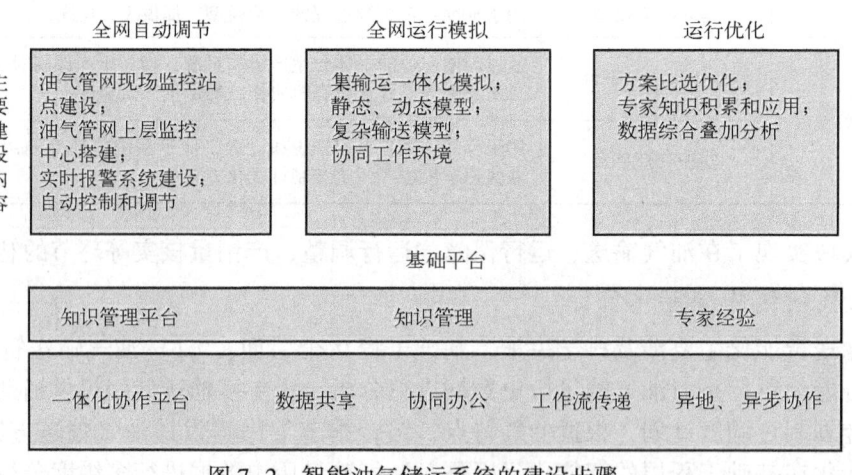

图7-2　智能油气储运系统的建设步骤

依据实施范围、实施主线的内容，制定以下实施策略和原则：分阶段实施，先试点验证实施效果，后全面推广；选择基础监测条件较好的密闭线作为试点，按照单线→多线、分段建设、有序推进的实施顺序进行实施；实施过程围绕智能管网一个业务主线，从油气集输源头业务开始，设定明确、可验证的目标，获取确定的实施成果，各业务主线的建设内容可适当并行展开；管网监测环境的软硬件建设先根据项目需求进行试点部署；各项目按照可行性研究、系统研发、试点、推广四个步骤展开实施工作。

# 第二节 管网监控与预警

管网监控与预警包括管网、设备自动监测、预警和控制，其智能化目标是对管网设备实现自动监测，针对异常情况进行预警报警，快速诊断，为操作和管理人员参考建议方案，进行快速反应，实现指令的远程自动执行。在实现范围上覆盖采油厂一级的集输管线和设备及储运一级的长输管线、阀门、泵和储库。

管网监控与预警系统的主要模块包括现场数据采集控制、数据监测和视频展示、预警报警管理、方案建议和自动控制，具体内容见表7-4。

表7-4 管网监控与预警的智能化内容

| 模块 | 具体内容 |
| --- | --- |
| 现场数据采集控制 | 利用传感器、自动化设备实现对设备（管杆、抽油机、泵、油气管线、阀门、油气储罐、锅炉等所有动静设备）等的数据采集和控制 |
| 数据监测与视频展示 | 利用信息监测技术和大屏幕展示技术对设备的实时运行数据以直观的方式进行展示 |
| 预警报警管理 | 对设备监测中实时数据进行预报警，协助设备维护人员维护数据，对于其中部分预警报警分析（如参数超限、设备异常）等可能会依据数学模型进行监测 |
| 方案建议 | 针对特定异常情况给出系统建议方案 |
| 自动控制 | 参照系统建议方案，利用自动化设备，解决预警报警信息，部分操作以工单形式派向现场进行处理 |

管网监控与预警系统可以达到的预期效果是建立管网监控中心，实现油气管网全网监控和预警，实时传输管网动态数据和视频信息，并实现异常情况预警功能，进而有效降低能耗和设备成本，提高工作和管理效率。

管网监控与预警智能化系统的结构如图7-3所示。

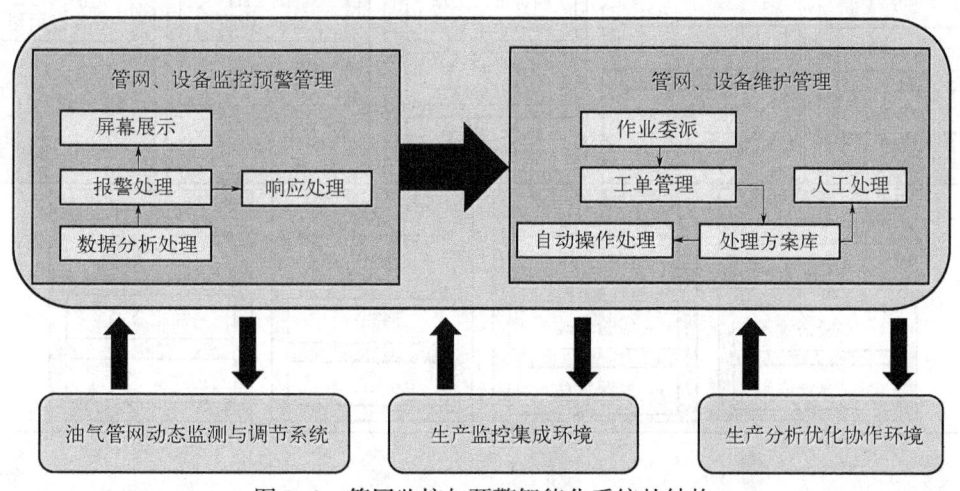

图7-3 管网监控与预警智能化系统的结构

管网监控与预警系统是油气管网动态监测与调节系统、生产监控集成环境和生产分析优化写作环境下的组成部分，又可以分为监控预警管理和维护管理。通过对设备的监控来获取相关数据,进而进行分析处理数据,问题数据进入报警系统;报警系统一方面进行一个屏幕的展示,让工作人员了解情况;另一方面,进行响应处理措施,将信号传送至官网/设备维护管理系统,进而开展作业委派管理,在经过处理方案库方法优选后,明确做出是否可以自动化操作处理的指令,如果不行,就是人工处理。

## 第三节 集输储运模拟分析

集输储运模拟分析的目标是将产源系统、管线系统、站库系统作为一个完整体系进行模拟,当运行发生变化或异常时,智能储运管理系统可对体系内运行情况进行模拟分析,预测影响结果,并给出建议的处理方案,决策者判断并选择最佳方案后,形成执行指令反馈到现场,控制阀门、仪器等现场设备。

开展集输储运模拟分析智能化建设,就是要建立储运全系统模拟分析系统,打破生产和储运单位的界限,建立从采油厂范围内的集输到储运公司的外运集输全体系的模型,并基于模型实现对油气集输储运动态和各种方案的分析,从而能够更好地辅助决策者选择合理的方案,更科学地管理油气储运,最终达到保证储运安全、平稳运行的目的。

储运全系统模拟分析体系的主要内容包括一体化模型、全网动态模拟和分析预测三个部分。其中,一体化模型是指建立覆盖产源、管线和站库的一体化运行模型;全网动态模拟是基于模型实现原油集输运行动态模拟和天然气集输运行动态模拟,进行油库库存预测、集输储运环节异常情况分析和输差预测;分析预测是基于共享的历史数据,实现输差分析、损耗分析、设备能耗分析和经济评价。

集输储运模拟分析系统的结构如图7-4所示。

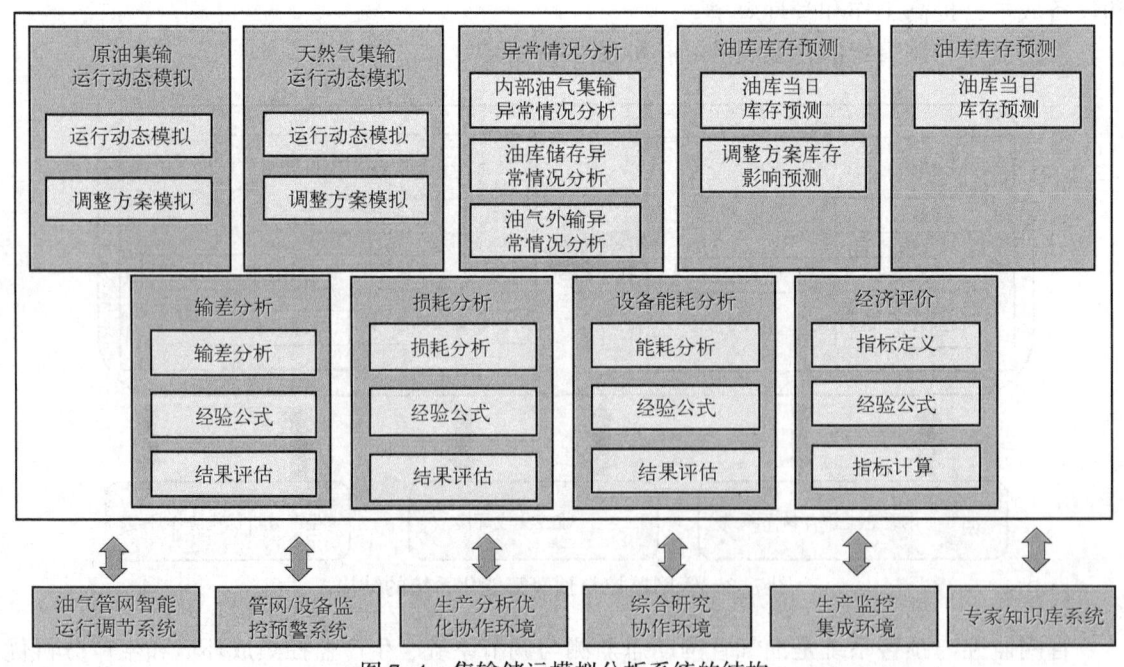

图7-4 集输储运模拟分析系统的结构

建设储运全系统模拟分析系统可以达到的预期效果是对生产运行状态进行分析评估并提供最优化运行方案，有效地提高生产管理人员的及时处置和运行调节能力，对管网运行方案进行动态模拟，及时掌握油气输送动态，优化解决方案，及时掌握油气库存量、油气销售量现状及计划执行情况，为管理者提供科学决策依据。

## 第四节　油气管网全网自动调节

油气管网全网自动调节的目标通过对油气井、集油、集气管线、长输管线、配气站、供气管线的全线压力和流量实时监测与模拟分析，实现可全自动控制的油气产输，供智能平衡和自动调节。在油气管网运行调节智能化环境下，管线、站库状况不但能够实现信息化获取，还可以进行远程控制，依据实时压力、流量状况进行缓调节，有效降低管线调节的人为风险，可以通过缓冲装置的设立，减少输油、输气管线系统的风险。

视频 7-2
智能油气管网

油气管网智能运行调节系统的主要模块包括油气管网数据监测、管网压力流量模拟分析、运行调解方案管理、决策判断和操作执行等五个部分（表 7-5、视频 7-2）。

表 7-5　油气管网智能运行调节系统功能

| 序号 | 系统模块 | 功能 |
| --- | --- | --- |
| 1 | 油气管网数据监测 | 利用传感器、自动化设备实现对油气管网现场（阀门、管线、调压站、处理站、调压罐、西气东输管道等）等数据的采集和控制 |
| 2 | 管网压力流量模拟分析 | 利用数学模型，基于实时数据，对油气全网的压力和流量进行模拟 |
| 3 | 运行调解方案建议 | 通过系统模拟给出油气产输调节的概要方案，专家依据结果进行一定细化。根据调整要求和规则设定，对模型调节规则和要求的输入及管理 |
| 4 | 决策判断 | 决策者优选方案，利用自身多年的经验，做最终方案的判定，选定最优调节方案 |
| 5 | 操作执行 | 将最终方案转变为自动化设备控制指令，驱使自动设备自动执行 |

建设油气管网智能运行调节系统可以达到的预期效果是实现油气管网智能运行调节，通过对管网压力、流量等数据的监测，及时发现异常并自动进行调节，通过自动调节、故障分析，避免影响生产运行安全的问题发生，提高生产运行的安全和可靠性。

油气管网智能运行调节系统的结构如图 7-5 所示。

油气管网智能运行调节系统包括智能全网调节管理系统和智能全网调峰管理系统。智能全网调节管理系统的主要目的是进行油气调节管理，实现调节规则管理、建议方案微调，一方面对不利情况进行报警管理；另一方面进行方案模拟优化，利用专家系统进行优化选择，进而实现有效的操作控制完成合理的调节措施，将全线管网调节信息导出支撑生产分析优化写作环境系统。另外，智能全网调峰管理系统是针对调峰进行管理，通过调峰方案进行优化，形成全线管网调峰信息，同样支撑生产分析优化写作环境系统。

在控制调整过程中依托全网压力、流量模型，对单井产能进行管理分析，形成全网压力、和流量模型，实现调峰概要方案和管网调节方案，作用于上述的调节系统，系统反馈数据又反馈回来，进一步优化调整，最终形成生产监控集成环境和与之匹配的专家知识库系统。

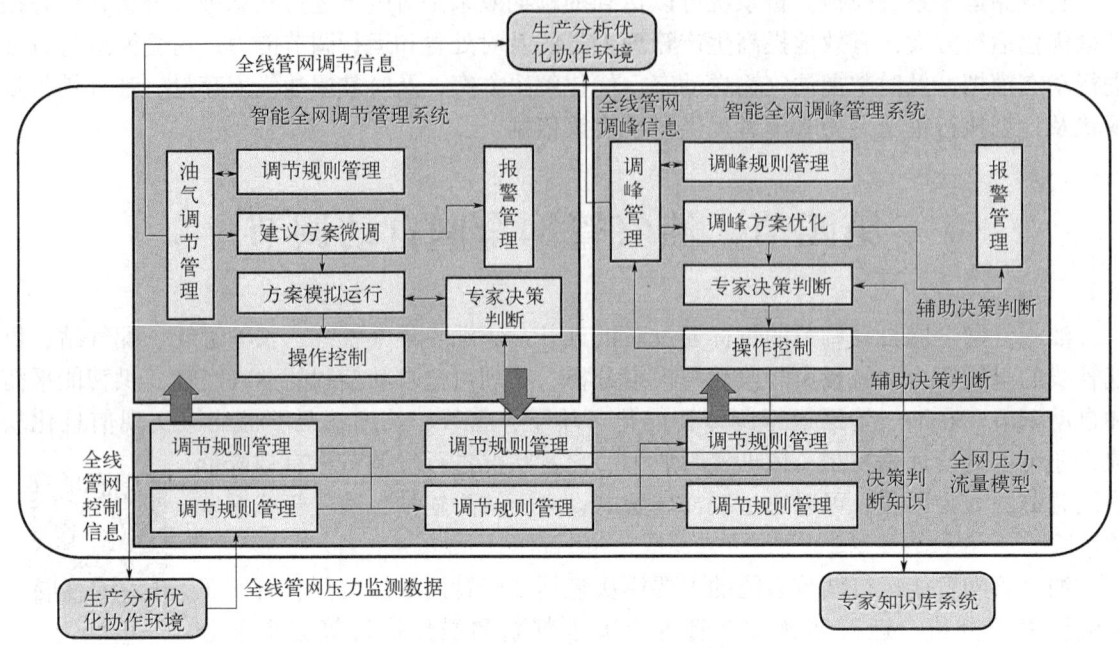

图 7-5 油气管网智能运行调节系统的结构

# 第五节　西气东输智慧管网

国家管网集团西气东输公司（简称西气东输公司）建立了"数字管道"雏形，初步实现了长输天然气管道生产信息的动态管理。但数字化管道距离智能化仍存在较大差距，主要体现在两个方面：（1）在管道管理与政策执行过程中，仍需投入大量人力，管道自动化、信息化的优势挖掘不足；（2）在分析与决策过程中，仍主要依靠人的经验，海量信息与数据的利用率较低。这在一定程度上导致员工劳动效率难以进一步提高，精细化、科学化管理难以深入推进。

目前，西气东输公司已开展站场智能运行体系、管道智能防控体系研究与实践，初步形成了涵盖站场智能运行、站场风险全面感知、管道风险智能管控等关键技术的技术体系，为管道安全平稳高效运行提供了有力保障。

## 一、站场智能运行

西气东输公司所辖管网具有多气源、多用户、用户需求种类多的特点，供气保障难度高，站场管控压力大。为了降低站场运行风险，提高管网运营效率，西气东输公司基于建设期和运行期数据，利用 SCADA 系统自动控制和巡检系统自动感知的能力，形成集中巡检、集中监视的高效管控模式，实现站场分输远程自动控制，创新性地开展站场集中巡检与监视、流量计智能检定、分输智能控制、压气站一键启停等工作，推动输气管道站场管理智能化转型，使站场运营管控效率显著提升。

### 1. 站场集中巡检与监视

为了不断提高劳动效率，西气东输公司在提高设备设施运行可靠性的基础上，创新性地实施集中巡检、集中监视措施。集中巡检旨在优化巡检质量与巡检次数，其核心在于两个方面：（1）联合巡检，即由站场负责人组织在岗人员，按照规定的巡检要求，对所属站场的生产运行、工艺状态、设备设施状况进行全面检查，并开展维护维修工作；（2）重点巡检，即由值班人员对重要运行参数、关键输气设备、重点区域按照相关巡检要求进行重点检查，提高巡检质量，强化站场设备设施维护保养，提高设备设施本质安全水平。

集中监视是指采集站场关键工艺设备的报警数据，并上传至上海生产调度中心，以上海生产调度中心为主、站场为辅，对设备设施异常状态进行监视。西气东输公司研发了10类集中监视系统，包括火气系统、管道保护系统、安防系统、紧急停站ESD、工艺系统、计量系统、电气系统、自动化系统、通信系统及阀室报警系统。站场采集各系统报警点数据并上传至上海中心系统，上海生产调度中心收到数据后，按照西北、华东及中南3个调度台分区管理，采用每天24h值班模式，对站场设备设施的异常状态进行远程集中监视、集中管理、快速响应。该措施改变了中国管道行业40年来站场每天24h人工值班的传统模式，解放了基层员工，提高了劳动效率。目前，西气东输公司已有163座站场实行集中监视管理模式，节省了站场操作员大量精力，有助于操作员更加高效地投入维护维修、岗位练兵工作中，稳步提升了员工风险辨识、风险管控、应急处置3种能力。该措施使站场工作重心由运行监视转变到设备设施维修维护上，使设备设施故障、误操作日均报警率低至0.01%，关键设备完好率达到99.79%。

### 2. 流量计智能检定

为了提高天然气流量计检定作业的安全性、质量水平及检定效率，西气东输公司提出2种仿真方法与1种三层结构智能控制器技术，建立了一套智能检定系统。智能控制器作为智能检定系统的核心，打破了传统检定过程工控与数据处理系统之间的通信障碍，将多系统数据与指令融合互联、实时交互，实现了与检定相关设备的全智能控制。同时，智能控制器作为智能检定系统的决策中心，通过建立检定工艺输入、输出参数的复杂智能控制器模型，运用神经元网络、专家经验等多种方法，可以给出智能精准控制决策。

西气东输公司流量计智能检定控制器由1个界面、2套模型、3个控制阶段组成。

（1）1个界面是指系统集成现场流程判断、工况分析、阀门动作及调节方案的计算分析，整个系统仅用一个简单界面作为人机交互接口。该界面主要用于启动控制和紧急制动，其他操作全部由系统自动完成。

（2）2套模型是指智能检定系统内部包括2套模型：一套工艺仿真水力机理模型，主要用于现场工艺系统流动形态的全面预测；另一套则是系统动态控制机理模型，依据工艺流程、流量计口径、目标流量点、进出站压力参数，通过多种智能算法计算调节阀门开度组合方案，与水力机理模型配合开展策略验证。

（3）3个控制阶段是为实现流量的精确控制，采用4路调节阀的开度组合，完成从7~15000$m^3$/h流量调节的控制方案。控制方案由3个阶段组成：①准备阶段，主要完成当前流量点所需站场工艺的自动导通；②初步调节阶段，即从起始状态将系统流量快速调节至被检流量点附近；③精确调节阶段，根据流量偏差，通过调整4路调节阀的最优动作，将实际流量调节至被检流量点5%偏差之内。

### 3. 分输智能控制

输气站场分输支路一般利用调节阀进行压力、流量控制。但由于各站场建设时期不同，自控要求存在差异，对分输用户的流量控制要求不明确，导致部分输气用户的分输支路未设置流量调节设备或流量调节设备不能满足精确调节的要求。随着天然气分输站场逐年增多、用气规模逐年增大，对天然气分输精度提出了更高要求。为了实现对各管道分输用户日指定操作的严格控制，将天然气智能分输研究提上日程。

通过持续优化，西气东输公司改造了分输站场的 SCADA 系统程序，实现了站场用户分输控制由人工主导向智能控制的转变。采用恒压控制法、剩余流量平均法、日不平均系数法及到量关阀 4 种模式，自主完成 413 条分输支路、15 种控制功能的升级改造，不断提升控制模块的自适应性、高匹配性，推动分输全过程无人介入、无人干预，自动执行启/停输、启/停站、计量/调压系统故障切换等关键操作，实现分输远程控制、一键启停、故障切换、自动分输，在提高站场运行可靠性、稳定性的同时，大大减少了操作人员的工作量。

### 4. 压气站一键启停

一键启停技术是将压气站的分散控制整合为集中控制，将站场启停操作升级为全自动控制，通过压气站工艺设备及压缩机工艺流程全自动化控制改造、控制系统配置优化、站控与压缩机控制系统深度融合、压缩机辅助系统整合等优化措施，实现以下功能：压气站压缩机组及辅助设备一键启停，工艺流程一键导通，转速、负荷一键设定，运行/停止、冷备/热备机组一键切换及机组一键并退提示。

为了使压气站复杂工艺的操作简单化，减少人为干预造成的误操作，提高压气站的安全水平，西气东输公司对中卫、高陵 2 座已建压气站进行一键启停功能改造，是中国首次对进口燃驱压缩机组进行试点改造。以高陵压气站为例，通过对压缩机控制系统增加机组热备控制、压力设定值梯度设定、禁止加载控制、维持并网控制、自动并退网控制、站控系统转速控制，实现了压缩机控制系统功能优化。通过站控系统与压缩机控制系统控制器的通信，将压缩机全部数据上传至站控系统，实现站控系统对压缩机控制系统的全面监视，主要包括报警监测、数据查看、启停机过程监测等。通过判断各机组输出功率、平均负荷、平均裕度等关键数据，提示运行人员需要增启或减停机组，实现智能增减机组功能试运行。通过部署可视化平台，搭建本地数据库，将压缩机组、生产动态、运维巡检、一键启停等相关数据进行集中展示。

## 二、站场风险全面感知

西气东输公司以站场设备设施本质安全、风险智能管控为目标，针对站场天然气泄漏等主要风险，结合压缩机组、计量设备、空压机等关键设备的健康管理，持续开展泄漏监测，引进智能巡检机器人提升巡检质量，站场运行风险显著降低；大力研发设备故障在线诊断技术应用，关键设备设施故障预警能力持续提升。

### 1. 站场泄漏全面监测

多年来，天然气站场露天工艺区泄漏检测是站场风险管控的技术难题之一。尽管 GB

50183—2004《石油天然气工程设计防火规范》明确规定"露天工艺区可不设置可燃气体检测装置",但在无人值守站场或站场的非巡检时段,始终存在对泄漏进行实时检测的需求。

目前常用的天然气管道泄漏检测方式对比见表7-6。

表7-6 天然气管道泄漏检测方式对比

| 检测方式 | 适用气体类型 | 灵敏度 | 稳定性 | 可靠性 | 响应时间/s | 使用寿命/s | 维检修 |
|---|---|---|---|---|---|---|---|
| 固定点醒催化燃烧式 | 可燃烃类气体 | 一般 | 一般 | 一般 | 0~30 | 1~2 | 易漂移,需经常性标定 |
| 红外对射式 | 可燃非单元素烃类气体 | 较高 | 一般 | 一般 | 0~10 | 3~5 | 一年标定一次 |
| 气体光谱吸收检测式 | 任何气体 | 高 | 较好 | 较高 | 0~1 | 5~10 | 无漂移,基本免维护 |
| 超声波检测式 | 任何气体 | 最高 | 最好 | 最高 | 0~1 | >10 | 无漂移,基本免维护 |

针对传统的点式可燃气体探测器难以有效监测站场露天工艺区域天然气泄漏的难题,西气东输公司通过对比分析基于超声波检测原理与基于气体光谱吸收检测原理的两类技术在天然气站场的适用性,提出了综合运用超声波、激光技术的露天工艺区泄漏检测方案。其中,超声波探测器适用于站场中大型泄漏,其覆盖半径达20m、压力为4MPa、泄漏孔径为2mm、泄漏量为0.02kg/s;同时,激光检测类产品基于半导体激光器的光谱吸收技术,灵敏度较高。将激光探测器与防爆摄像机、云台相集成,研制适用于站场露天工艺区的泄漏检测设备,实现全面覆盖站场工艺区的微小气体泄漏检测。

目前,西气东输公司已在145座站场安装268台超声波探测器、24台云台式激光可燃气体探测器,实现了对站场工艺区微量泄漏的实时检测监测。

2. 站场智能综合巡检

为提高站场巡检工作效率,降低操作人员的劳动强度,使站场巡检更加智能化,西气东输公司在中卫站、海原站启动站场工艺区防爆、变电所智能巡检机器人的试点应用。通过整合机器人技术、非接触检测技术、多传感器融合技术、图像识别技术、导航定位技术及无线通信技术等多个学科技术,主要实现了以下功能:气体泄漏定位定量检测,仪表、阀门识别记录,红外热成像检测,声波检测故障诊断功能,系统数据分析与报告生成。根据监测得到的温度、压力、湿度等数据信息,与SCADA平台数据进行分析比对,可及时发现工艺设备超温、泄漏等异常情况。采用智能巡检机器人代替巡检员到危险区域执行巡检任务,保障了巡检人员的人身安全,在此基础上,逐步搭建形成站场运维检巡智能化管控体系。

3. 压缩机组智能监测与诊断

西气东输公司长期致力于压缩机组技术的创新与管理提升,通过持续技术攻关,先后建成了压缩机组在线分析诊断与视情维修系统和iEM智能管理系统。

西气东输公司压缩机组在线分析诊断及视情维修系统包括远程监视系统(Remote Monitoring System,RMS)、在线分析诊断及视情维修系统(Compressor Equipment Health Management,CEHM)。通过压缩机组远程监视系统,上海远程端与现场值班室机组的HMI(人机界面)保持完全一致,实时监视机组运行参数、报警事件等关键信息。技术人员可以进行远程数据分析,及时发现现场机组故障隐患,指导现场及时处理,提升了压缩机组的安全可靠性。在线分析诊断及视情维修系统的主要功能为：动态监测压缩机组健康状态，预测燃气轮机热端部件剩余使用寿命，实时预警压缩机组性能退化风险，指导现场开展各类维检修作业，为压缩机组的预防性维护维修提供精准依据。

iEM 智能管理系统针对压缩机组的海量数据，采用超球建模技术，通过数据挖掘技术建立压缩机组智能健康感知模型，生成设备健康状态量化评估综合指标，实时监视、分析、预测压缩机组的健康与安全状态，为压缩机组的优化运行、高效管理提供技术支撑。目前，西气东输已经建立了西一线、西二线及上海支干线压缩机组 iEM 智能管理系统，精准诊断出潼关压气站压缩机喘振、高陵压气站干气密封等多起压缩机组重大故障隐患。

西气东输公司研发的压缩机组智能监测与诊断平台的多个系统功能互补，形成了较为完善的压缩机组远程监测与诊断体系。通过对压缩机组运行数据进行关联性分析，挖掘关键信息，建立智能健康感知模型，生成健康状态量化评估指标，实时分析与预测压缩机组健康状态，为压缩机组的优化运行、高效管理提供了技术支撑，显著提升了压缩机组智能化运维水平。

### 4. 流量计与空压机远程诊断

为了提高关键设备运行可靠性，西气东输公司建立了覆盖 140 座分输站场、512 路超声计量回路、116 路涡轮计量回路的监控网络，实现在上海生产调度中心直接对现场设备的诊断、测试及监控。通过自动诊断单回路设备状态，智能分析色谱分析仪数据，形成数据历史趋势与报警记录图，定时对比测量数据与历史趋势之间的差异。计量远程诊断系统的建立，缩短了故障处理时间，计量专业人员无须到现场即可及时发现现场计量设备的问题，节约了运行维护人员差旅费用，进一步提高了计量设备完好率，减少了计量纠纷，提升了计量管理水平。计量远程诊断系统可应用于超声流量计的检验工作，将超声流量计检定周期从 2 年延长至 6 年，缩短了超声流量计无备用时间，减少了流量计送检工作量，节约了送检成本。

同时，通过建立覆盖 17 座站场、49 台阿特拉斯空压机的远程诊断系统，可以远程查看全线空压机运行界面，分析机组运行数量、完好率、报警等。根据历史参数及实时变化趋势，实现故障预测预警、设备预测性维护与维修成本的优化。

## 三、管道风险智能管控

为了提高天然气管道安全运行水平，及时监测预警管道本体、第三方施工、自然灾害等可能发生的威胁事件，避免风险管控在"时间+空间"上出现盲区，西气东输公司构建了"天—空—地"一体化管道风险管控综合系统，不断提升实时泛在感知技术水平，在智能视频系统、光纤预警系统、地质灾害预警系统、腐蚀控制智能化方面进行了探索。

### 1. 管道高后果区智能视频监控

西气东输公司制定了前端智能识别、无线传输、无线供电、云端存储的管道线路智能监控技术路线，分期稳步推进，在高后果区及高风险地区安装了 520 个智能监控预警摄像头，对进入监控范围内的工程车辆、施工机械等进行智能识别预警，形成了《西气东输管道智能视频监控预警运行管理规范》，率先规范管道线路风险视频智能识别管理工作。为了进一步提高智能识别的准确性，联合中国知名人工智能团队开展了基于智能视频识别的管道防护技术研究：采用 SSD（Single Shot MultiBox Detector，单发多框检测器）的目标识别算法，对 8 类工程机械多达数万张图片进行了 20 轮次的训练与优化，工程机械识别准确率超过 90%；独创性地设计了目标识别算法与运动检测算法相配合的识别方式，工程机械危险行为报警准确率高达 93.6%。

### 2. 光纤预警感知技术

西气东输公司组织开展光纤预警技术提升，搭建了光纤安全预警系统，试点应用线路已达 640km。该系统通过"大数据+人工智能+边缘计算"的方法，利用分布式声音检测系统（Distributed Acoustic Sensing，DAS）实现了信号还原、信号识别与事件威胁度分析，减少了非破坏事件预警次数，预警准确率高于 80%，可实现 15m 范围内机械施工零漏报、误报率小于 10%、定位精度不超过 100m，大幅提升了管道技防措施的智能化水平。今后，将重点提升系统前端硬件处理能力，通过合理的信号转换、滤波、整形、预处理等措施，提高数据质量；构建并丰富适合于不同环境的事件特征库，提高系统的甄别能力。

### 3. 地质灾害预测预警

针对忠武线鄂西山区段、西一线陕晋黄土塬地区灾害多发的特点，西气东输公司与相关科研单位共同研究，以行业地灾数据、气象数据、监测数据、诱发因素信息数据、管道本体信息为基础，建立了多因素耦合的区域预测预警模型。同时，以 6 处地质灾害监测示范站为背景，基于坡体位移、深部位移、降雨、应力等监测数据，建立了单体预测预警模型，并开展了地质灾害条件下埋地输气管道受力分析及安全性评价研究，预测管道沿线地质灾害发生后管道的力学状态，对管道安全性做出判定，并反推管道可承受的灾害，实现了地质灾害条件下埋地管道安全性的定量判定。

### 4. 腐蚀控制智能化网格构建

为了进一步挖掘阴极保护系统各设备之间的关联性，探明阴极保护系统与自动化控制系统的连接形式，西气东输公司正逐步完善阴极保护智能化管理网络。该公司所辖管道沿线设置电位前端感知设备超过 600 台，将运行数据统一纳入已有阴极保护监测数据管理平台，实现了电位远程监测、杂散电流干扰报警实时上传，可客观反映管段阴极保护状况。正逐步开展恒电位仪远传远控改造工作，实现了设备运行参数、状态参数、报警参数的上传及设备远程控制功能，在站控 SCADA 系统上显示所辖的多套恒电位仪的结构化数据，实现了从就地管控单台恒电位仪到集中可视化管理多套恒电位仪的转变。

## 复习思考题

1. 简述智能油气储运技术的进一步发展方向。
2. 简述智能油气储运技术的核心内容。
3. 官网监控与预警的智能化内容包括什么？
4. 建设储运全系统模拟分析系统的主要目的是什么？
5. 智能全网调节管理系统的主要目的及调节内容有哪些方面？
6. 你是否能对西气东输提出更好的建议？

# 第八章 智能生产保障技术

油气田生产开发过程中需要大量的物资、设备、器材及生活必需的后勤保障供应,是实现油气田高效开发的基本条件。随着油气田智能化的建设与发展,生产保障技术也需要进行智能化变革。

## 第一节 智能生产保障技术概述

### 一、智能生产保障技术内容

油气田生产开发过程中的生产保障技术是围绕油气田生产进行的支撑性服务,可以分为生产运行管理、水电供应管理、物资仓储管理等三个部分,各部分智能化的核心技术内容见表 8-1。

表 8-1 油气田开发智能生产保障技术的核心内容

| 工作模块 | | 详细要求 |
| --- | --- | --- |
| 生产运行管理 | 日常运行管理 | 在集成的环境下,综合管理生产动态,实时了解和全面掌握油气田生产各环节、各区域的动态情况,对生产异常情况进行及时反映和快速处理,以及统一跨部门、跨专业的生产组织和协调 |
| | 应急管理 | 利用先进技术,对自然灾害或突发事件进行快速反应,及时准确反应应急现场情况,快速调动资源,实现多部门系统指挥,整体作战,提升应急处理水平 |
| 水电供应管理 | 水供应管理 | 利用先进的传感和监测技术,实现供水全面监测,实现水量需求和分配的自动调节和预测分析,对水质监测实现实时监测预警,并执行联动控制 |
| | 电供应管理 | 详细、全面地捕获客户用电需求,实现灵活的配电,根据运行状况在核心用电、非核心用电之间实现自动比例调节,提高电力使用效率,并进行综合分析 |
| 物资仓储管理 | | 利用先进技术,实现仓储物资实时、全面监控,提升物资管理水平,对物资和仓储实现集中运行控制管理,加强物资配送跟踪和物资自动计量业务,实现物资综合管理 |

#### 1. 生产运行管理

生产运行管理的目标是建设一体化、可视化、集中管理生产运行中心。进行生产信息获取与整合,系统自动捕获代替人工录入,借助专家经验来指导生产运行协调,提升协调决策的准确性,对应急现场实时监控情况进行汇总、分析,调用应急状况下联动信息,如地图信息、物资信息、现场图像、物资部署等,实现专家、指挥人员协同,影音数据协同,多部门指挥,整体作战,实现应急资源快速定位,处置跟踪。

## 2. 水电供应管理

水供应管理的目标是面对严重水质污染和供水管网泄漏等特殊情况，进行快速反应和自动远程控制处理，根据供水管网监测平衡指标，对水量分配给出调节建议方案，进行供水实时监测。当监测分析结果满足条件后，自动产生水质和管网破裂的预警报警信息，对供水干线和水源进行全程监控，实时掌握各生产单位用水实时信息和需求信息。

电供应管理的目标是对供电异常情况进行快速反应和自动远程控制处理，根据供电管网监测平衡指标，对电力调配不平衡状态实现自动调节与远程控制，实现供电管网运行实时监控，实时掌握各单位需求和用电信息，及时发现电力供需异常情况并进行预报警。

## 3. 物资设备仓储管理

物资设备仓储管理的目标是实现物资入库、移库、出库的自动搬运和自动集货，提高效率，实现物资、汽车衡、轨道衡、挂钩称等设施的统一远程控制，实现出入库人员、车辆自动引导和放行；对物资的进销存业务情况进行管理，实现物资入库、盘点、出库的跟踪监控，对车载物料运输过程进行全程监控及定位，对库区安防情况和人员进出库情况进行实时监控。

## 二、生产保障运行体系

针对生产保障技术的核心内容，形成了生产保障的运行体系，如图 8-1 所示。

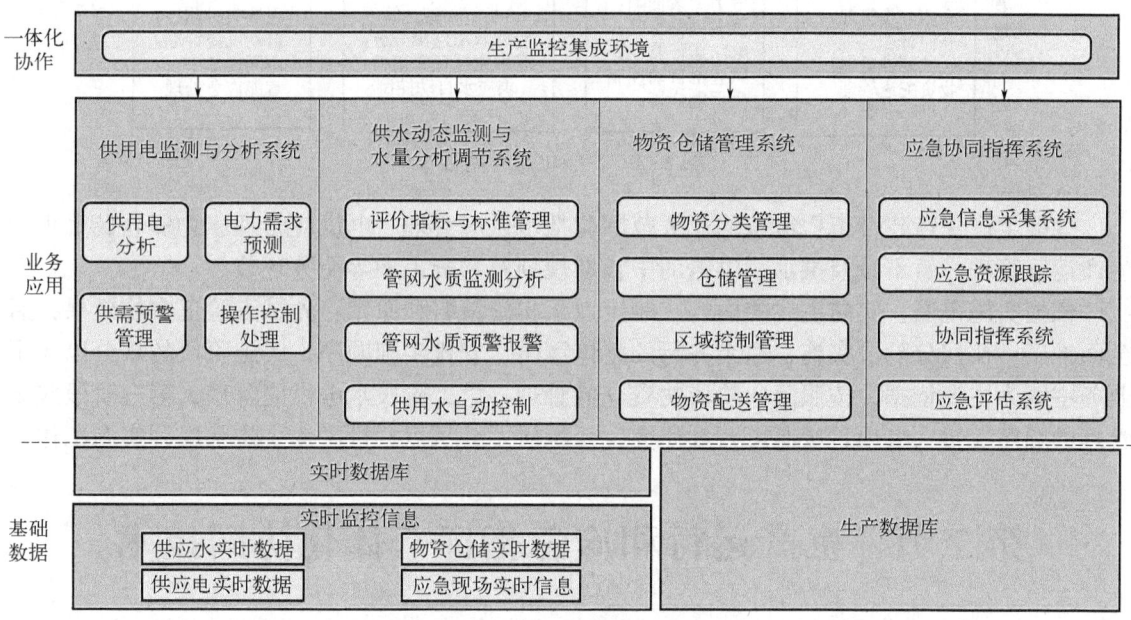

图 8-1 生产保障的运行体系

运行体系分为基础数据、业务应用、一体化协作 3 个层次。

### 1. 基础数据层

基础数据层提供统一数据源，以共享的方式为各应用系统提供实时数据、非实时数据、各类资料，主要数据源包括实时传输数据、准实时数据和历史数据。

### 2. 业务应用层

业务应用层实现与业务直接相关的应用系统，主要是核心应用系统的组成部分，核心应用系统与业务直接关联，为实现供水、供电、物资仓储管理和应急指挥的业务相关应用系统一体化协作层提供应急协同指挥平台。

### 3. 一体化协作层

一体化协作层是由一体化生产管理平台实现集中运行管理、统一指挥、统一调度的功能。

## 三、智能生产保障建设

智能生产保障建设工程是一项长期性的建设任务，建设周期长，并涉及多个业务单位、建设单位，在工程实施过程中应首先明确整体实施策略，并在整体实施策略和阶段划分的基础上，统一方向，逐步展开，以保证建设内容与建设目标的统一。智能生产保障整体实施分智能物资仓储管理、智能供水供电管理、智能应急指挥管理3个阶段展开，由于业务独立性较强，各阶段实施内容可并行展开，如图8-2所示。

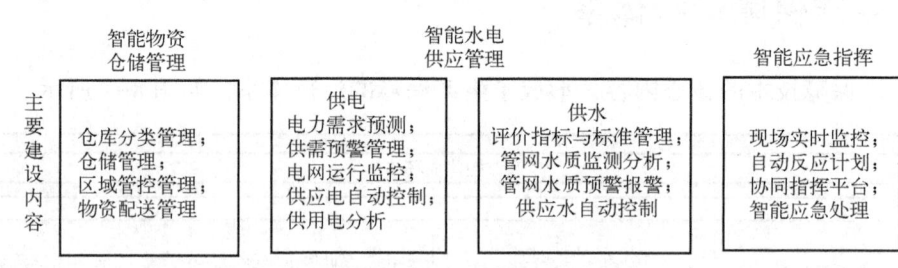

图8-2 智能化建设流程

智能生产保障建设工程覆盖的业务范围包括水供应管理、电供应管理、物资仓储管理和生产运行管理，暂不涉及供水、供电的中长期规划及物资采购等业务环节。

依据实施范围、实施主线的内容，制定以下实施策略和原则：先试点验证实施效果，后全面推广；按照分阶段实施，适当并行的整体策略，安排实施顺序；实施阶段的划分以4个业务主线为主要依据，按照第一阶段物资仓储管理，第二阶段水电供应管理，第三阶段应急管理的顺序安排；各项目按照可行性研究、系统研发、试点、推广4个步骤展开实施工作。

# 第二节 生产运行和应急指挥一体化协同技术

生产运行和应急指挥一体化协同技术包括智能生产运行指挥中心和智能应急管理两部分智能内容。

## 一、智能生产运行指挥中心

目前油田生产运行指挥中心的差距和问题主要体现在：（1）单向的信息获取途径；（2）缺

少反向的自动化控制；(3) 信息的简单堆砌，相关信息需要进入多个系统查询；(4) 生产指挥人员的被动和事后指挥等方面。

因此，生产运行指挥中心的智能化的价值在于提升信息感知能力和水平，按照相应专题整合相关信息，实现信息横向整合，变被动事后指挥为事先主动指挥，整体提升生产指挥能力和相应水平。

智能生产运行指挥中心的智能化目标是综合展示各类生产实时信息，自动产生预警和报警信息，基于模型，对警报信息进行自动判断和快速决策，决策指令自动执行。

智能生产运行指挥中心智能化场景，如图8-3所示。

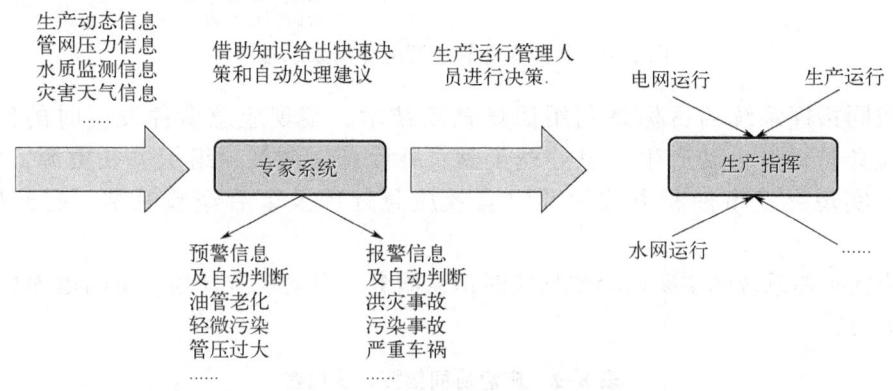

图 8-3　智能生产运行指挥中心智能化场景示意图

在生产过程中，将生产动态、官网压力、水质监测等信息采集录入专家系统之中，借助专家系统的相关内容知识，形成两大主要系统（预警信息及自动判断系统和报警信息及自动判断系统），前者区别是否存在油管老化、轻微污染等情况，后者监测洪灾、污染等事故情况。然后将收集的信息传入指挥中心，交于管理人员进行决策，有效的保证电网、水网等正常的生产运行。

## 二、智能应急管理

应急管理的智能化目标是利用信息辅助技术，实现应急事件发生时的信息综合，快速定位应急资源，自动产生应急处理步骤，并配备、调度、组织关联资源，实时监控应对过程，实现突发事件和事故的及时有效应急处理和事后经验总结，提升应急处理水平。

智能应急管理智能化场景如图8-4所示。

紧急情况发生以后，在应急处理平台里面启动应急预案并实时监控，具体处理内容包括：(1) 应急组织；(2) 应急物质调运；(3) 周边灾害监控等。为应急处理事后评估提供相关信息，实现有效的应急事后处理。然后，分两步走，一是将事后分析信息提交给专家系统，提升相关应急处理能力，为下一次的应急处理提供技术储备；二是总结，进行相关应急人员的培训和演练。

## 三、应急协同指挥系统

针对上面2个智能化业务场景，开展应急协同指挥系统建设。

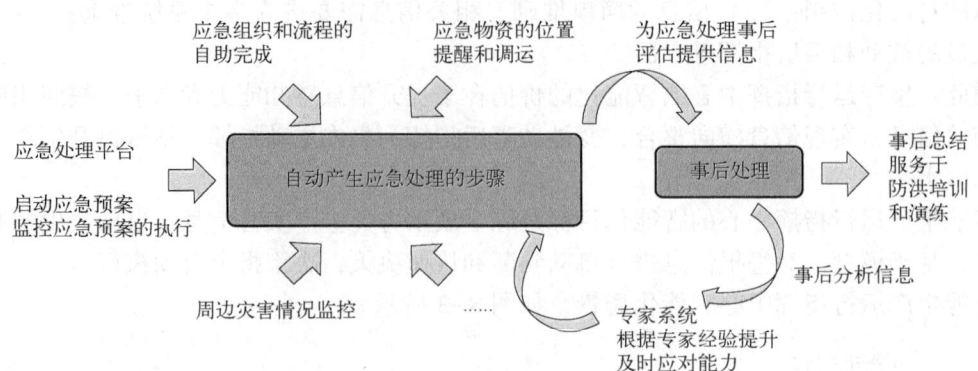

图 8-4 智能应急管理智能化场景示意图

应急协同指挥系统的目标是利用信息辅助技术，实现应急事件发生时的信息综合，快速定位应急资源，自动产生应急处理步骤，并配备、调度、组织关联资源，实时监控应对过程，实现突发事件和事故的及时有效应急处理及事后经验总结，提升应急处理水平。

应急协同指挥系统的主要内容包括实时信息服务、自动反应计划、协同指挥和智能应急处理（表 8-2）。

表 8-2 应急协同指挥系统内容

| 内容 | 内涵 |
| --- | --- |
| 实时信息服务 | 对实时监控数据进行汇总、分析，调用应急状况下联动信息，如地图信息、物资信息、现场图像、物资部署等 |
| 自动反应计划 | 在应急全程处理过程中，对关键处置步骤定义自动反应计划和触发条件，一旦触发条件具备，自动推荐处置措施，从而有效缩短反应时间，提高处置效率 |
| 协同指挥 | 建立多部门系统协同指挥的平台，实现整体协调 |
| 智能应急处理 | 积累大量业务知识，根据事件处理的状态，运用这些知识，向指挥人员适时推荐处置程序或对事件处理过程告警，以辅助应急人员对事件做出高效、准确的反应 |

建设应急协同指挥系统可以达到的预期效果是借助实时监控手段，通过图像、声音、位置等具体信息实时传输，迅速、全面地掌握现场状况，建立自然灾害和突发事件快速应对机制，提高应急指挥快速反应能力，实现专家与现场指挥人员协同、多种通信方式和信息手段的集成，实现高效的指挥决策。

应急协同指挥系统实施方案建议如图 8-5 所示。

首先将实时监控画面、地图遥感信息、实时监控数据等内容集成起来，形成实时数据采集系统；该系统对应接口——应急协同指挥环境，能够让专家们通过影音数据进行远程决策，一方面将信息给应急处理评估系统，进一步分析交流、处置评估等，另一方面将决策内容传递给应急信息联动系统，实现应急组织、物资调运、应急反应、预案联动等。将这些信息统一汇总形成应急指挥知识库，进行整个系统的数据储备升级和联动应用。最终形成应用集成平台，主要包括决策支持系统、专家知识库系统、数据挖掘与搜索系统。

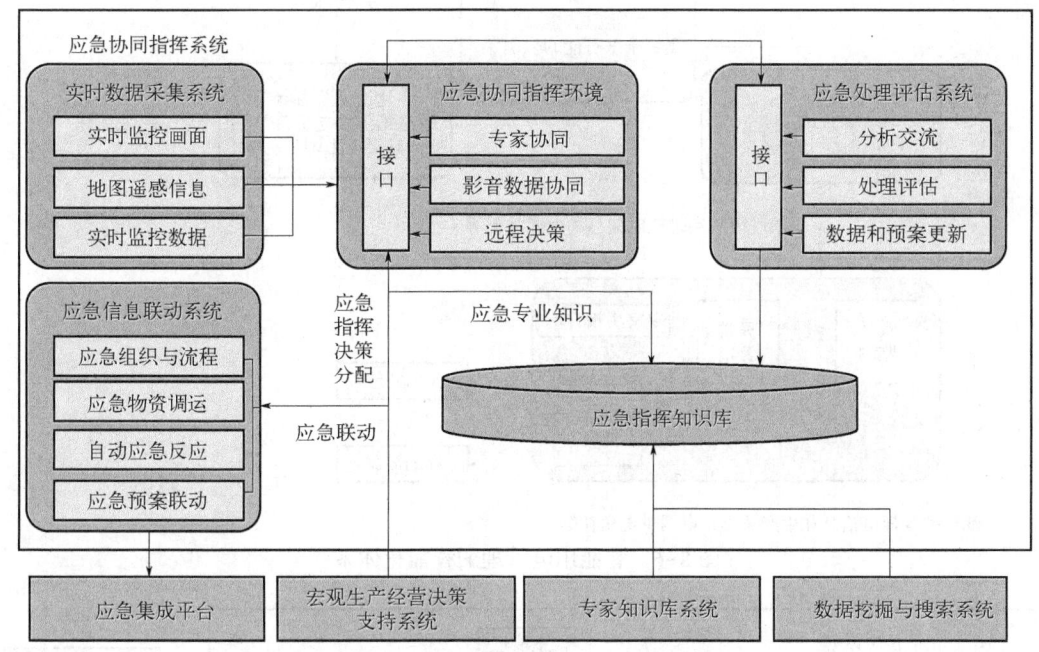

图 8-5 应急协同指挥系统实施方案建议

## 第三节 智能水电供应管理系统

油田水电供应管理的智能化系统分别包括智能用电管理与分析系统和智能水质管理与水量分配系统。

### 一、智能用电管理与分析系统

智能用电管理是利用多种手段监测生产用电消耗和负荷，利用预测模型模拟预测未来电力的需求变化趋势，依靠模型和专家系统的辅助实现较为客观的电力调度方案。智能用电分析是借助更加精细的测量数据和历史数据，从多种维度分析电力消耗，为优化用电运行管理、降低电量消耗、合理使用负荷提供科学依据。这两者分别如图 8-6 和图 8-7 所示。

首先通过建设电网三维展示系统，实现电网运行的实时监控显示，对供电电力流向和电量分布实现可视化展示，实现初步供用电智能分析，然后对供电进行全面监测和报警功能，实现电网异常情况自动远程控制和快速处理，最后依据积累的经验提升完善处理方案库中的操作规范，建设电力全网供需智能平衡系统，实现全网智能自动调节，提升电力管理水平。

### 二、智能水质管理与水量分配系统

智能水质管理建设的意义在于提升信息感知能力和水平，实现对水源水质的全程监控，发现水质问题能够及时控制和处理，减少污染事件发生，提升生产注水水质的控制能力。智能

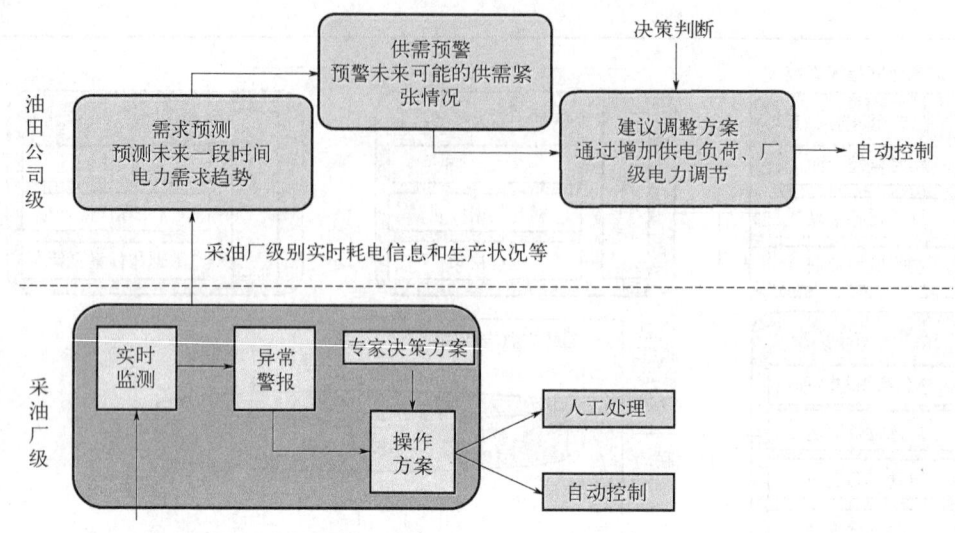

图 8-6 智能用电管理的智能化体系

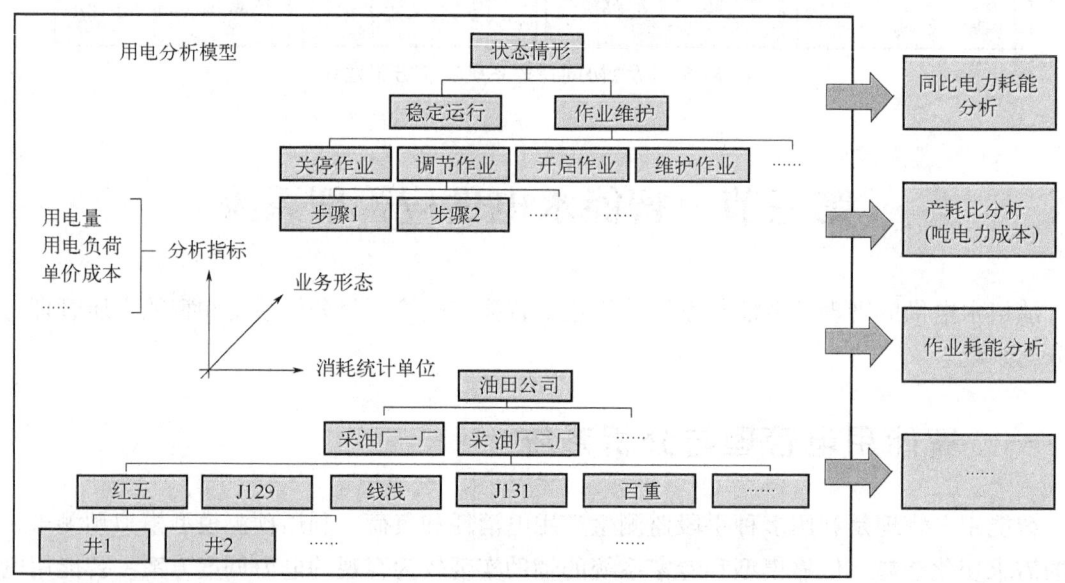

图 8-7 智能用电分析的智能化体系

水质管理是对水质情况的自动监测，对水质污染的快速反应和自动处理，其对应的系统建设是供水动态监测系统。而供水动态监测系统实现对生产用水全线供水管网和水质情况的自动监测与快速处理，面对严重水质污染和供水管网泄漏等特殊情况可以参照应对方案库进行快速反应和自动远程控制处理。

供水动态监测系统的建设范围主要有五个方面（表 8-3）。

表 8-3 供水动态监测系统建设范围

| 内容 | 内容解析 |
| --- | --- |
| 评价指标与标准的管理 | 系统研讨生产用水水质监测指标，确定每种评价指标的评价标准，用于指导评价指标的监测和管理 |

续表

| 内容 | 内容解析 |
| --- | --- |
| 现场数据采集控制 | 利用特定传感器对全线供水管网（水源源头、途中河道、污水处理厂、民用水管线和工业用水管线）依据评价标准对评价指标进行监测 |
| 管网水质监测分析 | 对各种监测指标进行监测分析，判断某项监测指标的变化趋势，可以人工判断也可以系统自动判断 |
| 管网水质预警报警 | 设定预警报警情况，当监测分析结果满足条件后，自动产生水质和管网破裂的预警报警信息 |
| 方案建议处理和自动控制 | 针对特定异常情况给出系统建议方案，利用自动化设备解决预警报警情况，部分操作需人工处理 |

供水动态监测系统的预期效果是借助先进的传感和测量技术，实时感知供水管网运行状态，跟踪用水情况和水量分布；借助先进的控制方法和分析系统，自动处理报警信息和进行供用水分析，实现供水管网的可靠、安全运行。

智能水量分配建设的意义在于提升生产用水预测能力，科学分配水量，实时获取各种现场信息，方便水量分配决策。水量分配智能化需要分二级进行，即采油厂级和油气田公司级。采油厂级水量分配智能化的目标是对厂级供水管网和生产信息进行自动化监测和控制，利用专业模型预测水量需求，并通过专家系统辅助制订水量分配调整方案。与其对应的是水量分析调节系统。

水量分析调节系统的建设范围有以下六方面（表8-4）。

表8-4 水量分析调节系统建设范围

| 内容 | 内容解析 |
| --- | --- |
| 现场数据采集和自动化控制 | 利用传感器、自动化设备实现对自备水源井水量、污水回流水量、实时产量信息、实时耗水量、管网管道自动化设备等数据的采集和自动控制 |
| 水量需求模型 | 利用历史水量消耗数据和历史产量信息，预估当前水量需求基础值，实时获得生产运行数据修正水量值 |
| 水量决策判断 | 决策者利用自身多年经验，做最终水量的判定，人为调整供水方案 |
| 预警报警管理 | 对供水异常情况进行预警报警，如水量供需存在差异时进行预警，水量耗费异常时进行报警灯 |
| 操作方案库 | 针对特定异常情况给出系统建议方案 |
| 操作控制处理 | 参照系统建议方案，利用自动化设备解决预警报警信息；负责参照计算值控制水源配给 |

建设供水动态监测系统可以达到的预期效果是借助先进的传感和测量技术，实时感知供水管网运行状态，跟踪用水情况和水量分布，借助先进的控制方法和分析系统，自动处理报警信息和进行供用水分析，实现供水管网的可靠、安全运行。

智能水质管理模拟流程如图8-8所示。

首先建设供水管网运行监控系统，实现管网运行的实时监控显示，对用水情况和水量分布实现可视化展示，实现初步供用水智能分析，建立起管网运行监控系统，然后通过建立水量分配控制指标，使供水管网水量自动调节，实现水量智能分配，完成智能水量分配管理系统建设，最后借助先进的传感设备和技术，设定水质监测限值，进行水质实时监测和报警，报警信息实时传输，建设好水质监测分析系统。

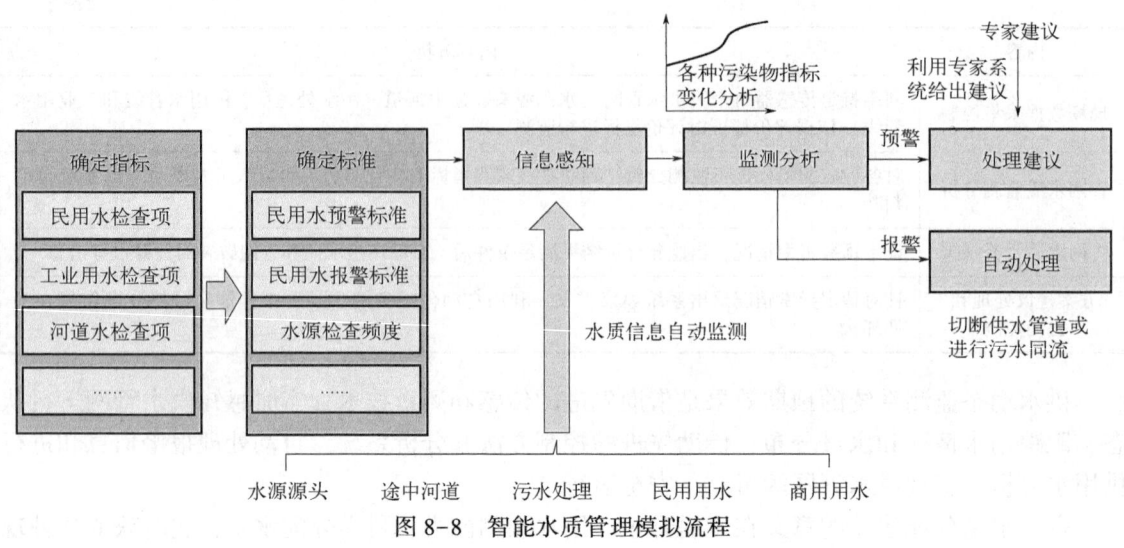

图 8-8 智能水质管理模拟流程

## 第四节 智能物质仓储管理技术

智能物资仓储管理是通过射频识别（RFID）、无线数据通信、射频识别技术、全球定位系统等物联网技术，实时采集车辆、物资的身份、位置、状态等各种需要的信息，通过企业网、互联网络接入，实现物与物、物与人的广泛联系链接，进而基于物联网环境，进行车辆、物资的感知、识别和管理。

智能物资仓储管理系统的建设核心目标是建立一套覆盖油气田公司车辆与物资、智能化的、适应未来业务发展需要和与其他系统高度集成的物联网系统，把物品与互联网相连接，进行信息交换和通信，以实现智能化识别、定位、跟踪、监控和管理。

智能物资仓储管理系统的主要内容包括物资物联网、物资跟踪和自动化仓储管理（表 8-5）。

表 8-5 物资仓储管理系统的主要内容

| 主要内容 | 内涵 |
| --- | --- |
| 物资物联网 | 通过射频识别（RFID）、红外感应器、全球定位系统、激光扫描器等信息传感设备，与互联网或企业网相连接 |
| 物资跟踪 | 在互联网环境下，实现运输订单、物流业务调度、物资状态跟踪、物资运输监控等功能 |
| 自动化仓储管理 | 在高度自动化环境下，实现物资入库、仓储、库存、状态跟踪管理 |

建设智能物资仓储管理系统可以达到的预期效果是减少物资损坏，降低物资管理成本，提高物资周转效率，减少人工数量，采用先进设备提高服务效率，整合物资供给资源，提高油气田竞争力。智能物资仓储管理系统的建立方案如图 8-9 所示。

首先建设起自动化仓储系统，对物资入库、出库、盘点等全业务环节进行支持和智能化管理，形成建设区域控制系统、布置周边安全防护体系；然后建设物流配送系统，对物资在运输过程中的情况进行跟踪监控；建设物资跟踪管理系统，对物资的使用情况进行跟踪管

第八章 智能生产保障技术

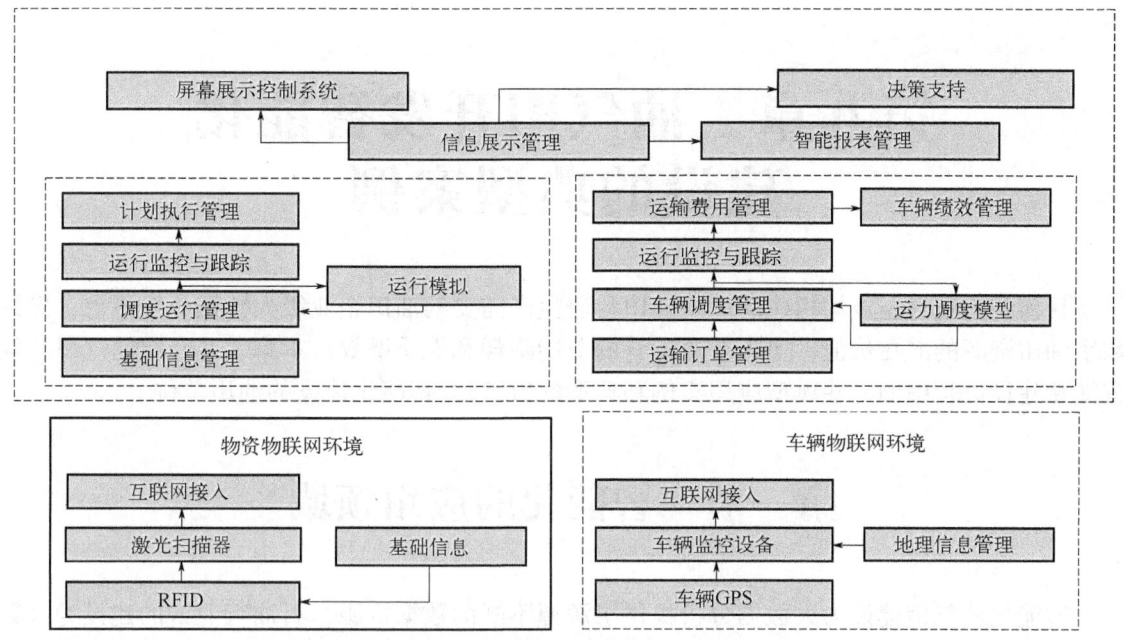

图 8-9 智能物资仓储管理系统的建立方案

理，实现物资全生命周期管理；最后形成运行控制中心，将物资管理、仓储管理、配送管理等系统集成显示，用统一的运行控制平台，实现物资仓储的集中控制管理。

## 复习思考题

1. 油气田开发智能生产保障技术核心内容包括哪些？
2. 应急协同指挥系统的主要内容有哪些？
3. 应急协同指挥系统实施方案建议是什么？
4. 智能化物资仓储管理的内涵是什么？
5. 简述智能用电管理与分析系统的智能化体系。
6. 简述智能用水质管理与水量分配系统的智能化体系。

# 第九章　油气田开发智能化建设的典型案例

目前各大石油企业均构建起满足油田科研生产需要的油田企业级大数据分析平台，发挥数字油田资源的潜在价值，实现企业运营的节能降耗和提质增效。本章主要介绍油气田开发智能化建设进程中的一些典型应用实例和典型的数字化/智能化建设的油田单位。

## 第一节　智能化的应用领域

智能化油气田建设为大数据分析提供了源源不断的数据资源，石油行业云的建设为大数据分析应用提供了强大的计算能力和弹性可扩展的数据资源池。在国际油价持续低迷、企业利润大幅降低的背景下，如何更好地利用大数据分析技术，构建满足油田科研生产需要的油田企业级大数据分析平台，发挥油田大数据资源的潜在价值，实现企业运营的节能降耗和提质增效，促进企业管理的科学，显得非常必要和紧迫。

### 一、石油行业信息化中的应用

石油行业实现信息化生产，有助于提高石油企业的产量，在互联网基础上将大数据技术应用到石油行业之中，通过科学的计算技术及大数据分析技术，能够有效提升石油行业的开发效率，通过数据挖掘技术能够对行业内的一些基础数据进行深入的分析，从而减少石油行业的生产成本，提高石油的开发效率。

1. 建设数字油田的标准体系

数字油田虽然已经经过多年的建设和发展，但是数字油田标准化体系一直处于滞后的状态，成为制约数字油田进一步发展的关键因素。建立数字油田的首要任务是制定有关数字油田建设项目管理类标准规范、软件开发及运行维护通用标准规范。数字油田标准化体系的建设会对工程项目管理、信息基础设施、数据交换、信息安全、信息系统建设、系统运维服务等多个方面提供最佳的数字化信息服务。

例如，为了实现数字油田的标准体系构建，华北油田先后在阿尔、宝力格等地设立了数字油田示范区，做到了单井及站场数字化覆盖率60%。在规模化的产能模块设计中，华北油田采用了自动化配套建设方式，节约现场人力30%，最终实现资金投入的新一步降低。又比如，长庆油田通过广为分布的监控设备、自动化控制设备，实现人员闯入预警、自动化投球、示功图法计量、电子巡井，建立起一套标准统一、技术统一、平台统一、设备统一、管理统一的现代化管理决策辅助系统，从而大幅度提高现场管理效率，并通过搭建信息平台、畅通信息渠道、加强信息采集、优化信息处理，最终形成科学快速的决策，实现了的年产量 $5000×10^4$t 的目标。

2. 建立企业数据仓库

随着数据容量与数据类型在过去几十年里的大幅度增长，传统的数据存储模式已经无法负荷日益增长的数据量，而数据仓库技术的出现与发展满足了数据存储与分析的这两类庞大的需求，从而彻底改变了数据集成的前景。在建立数据库的技术方法中，企业中所有数据首先会根据数据类型进行分析，也会考虑到数据本身的性质及其相关的处理需求。数据处理过程将会用到内置在处理逻辑中并且整合到一系列编程流程中的业务规划，数据处理会使用到企业元数据、主数据管理和语义技术等。数据仓库技术可以高效利用当前及未来的数据架构和语义技术等。数据仓库技术可以高效利用当前及未来的数据架构和分类方法，保持处理逻辑的灵活性，使其能够在不同的物理基础架构组件上发挥作用，从而提高企业的信息化管理的效率。

3. 大规模数据的并行处理与计算

现在并行程序设计算法需要考虑数据的存储管理、任务划分与调度执行、同步与通信、灾备恢复处理等几乎所有技术细节，且非常繁琐。为了进一步提升并行计算程序的自动化并行处理能力，应该尽量减少对很多系统底层技术细节的考虑，从底层细节中彻底解放出来，从而更专注应用问题本身的计算和算法实现。目前已发展出多种具有自动化并行处理能力的计算软件框架，如 Google MapReduce 和 Hadoop MapReduce 并行计算软件框架，以及近年来出现的以内存计算为基础、能提供多种大数据计算模式的 Spark 系统等。并行计算的性能是通过加速比来体现性能提升的，这里所提到的加速比是指并行程序的并行执行速度相对于其串行程序执行速度加速了多少倍。这个指标贯穿于整个并行计算技术，是并行计算技术的核心。从应用角度出，不论是开发还是使用，企业都希望随着处理能力的提升，并行计算程序的执行速度也需要有相应的提升，从而完成大规模数据的并行处理与计算。

倘若要在石油行业的全面信息化建设中大力发展大数据技术的管理，仍需要进行不断的更新与调整，只有做好各方面适应性改造，才能够实现对工程管理技术上的重大科技突破。

4. 对相关数据进行安全整合

为了维护石油企业的正常运转，每天都会产生很多不同类型的数据，值得注意的是，在数据收集过程中，应该利用大数据技术对其中潜力价值较大的数据进行充分挖掘，从而对最适合企业发展情况的数据进行选取，这样一来，数据中的价值便会得到有效发挥，将数据应用到最合理的地方。

例如，在大数据环境下，很多油田信息具有较强的关联特性，但数据又具有共享特点，对很多商业机密的保护提出了很大挑战。因此，在油田信息化建设过程中，需要确保信息的绝对安全，在加强数据管控的同时，维护数据不受到任何风险的影响，最终为企业的良好发展提供基础条件。

## 二、勘探开发生产中的应用

大数据分析技术在油气勘探开发及生的各个领域、各个步骤中均得到了良好运用，如地震数据属性提取、储层建模、钻井方案优化、油气资源评价和生产方案优化等方面。这些技术的运用对提高油气勘探效率和降低成本有明显促进作用。

### 1. 储层预测中的应用研究

对于油气田勘探开发而言，构造认识、储层认识是基础中的核心，而储层预测一直以来是难点中的难点。但是一直以来，地质意义模糊、地震属性的混乱不清等原因导致人们对储层预测的不信任。如何利用现有数据进行储层的定性、定量认识和预测一直以来困扰着地质和地球物理专家。大数据的理念正在逐步消除人们的不信任，它告诉人们：知道"是什么"就够了，没有必要知道"为什么"。在大数据时代，大数据技术、数据挖掘的思路为储层预测带来新的曙光。

例如，大港油田对此进行了探索和研究，进行了大数据从数据准备到数据可视化全流程的实践，探索形成了尺度融合基础上的大数据储层研究思路，完成了试点地区的储层研究，为科研生产提供了依据。通过对勘探开发业务的理解，地质专家和数据分析专家密切配合，完成了N59断块储层预测相关数据的集成，包括地震、测井、录井、分析化验、地质成果数据等结构化、非结构化数据，进行了归一化、标准化、尺度融合等数据预处理，开展了支持向量机等6种地震测井大数据储层预测算法适应性研究；最终完成了大数据储层预测模型的建立。模型预测数据结果受到地质和地球物理案专家的高度认可。其纵向、横向分辨率得到极大提升，与单井钻遇砂体、油田生产注水动态、预留验证井的情况非常吻合，具有极强的现实指导意义。

### 2. 地震勘探数据处理

地震勘探是石油地质勘探中十分重要的技术，其流程包括地震资料的采集、处理、解释等。大数据技术在地震勘探的多个环节均已得到应用。在地震数据的解释环节，可利用大数据技术从地震属性中提取出地震波的振幅、频率、相位、能量、波形等多种参数，以及这些参数的梯度变化等信息。大数据技术的引入，一方面使得解释人员对地震数据的处理效率及数据的合理性、准确性大大增加，另一方面可使以往那些容易被忽略的、有潜在价值的地震数据更容易被识别。

目前世界几个大型石油巨头公司均用到了大数据技术：美国雪佛龙公司在地震数据处理的多个步骤（如储层的分析和识别）中均用到了Hadoop技术，通过高性能计算机对地震数据进行计算，并将处理后的数据通过计算机模型进行分析。荷兰壳牌石油公司在地震勘探过程中运用云计算技术实时采集和分析各种勘探开发数据，使油气开采的成功率明显提高。在国内，三大石油公司均开始尝试将大数据引入油气勘探中，而地震勘探更是大数据应用的主战场。我国最大的物探公司东方地球物理勘探公司，利用大型超算中心的GPU集群，使得地震数据的处理效率突飞猛进，节省了大量人力、物力和时间成本。

### 3. 油气井产能的预测

大数据的本质是预测，即从大量数据中挖掘有用信息，并对其发展趋势进行预测，为决策者制定合理的应对方案提供科学依据和支撑。目前已有石油公司尝试通过油气田生产过程中收集到的大量数据，对油气井后期的产能进行预测，这种方法对于老井尤其有用。由于老井开采时间较长，其产能严重下降，成本显著增加，后期能否产生效益的不确定性大为增加。但这些老井在长期开采过程中已积累了大量的相关数据。大数据技术可通过对老井的地震、钻井和生产数据的分析,将储层和产能的变化情况实时提供给决策者,方便工作者对后期的开采情况进行预测,对其开发方案进行改造和优化,使老井的生产效益实现最大化。

4. 油气相关设备的维护

从油气的上游勘探开发到下游的冶炼运输,涉及大量的专业设备,这些设备的运营和维护需要石油公司付出较高成本。如将大数据技术运用到各项设备的故障预测和性能维护方面,可达到较好的节能减耗效果。要实现这一目的,需在油气的勘探、开采、冶炼和运输过程中,收集包括压力、温度、体积在内的各种相关数据,以及设备的消耗和损坏情况等,并将这两类数据进行比较,分析两者之间的关联性并总结其规律。通过上述途径,就可利用大数据技术对容易出现故障的部件和故障发生的位置、频率及事故原因等进行科学性预测,以采取针对性的措施,实现设备故障的自动化预测,以达到提高维护效率、节省维护成本的目的。

一方面,大数据技术本身是一个新兴行业,其在油气勘探行业的应用也属于初级阶段,目前油气勘探大数据行业相关的人才仍然比较缺乏。另一方面,我国的油气勘探公司大多是大型垄断国企,由于长期的管理体制问题,思维相对于互联网公司来说有些守旧,技术更新也较慢;而高端的大数据技术大多掌握在新兴的互联网公司手中。以往两者之间的技术交流和合作较少,这在一定程度上也制约着油气地质大数据技术的发展。

## 三、油田节能降耗中的应用

能源资源的稀缺性特点决定我们要持续关注节能降耗,更应该深入研究与将更多、更好的节能降耗技术应用于石油行业各个领域当中,从而实现预期的节能减排目标,达到节能降耗的目的。结合历史油田数据和大数据分析技术,各大油田公司均对采油系统、集输系统等的节能降耗技术应用问题进行了深入探讨,旨在促进节能降耗技术在油田油气资源开发与利用过程中的科学合理应用。

1. 油田采油系统节能降耗技术及其应用

影响油田机械采油系统能源利用效率的因素较多,可以说地面、井下因素皆有,如油井产液量、有效扬程和电动机输出功率等因素和参数。因此,应该同时考虑地面和井下因素,将机械采油系统作为一个整体,以节能降耗为主要目标,对相关影响因素及参数进行优化匹配设计,旨在提高整个机械采油系统的能源利用效率,进而提高其节能降耗水平。

就油田机械采油系统优化设计所涉及的节能降耗技术研究与应用,概括起来有多个研究方向和多种技术。例如,双层综合模糊评价法,即将最高效率作为设计目标,建立机械采油系统有杆泵抽汲参数优化模型,以此起到消耗同样能源而提高油气产量的效果。又比如,回归方程法,即通过对大量的机械采油系统效率数据的分析来获得一个或者多个方程模型,然后以效率为目标函数,将设计参数与实际生产进行对比分析,从而获得生产效率高的参数并普遍应用到生产过程中的多种采油系统优化设计方法。

下面以降低抽油机井吨液百米耗电为目标的大数据分析应用为例,简要说明大数据分析技术在油田采油系统节能降耗中的应用。

应用大数据分析技术可以将采油工程中的大量数据转化为指导生产的意见。抽油机井吨液百米耗电是评价油井能耗水平高低的重要指标，对油井的能耗挖潜具有重要意义，但由于影响吨液百米耗电的因素众多，究竟何种因素是影响抽油机井吨液百米耗电的主要因素及影响程度如何并不十分明确。因此，有必要应用大数据分析技术对影响吨液百米耗电的各因素进行分析，并建立相关数学模型进行权重分析，挖掘出各种影响因素对抽油机井吨液百米耗电的规律，并结合现场生产情况，准确制定降低吨液百米耗电的措施。

在油田生产过程中，抽油机井吨液百米耗电是评价油井能耗状况的重要指标之一，是井下、地面等参数综合的结果。据现场经验可知，一般产液量、下泵深度、沉没度、含水率、抽汲液体黏度、冲程冲速、抽油机平衡率等诸多因素都可以影响吨液百米耗电，难以评价的因素还有热洗化防次数、对应注水井注水情况、抽油机型号、电动机功率等。虽然目前对影响抽油机井吨液百米耗电的因素有了一定了解，但还需要应用大数据分析技术找出各种因素之间的相关性。

此次大数据分析案例以华北油田采油三厂971口油井数据为基础，结合抽油机井基础数据、示功图数据、自动检测实时数据及系统效率等近150万条数据进行数据清洗、分类等工作，建立了针对抽油机井吨液百米耗电的主题数据库，并通过配套嵌入的相关数据挖掘算法，发现隐藏其中的相关规律，制定以降低抽油机井吨液百米耗电为目标的措施。

1) 关键指标诊断

抽油机井吨液百米耗电是衡量抽油机能耗水平的重要指标。2017年，华北油田采油三厂平均单井吨液百米耗电为 $0.99\text{kWh}/(10^2 \cdot t)$，系统效率为30.21%，抽油机电费占全厂总成本的6.54%。在含水上升、液量增加、国际油价持续低位徘徊的大环境下，提高抽油机系统效率、降低能耗具有重要意义。

2) 基础数据挖掘实例

通过对采集到的数据进行正态分布图、曲线图、柱状图、散点图等方式进行直观展示。以某采油工区为例，统计分析近期测量的160余口油井吨液百米耗电数据，绘制正态分布图；应用3σ准则划分边界条件进行质量控制，发现6口井严重偏离平均值，现场重新测量之后，发现是测试仪器故障。经过初步分析，可以实现对错误数据的检测及浅显规律的发现。

3) 专业数据挖掘

通过分析电动机、抽油机等因素与吨液百米耗电的关系，发现抽油机平衡率与能耗分布无明显规律。认为：目前利用峰值电流评价平衡率的方法值得商榷，采用功率法能更准确地反应抽油机平衡情况。分析抽油机井吨液百米耗电与系统效率的关系发现，两者之间存在拟合度良好的幂函数关系曲线。

选取所属某区块所有油井的吨液百米耗电数据及系统效率数据，做出两者之间的散点图，拟合出的幂函数关系曲线为 $y = 23.99x^{-0.96}$，表明二者存在明显的幂函数曲线关系（图9-1）。进而按吨液百米耗电的不同对数据进行分类，做出各自区间的线性关系，分析发现直线1与直线2的斜率之比为10.4倍，相交点系统效率为9.7%；直线2与直线3斜率之比为5.6倍，相交点的系统效率为28.9%。这表明：当系统效率值小于9.7%时，能耗水平降低空间巨大，是重点治理区域；系统效率值在9.7%与28.9%的油井是普通治理区间；系统效率值大于28.9%的区域为高效区域。

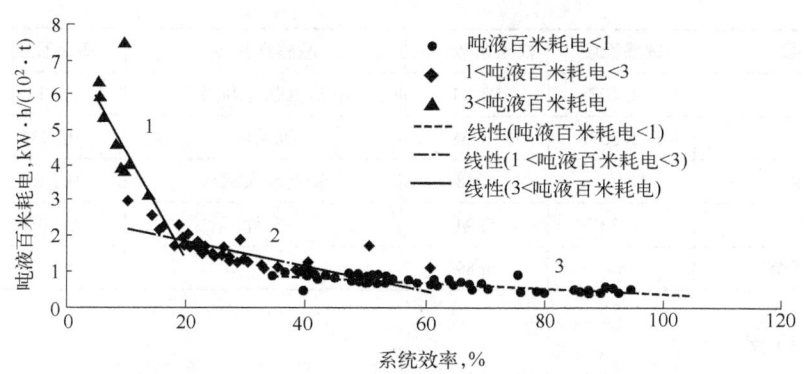

图 9-1　某区块油井系统效率与吨液百米耗电关系

选取所属某区块所有油井的数据，以抽油机井吨液百米耗电及系统效率为研究对象，进行合理沉没度的确定。应用聚类的方法以 50m 为间隔进行划分，求出每个区间内的平均沉没度、平均系统效率、平均吨液百米耗电；应用回归分析拟合出 2 条二次函数曲线（图 9-2）。随着沉没度的增加，平均吨液百米耗电先减少、后增加，沉没度在 300~700m 时平均吨液百米耗电最低；而系统效率随着沉没度的增加先增加、后减小，沉没度在 300~900m 时平均系统效率最高。采用数学求导确定极值的方法，确定出所属区域合理沉没度为 375~617m。

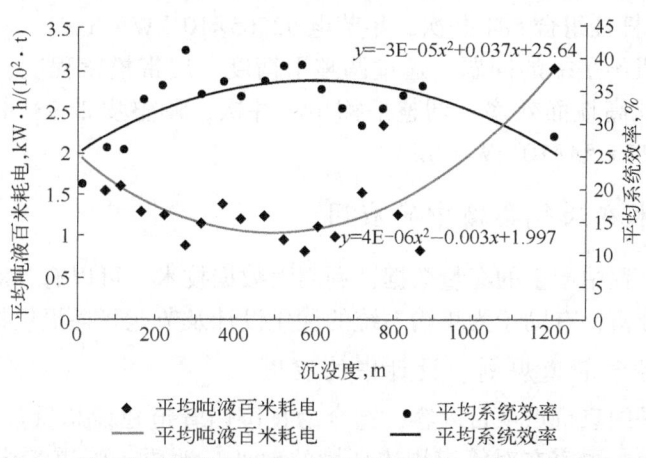

图 9-2　某区块油井沉没度与吨液百米耗电、系统效率聚类分析

进而进行权重分析，寻找影响吨液百米耗电的主要因素，并为后期制定措施指明方向。由表 9-1 可知，影响抽油机井泵效的因素敏感性程度大小排序为：产液量>泵效>冲速>泵径>冲程>原油黏度>含水率>悬点最小载荷>抽油机平衡度>泵深>抽油机载荷利用率>电动机载荷利用率>沉没度>悬点最大载荷。后续在制定降低吨液百米耗电的措施时应按所分析的次序优先进行调整。

表 9-1　某区块油井吨液百米耗电影响因素排序

| 敏感性参数 | 敏感程度 | 权重系数,% | 敏感性参数 | 敏感程度 | 权重系数,% |
|---|---|---|---|---|---|
| 产液量 | −4.115 | 18.3 | 抽油机平衡度 | −0.976 | 4.34 |
| 泵效 | −3.434 | 15.27 | 泵深 | 0.686 | 3.05 |
| 冲速 | −2.708 | 12.04 | 抽油机载荷利用率 | 0.501 | 2.23 |

续表

| 敏感性参数 | 敏感程度 | 权重系数，% | 敏感性参数 | 敏感程度 | 权重系数，% |
| --- | --- | --- | --- | --- | --- |
| 泵径 | -2.408 | 10.71 | 电动机载荷利用率 | 0.336 | 1.49 |
| 冲程 | -2.335 | 10.38 | 沉没度 | -0.333 | 1.48 |
| 原油黏度 | 1.458 | 6.48 | 悬点最大载荷 | 0.316 | 1.4 |
| 含水率 | -1.337 | 5.94 | 合计 | 23.492 | 100 |
| 悬点最小载荷 | 1.549 | 6.89 | | | |

4）现场应用

结合大数据分析成果，编制详细的节能措施方案，针对不同井况、不同生产情况制定措施：

（1）针对产液量低、泵效低的问题，采取压裂、酸化、地质补孔等措施，提高产液量；对地层挖潜潜力不大的油井进行间开或安装抽油机变速运行智能控制装置，降低吨液百米耗电，节电率达21.66%。

（2）针对冲程、冲速、泵径、泵深匹配关系不好的问题，在数据库建设的基础上，对历史数据应用神经网络模型进行训练，并结合杆柱等强度理论，开发了井下完井杆柱组合方式软件，系统调节冲程、冲速及井下杆柱配比。分析应用以来，调整冲程139次、调整冲速162次，优化泵径及杆柱组合581井次，年节电$92.65×10^4$ kW·h。

（3）针对抽油机不平衡的问题，通过调整平衡度、皮带松紧程度、驴头对中、中轴尾轴的润滑等方式以提高地面效率，调整平衡167井次，调整皮带93井次、中轴尾轴润滑4000余次，年节电$113.53×10^4$ kW·h。

## 2. 大数据技术在油气集输中的应用

根据油气集输过程中产生的海量数据，利用大数据技术，可以有针对性地建立相应的模型及算法进行挖掘分析，有助于为集输系统的优化设计及节能降耗提供指导。

1）大数据在油气管道规划、设计中的应用

资源输送始终是国家重点项目内容，迄今为止国内管道建设总量基本已达16.9万千米左右。在建设过程中，国家在对管道周边环境的地址、地质，管道结构的设计、工艺、用料等方面已经掌握了极多的数据内容。在此基础上加以大数据技术的应用能够为专业人员提供更加高效的信息选用业务，尤其在新管道建设活动中，技术方可以利用大数据技术减少建设过程中的不必要人力资源输出，在既定周期内实现更为高效、全面、具体的规划设计。

2）大数据在油气管道建设中的应用

油气管道施工过程中会产生施工记录、变更等数据。以往在交完竣工资料后，此类数据便难以再被重复利用。现今随着信息化、移动终端的发展，大量纸质数据可以直接变成电子数据。大数据技术可以让这些沉睡的数据"变废为宝"，通过大数据技术，对以往记录数据进行分析，可以更具针对性地推测新管道建设存在的难点，并整合过往经验编制出更具有可行性的施工组织方案。在人员布设、机械设备、物资分配等方面进行全面优化，可有效降低项目成本，保证施工技术方案可行，施工质量可靠。

3）大数据在油气管道建设监理中的应用

油气管道建设监理行业正在推动信息化、数字化建设。大数据技术将更好地推动此过程，并将充分利用信息化、数字化的成果，提升监理服务水平，提高监理管控质量。

4）大数据在油气管道运行中的应用

油气管道的运营管理过程中，会生成大量的数据。为此，可以采用大数据技术，对油气管道进行风险判定和预控，并针对油气管道的缺陷，进行针对性、有计划的修复。例如，油气管道的腐蚀调查和处理工作中，就可以采用大数据技术，实现对油气管道相关数据的筛查和分析，以更好地对油气管道腐蚀的影响程度进行排序分析和等级划分，以全面而准确地辨识油气管道风险，减少开挖的数量，增强油气管道安全管理水平。

下面以基于大数据的油气集输系统能耗预测模型为例，简要说明大数据技术在油气集输系统节能降耗中的应用。

集输系统能耗的主要影响因素包括电能利用率、产液量、加药量、加热炉效率、换热器效率、环境温度、设备保温度、含水率、出油温度及出油压力等16个指标。目前在对集输系统的能耗指标进行预测时，大多是通过现场监测，建立与系统能耗密切相关参数的数学模型。然而，这些传统的数理统计预测模型认为油气集输系统中的时间序列是外在随机因素引起的，因而利用随机过程理论模拟系统的运动规律。而整个集输系统的运行发展过程是有其自身的规律和特点，监测序列是地层能量、流动规律、流体性质、人为操作等系统变量在演化过程中的外在表现，随机过程理论并不完全适合集输系统生产参数时间序列的预测。大部分方法都是基于单变量时间序列来研究的，而在实际情形中存在的复杂系统大多是由2个或者多个变量进行描述的。理论上，只要满足嵌入维数足够大的条件，单变量时间序列就可以重构原本的动力系统。然而在面对的实际问题中，并不能完全用单变量进行重构，往往需要多变量时间序列的相空间重构理论，实验也证明比起单变量混沌时间序列预测，使用多变量混沌时间序列的预测法做相关预测的预测效果更好。

首先，运用基于粒计算关联规则的算法模型对集输系统能耗指标进行基于粒关联规则的分析，确定出影响原油集输系统能耗指标因素为产液量、含水率、出油温度3个主成分。然后，应用基于相空间重构的混沌时间序列预测模型对相关能耗指标因素进行多变量混沌时间序列预测，实现了依据往年损耗数据对未来能耗进行预测的效果，为油田企业制定合理集输节能降耗措施计划提供了可靠依据。

## 四、油田提质增效中的应用

在进入油田智能化时代的今天，智能化在企业谋求创新途径、提高产品质量、提升生产效益等方面起着非常重要的作用。

通过对智能化分析的有效运用，在很大程度上可以使得油田开发之后的所有数据都能发挥出应有的价值，最大限度地避免了因数据量不充裕而出现误差的情况。通过系统化和网络化的大数据分析，减少了以往在数据分析中的人工投入，实现了人力资源的合理配置，实现了数据成果的直观化和形象化，改善了油气生产及工程管理中的问题。同时，和常规的方法相比，大数据分析实现了对油田数据的合理利用，提升了工作效率和工作质量，极大地提升了油田企业的管理水平。

数字油田的建设，为油田企业积累了大量的数据，为挖掘和利用好这一宝贵资源，以油田生产单位最关心的产量、能耗、效率、效益、安全、环保等指标的提升为分析目标，在油气藏、采油（气）、注水、集输、修井及生产管理等方面，油田企业深入开展了大数据预处理、数据建模、可视化展示、因果分析、方案优化、现场实施等系列研究，构建了以应用为导向的油田大数据分析流程，建立了油田业务大数据分析模型，开发了油田大数据分析平台及网络版软件等，为油田生产高效管控和优化运行提供了决策依据，为油田企业提质、降本、增效提供了重要保障。

### 1. 自动筛选异常井

在油田企业生产过程中，异常井是影响油田产量的重要因素之一，随着时代的不断进步，越来越多的油田企业开始重视异常井的管理工作。以往，主要采用人工排除方法来识别异常井，需要翻阅大量的油田生产资料，经过复杂的认定环节，方可判定异常井的存在。这种人工方式需要消耗大量的人力和物力，且发现周期较长，对油田产量的影响较为持久，无法及时制定应对措施。异常井的主要特点是油井单位时间内的产量与历史生产数据之中的单位时间内的产量具有较大差异性，具有数据差异波动，并且数据的波动幅度已经超出了油井正常生产的波动范围。借助大数据挖掘和聚类分析技术能够实现自动识别异常井，主要判断原则是：油井当天产量与上月同期产量相比出现较大波动，且波动趋势超出正常范围就可判定为异常井，同时排除作业井、调开井、停电井等。首先，大数据系统会对油井的生产运行状态进行简单判断，将作业井、调开井、停用井、停电井及常关井进行有效区分。其次，大数据分析系统可以对相关算法进行编译处理，然后利用 B/S（浏览器/服务器）模式进行发布。最后，智能系统会根据处理后的数据准确筛选出异常井的位置。该种大数据分析技术已经在油田生产中应用较为广泛，能够快速识别出异常井，提高了油田生产管理工作效率，为进一步诊断和制定措施争取了更多的时间。

### 2. 自动诊断异常井

当异常井的位置确定之后，油田会及时组织工作人员对异常井进行诊断，通过诊断工作明确异常井出现异常的原因，便于后期对异常井的修理工作。但是传统对异常井的诊断工作往往使用人工诊断的方式，此种方式对诊断人员的综合素质及工作经验具有较高要求，若诊断人员的工作经验不够，则会使得诊断结果及诊断率难以保证，并且诊断报告与实际情况具有一定差异性，进而使得后期的维修工作难以顺利进行。在诊断异常井的过程之中，可以采用大数据分析技术之中的图像处理技术解决此类问题，此技术可以根据油田实际运行情况，建立油井正常运行的工作图库，并且将当前异常井的实际工作图与历史的油田工作图库进行分析比较，通过系统数据处理，便可以实现对异常井的自动诊断，不仅能够保证诊断的准确性，而且利用计算机确保诊断的及时性。

### 3. 科学制定间抽井抽油计划

随着油田生产、开发作业进入油田产量递减阶段，在这个阶段由于油田开发时间的延长，地下剩余油量不断减少，油藏能量被不断消耗，导致出现油井供液不足的情况，这类井称为间抽井，即间歇性出油的井。目前，在油田开发后期阶段，对于下月间抽井开关井计划的制订多是由人为进行，其合理性还有待进一步考证和完善。因此，油田企业当务之急是如何实现间抽井开关时间的自动化控制，以此来实现开源节流，节能减排的目的。对此，就可以采取大数据因子分析和回归分析法，对间抽井开关时间的影响因素进行收集和分析，通过建立分析预测模型对动液面、沉没度、液面上升速度等因素进行分析，从而得出模型曲线，为相关人员制定开关时间提供决策依据。

4. 合理预测油井清结蜡时间

当前，油田企业在油井清蜡上大多采取的是每口油井一月清洗一次的方式，严格按照人工制订的计划进行，这种方式存在很多问题，比如一些油井尚未结蜡却已经被清洗，而有的油井已经结蜡却清洗不及时，这样不仅事倍功半，造成人力物力资源的浪费，同时还会对油田的产量及生产效率产生负面影响。对油井结蜡周期、清蜡方式、清蜡用量及油井实际情况等数据进行收集，并利用大数据分析技术进行分析，从而构建出相对科学合理的油井结蜡清蜡模型，接着利用回归分析法对建立模型曲线方程并进行结果预测，从而得出油井结蜡的具体时间，并推算出油井结蜡周期，为油井清结蜡工作的有序开展提供了可靠的数据支撑，有利于油田生产精细化管理的进一步落实和发展。

随着大数据技术与我国石油行业的不断发展，在油田开发生产过程中应用大数据分析技术具有十分深远的意义。通过对油田开采时累积的数据进行多维度的分析，能够帮助油田企业更加精准、快速地开发油田，降低油田生产成本，增强油田钻井的安全性，提高油井产量。可见，大数据在油田生产领域发挥着巨大功效。

## 第二节　新疆油田的智能化建设

### 一、新疆油田的数字化建设成果

新疆油田的信息化建设起步较早。1973年，国产大型计算机DJS-6乙型机落户新疆油田，开始了计算机在油田科学计算领域的应用；1993年，油田勘探、开发数据库项目组成立，启动了生产管理资料的电子化工作；1997年，新疆石油广域网的建成，开启了油田信息网络应用时代。2001年，为应对油田加快发展、人才资源紧缺等困难和挑战，公司领导高瞻远瞩，提出了以信息化促进油田持续发展的战略，确立了建设数字新疆油田的宏伟目标，并从基础设施、数据建设、应用系统、标准规范、管理体系5个方面部署了数字新疆油田建设的78项任务。通过实施档案资料桌面化、业务工作桌面化和新疆油田桌面化的"三步走"工程，2005年初步建成数字新疆油田。从2006年开始，通过开展数据正常化、系统集成化和生产自动化主题年工作，完成了数字油田建设工程的全部任务。

回顾数字新疆油田建设历程，主要取得了以下六方面成果：

(1) 实体油田和生产过程的数字化，为数字油田奠定了坚实的数据资源基础；

(2) 自主创新，研发信息技术平台，为数字油田构建了科学的总体体系；

(3) 自主研发信息系统体系，实现油田全部业务领域的集成应用；

(4) 建立完善的信息基础设施，为信息系统推广应用铺路搭桥；

(5) 制定覆盖全面的信息标准，形成数字油田标准体系；

（6）建立了科学合理的信息化管理体系，培养了一支高素质的油田信息化建设队伍。

## 1. 实体油田和生产过程的数字化建设

新疆油田生产数据建设工作全面完成。实施数据正常化管理，数据建设实现良性循环。历史数据建设是阶段性的工作，无论工作量多大，最终都是可以完成的，但油田生产不停新数据就产生不止，确保新产生数据的及时入库，是实现数据管理良性循环的必要条件。早在1998年，新疆油田就提出了数据正常化管理的理念，启动了数据正常化管理工作并得到逐步贯彻实施。通过建源点、建制度、建系统、落实职责、落实岗位人员的"三建两落实"措施，逐步构建起以"标准全覆盖、流程全建立、职责全落实、人员全到位、系统全通畅、硬件全配齐"为基本要求的数据正常化管理机制，建立了由公司内外41个数据源单位、165个数据上报点、2159个人工录入点、33413个数据自动采集点构成的数据采集、传输体系。按照数据源单位、业务处室、数据中心分工负责、齐抓共管的模式，用标准、制度、软件构成数据质量控制体系，确保了新数据的及时、准确和完整入库。

## 2. 信息平台建设及集成应用

数字油田信息平台是数字油田技术创新的重要体现。经过十几年的不断研发完善，在国内石油行业率先自主研发和集成了由数据管理平台、空间数字平台、业务管理平台、协同工作平台4个基础平台和集成应用系统、安全管理系统、数据共享与交换系统、企业信息门户4个辅助系统构成的数字油田信息平台。平台采用模型驱动、虚拟应用、多层元模型等先进技术，通过统一组件、统一模型驱动、统一功能管理、统一安全管理的建设思路，支撑了油田业务的信息管理和应用。2007年，基于该平台的"新疆油田勘探开发数据服务平台建立与应用"成果荣获新疆维吾尔自治区科技进步一等奖。

数字油田信息平台显著提高了应用系统的开发效率，实现了应用系统开发的工业化生产。数字油田信息平台是通过把油田生产管理的各种应用高度抽象为一个个功能组件而形成相对通用的框架系统，涵盖数据录入、数据传输、数据处理、信息发布、数据管理、业务模型管理、安全管理等功能，在该平台上采用搭积木的方式就可以构建具体的应用，软件开发工作由原来复杂的、一行行编写代码的手工作坊生产方式，变成了边建、边用、边完善、用户全程参与、按需组装的二级定制模式，大大简化了信息系统开发的复杂性，加快了开发建设速度，降低了风险，软件系统开发成功率由原来的不到30%提高到90%以上。

采用数字油田信息平台开发的应用系统，可以通过统一的接口，实现油田各领域应用系统功能的集成和共享。应用系统的功能不仅属于某一个系统，同时还是"数字油田"这个企业级大系统中的某一部件，利用1.6万个功能组件，油田上万用户便可根据自身业务需求定制个性化的应用系统。建设时按照需求分系统建设，使用时则可以打破系统界限，实现企业级集成。目前，新疆油田信息系统集成应用处于国内领先水平。

利用数字油田信息平台开发定制了87套应用系统并投入运行，覆盖了油田勘探开发和经营管理的各个层面，系统之间的信息关联、穿透查询、相互调用机制，形成了巨大的网状信息查询检索体系，对油田生产信息的高效获取发挥了重要作用。

勘探生产信息系统在油田公司勘探生产中发挥巨大作用，并在中国石油集团公司广泛推广。油气勘探生产信息系统于1993年开始建设，经过不断丰富和完善，功能覆盖整个勘探业务领域，已成为新疆油田广大勘探生产管理和科学研究人员获取信息的主要途径。每年查询应用超过 150 万次，并在中国石油集团公司所属的 13 家油田推广应用。该软件于 2004 年获得了国家计算机软件著作权登记。

油田生产指挥系统汇集勘探开发、油气储运、产能建设、视频监控、水电路信等信息，生产管理人员和公司领导可以随时了解和掌握油田的生产运行状况，及时做出决策，为高效组织油田生产提供了快速反应通道。目前该系统已在中国石油上游版块推广应用。

实时数据传输系统打破了过去野外作业地域和时空的限制，有效地把专家的知识传递到生产一线。远离基地的钻井现场，综合录井仪将井深和测试参数值实时采集，通过卫星传输技术实现井场与基地之间的联网，实时传输数据。建立了生产井、油田重点站库和重点生产场所的自动化数据应用，将现场产生的数据实时传输到基地，使专家们在基地就可以实时掌握一线生产状况，实现远程会商、异地指挥。

油田地理信息系统采用空间数据处理和三维显示技术，使油田生产现场的地形地貌、管网、电网、路网尽收眼底。工程地质人员、测量人员在计算机上"勘察"地形地物，进行施工方案优化设计，提高了设计、施工效率和工程质量。在 81 号原油处理站的流程改造中，工程技术人员借助地理信息系统进行反复模拟、精心设计，提出最优施工方案，施工时间由原计划的 20 天缩短到 4 天，实现了不停产作业，减少油井停产原油损失一万多吨。

勘探开发协同工作环境的建成投产，不仅把勘探开发研究人员从收集整理资料的简单劳动中解放了出来，也是对以往单循环串行研究模式的革命。"盆地级地震解释项目的建立及高精度区域编图""地震资料解释成果发布与浏览系统""勘探协同工作环境综合研究项目数据库建设与应用""开发协同工作环境综合研究项目数据库建设与应用"等项目的实施，实现了基础数据和成果数据的共享，一改以前由科研人员花大量时间单个收集整理资料为目前由信息人员批量提供基础数据的专业分工模式，只要轻点鼠标就可以快速查询、调用所需要的数据，科研工作步入了高效率、高水平的研究时代。勘探开发协同工作环境的建成投用，为高效开展从资料处理到战略选区、战略部署、评价方案、开发方案的一系列研究工作，提供了多学科科研团队的一体化工作平台，在加快工作节奏、提高成果质量、降低勘探风险、提高开发效益等方面发挥了重要作用。

建成高速、稳定、安全、可管理、全覆盖的油田网络。新疆油田通过两次大规模计算机网络升级改造，形成了"两环一星"的传输网络体系，骨干网络带宽达到千兆。核心设备实现双冗余，网络性能和安全可靠性大大提高。油田网络已经从办公区域延伸到油田生产前线，已建成的传输光缆 2199km，无线接入点 126 个，各个重点生产站库接入油田网络，野外探井施工现场也通过卫星信道接入油田信息网，形成了地面光缆、空中无线、天上卫星，覆盖全油田的立体通信网络体系。

建成完整的计算机装备体系，实现了数据集中管理。公司已装备总节点数达到 1061 个的高性能计算集群系统、65 套 UNIX 高端服务器、496 台 PC 服务器、484 台高性能工作站及两万多台 PC 机，形成了计算机设备的正常化更新机制。在油田数据中心建立了 1 套数据库服务器集群、5 套应用服务器集群、1 套虚拟存储系统和 1 套数据备份系统，服务器总数量超过 130 台套，存储总容量达到 260TB，实现了油田勘探、开发和经营管理数据的集中管理。

完整的信息安全体系，为信息系统正常运行保驾护航。建立了多级防火墙系统、网络防病毒系统、补丁自动分发系统、入侵检测系统、流量监测系统、数据备份与异地容灾系统、统一身份认证系统等一整套网络安全、系统安全和数据安全保障体系，有效地降低了信息安全风险，保证了油田信息化的发展和信息系统的正常运行。

完善的网络应用系统，为用户提供了便捷的办公手段。公司企业信息主门户和各单位二级信息门户，已成为油田信息集成应用的窗口和企业文化宣传的阵地，公司主门户年点击率达到 500 万次左右，电子邮件系统总用户数达 38563。

### 3. 标准体系和信息化管理体系建设

信息标准是油田信息管理体系的重要组成部分，建立完善的信息标准体系是科学建设和规范化管理企业信息的重要保障。

数字油田建设作为一项创新性工程，能够引用和借鉴的标准十分有限，特别是数据标准和信息管理标准，必须符合自身的业务流程、管理体系和信息体系。在信息标准化体系建设中，各专业领域的技术专家、管理人员与信息技术人员充分协作，参与数据模型、数据规范值和信息代码等标准的制订。特别是 2002 年公司实施信息一体化建设以来，对勘探、开发两大信息系统的数据模型进行了一体化整合和优化，涉及 1091 个数据集和 18981 个数据项，为新疆油田生产数据的科学存储、统一管理和一体化应用奠定了坚实基础。

目前，已完成主要技术标准、工作标准和管理标准的制订，形成了完整的信息化标准体系。其中，勘探数据库逻辑结构、勘探数据库规范值和勘探信息管理规程三个标准于 2003 年作为中国石油天然气股份公司标准实施，2006 年被评为股份公司"十五"期间标准化优秀项目。

信息标准体系的建成，实现了新疆油田从信息采集录入、传输加载、系统开发、网络建设、信息安全到信息运行维护全过程的标准化建设和规范化管理。

建立由决策层、管理层、执行层和支持层构成的信息化建设管理体系，分别负责数字油田建设的战略决策、运行管理、执行监督和建设支持，为数字油田建设提供了组织保障。

在多年的数字油田建设和运行过程中，培养出了一批信息标准、数据建设、系统研发、网络管理和运行维护方面的专家，为数字新疆油田的建设、运行和维护提供了良好的人才资源保障。

总结数字新疆油田建设经验，可概括为以下五个方面：

（1）制订信息化建设战略目标，并长期坚定执行不动摇：从 2001 年提出建设数字新疆油田的战略目标后，通过开展"三步走"工程和"五个主题年"建设，持续推进信息化工作，并根据实际情况对工作计划进行调整和完善，保证了整体目标的实现。

（2）坚持"统一规划、统一标准、统一平台、统一管理"的"四统一"建设原则，做到充分利用各方面的资源，最大限度地发挥整体优势：采取"边建边用、急用先建、建用结合、以用促建"的实施策略，正确处理建与用的辩证统一关系，做到了信息化建设和应用的有机结合。

（3）按照工程化的方式开展信息项目建设与管理：在实施信息项目时，按照工程建设的方式进行组织和实施，信息项目的建设过程和工程项目一样，包括立项、论证、建设、验收、投产和运行维护等工作流程。通过这个过程，将信息成果应用到生产过程中，并成为生产应用的一部分。

（4）始终把数据建设和数据正常化作为信息化建设的核心工作来抓：数据是油田信息化的核心和根本，也是油田科学管理和高效决策的基础，油田大部分的研究和管理工作都是围绕各类数据展开的，数据正常化的内容包括数据的及时、准确、齐全和自动传输。数据正常化的实现，为信息化助力油田发展提供了持久动力，也是数字新疆油田建设的突出亮点。

（5）坚持自主创新，建立了稳定的建设和运行维护队伍：针对数字新疆油田建设涉及专业多、应用范围广、建设周期长的特点,确定了数字油田建设的主力军。在建设过程中,按照平台定制方式开展软件开发,对投用的系统提供长期维护支持,保证了数字油田各类应用的稳定运行。

### 4. 迈向智能油气田

信息化作为现代化企业的重要标志,是实现现代化企业的基础和保障。信息化也是实现现代化的必然选择,如果新疆油田没有达到信息化,现代化大油气田就谈不上建成。

要实现建设现代化大油气田的宏伟目标,技术创新是基础,管理创新是关键,所有这些都离不开信息技术手段。随着公司重组后各项事业全面向前推进,对信息化建设提出了更新、更高的要求,特别是在转变经济增长方式、提高经济运行质量和效益、加强内控体系建设、实现安全发展及清洁发展等方面,信息化工作的地位和作用越来越明显。当前,公司的信息化建设正处在关键时期,机遇和挑战并存,只有以时不我待的精神抓住机遇,加快发展,才能跟上时代发展的潮流。

数字新疆油田的全面建成和应用,为油田提供了丰富的数据支持和便捷应用,在油田生产、科研中发挥了积极作用。但是数字油田只是为生产管理和科学研究者提供了初步的信息查询与处理,还未实现对这些信息的深度挖掘和关联分析,投入很大精力采集的数据还远未充分利用。因此,数字油田不是油田信息化的终极目标,油田信息化建设还有很长的路要走。一方面,研发的应用系统推广应用程度还不够,未充分发挥其作用,另一方面,还未建成向科研、管理提供直接服务的专家库、知识库,缺乏为科研、管理提供直接帮助的决策支持系统。

新疆油田未来信息化建设的指导思想是:围绕建设现代化大油气田的发展目标,坚持"统一规划、统一标准、统一平台、统一管理"的原则,实施智能化油田建设工程,为全面提升公司技术水平、市场应变力和运行效率提供高效的信息技术支撑。总体目标是:通过建立完善的油田数据应用体系、优化的决策分析模型、体系化的生产管理知识库,辅助油田管理和决策,实现数据知识共享化、科研工作协同化、生产流程自动化、系统应用一体化、生产指挥可视化、分析决策科学化。

信息技术的飞速发展和油田对信息化的迫切需求,为建设智能新疆油田提供了良好机遇。同时,新疆油田还应该清醒地认识到,智能化油田建设任重道远,没有现成模式可以借鉴。只有在不断总结信息化建设经验的基础上,充分吸收国内外石油企业信息化建设的先进思想和理念,深入挖掘新疆油田信息化需求,才能持续推进新疆油田信息化建设的不断发展。

## 二、智能油田建设的现状评估

2008年年底数字新疆油田全面建成,取得了5项重大成果:(1)完成实体油田和生产过程数字化建设;(2)建成数字油田应用体系,实现全部业务领域的集成应用;(3)建立完善的信息基础设施;(4)建立完备的数字油田标准规范体系;(5)建立高效的数字油田管理体系。

其中,新疆油田自主研发的80多套投产运行的应用系统,全面覆盖新疆油田勘探、开发、生产业务链条。根据IATO(I,信息,Information;A,业务应用,Application;T,技术,Technology;O,组织机构,Organization)四部分方法论,从信息管理、应用系统、基础设施和组织机构四个方面分析建设智能新疆油田的信息化基础。

## 1. 信息管理现状评估

信息的处理过程是从采集和存储开始，然后到信息传递、信息共享再到信息的加工利用。新疆油田公司在信息管理方面取得了许多成绩，主要包括：

（1）建立了覆盖各个专业的数据源点采集和数据传输体系。截至 2010 年 7 月，公司内外共建立 57 个数据源、179 个上报点、2159 个人工录入点和 33413 个自动采集点，涵盖 25 个专业类别，覆盖全盆地地面和地下；基于统一数据模型的数据采集，实现了数据来源唯一、数据结构统一和数据共享跨专业。

（2）实现了生产数据集中存储、统一管理。

（3）统一的数据管理网络传递，齐全、规范的数据传输加载规范。

（4）初步建立系统间的信息关联、穿透查询和相互调用机制。

（5）建立了完备的信息标准体系，包括 6 个大类、68 个子类信息标准和 344 个管理规范，其中的 142 个是自主制订。

（6）建立了数据正常化管理机制和信息安全标准。

在信息管理方面新疆油田还存在需要进一步改进的地方，主要包括：

（1）自提升自动化采集的程度，减少人工采集；

（2）实现了一定程度的信息共享，需提高不同专业领域之间的信息共享能力，如勘探数据的共享、开发方案的协作等；

（3）在信息共享的基础之上，挖掘数据，找出潜在规律；

（4）专家知识和经验的沉淀和积累；

（5）完善信息共享和知识库等标准；

（6）应用系统现状及评估。

## 2. 应用系统现状评估

新疆油田在应用系统方面取得的成绩主要有（图 9-3）：

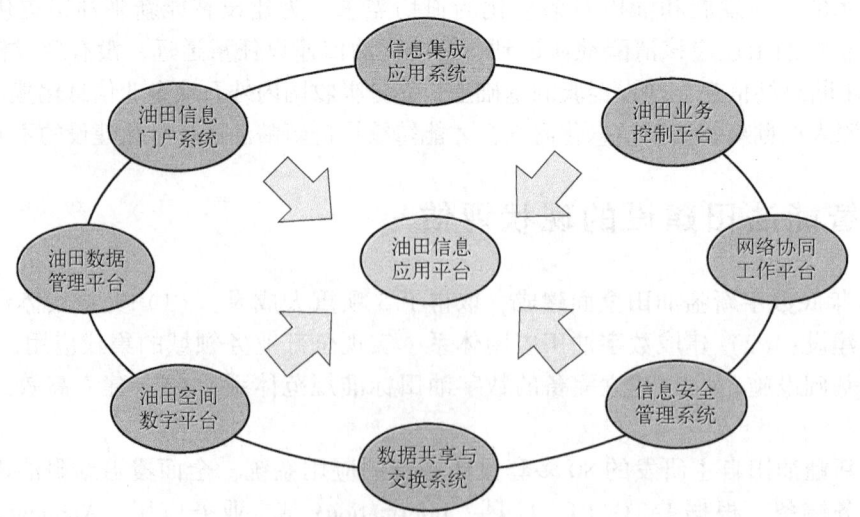

图 9-3 新疆油田应用系统成果示意图

(1) 自主创新和研发技术平台体系；
(2) 定制投用了 80 多套应用系统，覆盖勘探开发和经营管理各个层面；
(3) 系统通过国家软件著作权登记，软件成果已转化为产品，并在行业内推广。

在应用系统建设方面，新疆油田进一步的改进主要是以智能化为目标，围绕数据深化应用，主要包括：实时数据管理系统，基于实时数据库的数据校验、处理和分发等；一体化集成共享平台；信息推送系统；数据挖掘系统；智能搜索系统；知识管理系统；建设各领域的专家系统，建设各领域的智能化应用；完善各领域的模拟软件。

### 3. 基础设施现状评估

新疆油田在基础设施方面取得的成绩主要有以下三方面：
(1) 建成高速、稳定、安全、可管理、全覆盖的油田网络，骨干网络带宽达到千兆；
(2) 建成新疆区域网络中心，为中国石油集团公司下属的 11 个区域中心之一，为中国石油驻疆企业提供完善的网络应用服务；
(3) 建成完整计算机配置体系与数据集中管理。

在基础设施方面，新疆油田需要进一步改进的地方主要是配备实时采集与自动处理设备并扩充 IT 设备，以满足更大的数据处理要求，具体包括：
(1) 传感器网络，注意先制订数据采集的标准，然后再确定相应的传感器；
(2) 自动化设备；
(3) 一体化运行中心；
(4) 基于云计算的数据中心，包括实现计算资源虚拟化，建成统一、集中的 IT 运维支持平台等。

### 4. 组织机构现状评估

新疆油田在组织机构方面取得的成绩有：
(1) 初步建立了健全的 IT 管理组织体系；
(2) 实现了 IT 管理与运行维护职能相分离，加强了监督管理职能，提高了服务质量；
(3) 建立了具有一定规模的 IT 队伍，承担了公司现有系统和网络运行维护等工作，培养出一批信息技术专家，储备了一定的技术人才资源；
(4) 建成从信息采集录入、传输加载、系统开发、网络建设、信息安全到信息运行维护全过程的信息标准体系，在建设过程中，要求服务厂商按平台定制方式开展软件开发，对投用系统提供长期维护支持。

与此同时，基于云计算的数据中心要求 IT 人员具有更强的服务能力，这是需要进一步改进的地方，具体包括：建立统一组织机构，数据中心与各单位 IT 管理人员组成虚拟团队；建立统一运维平台，支持各方协作，保证标准服务水平；完善培训体系。

## 三、新疆油田的智能化建设举措

### 1. 提出了适合国内油田信息化发展的智能油田建设理论体系

研究了国际智能油田建设领域先进案例，吸纳其成功经验并结合新疆油田实际情况，从概念、组成、项目定义等完整提出了智能油田的建设方案；在国内首次提出了"智能油田"的概念；从智能油田的概念出发，定义了 8 个应用领域、2 大管理中心、3 类基础设施、3 种工作环境的智能油田组成，即"8233 工程"；从项目目标、项目内容、实施计划、投资估算等方面明确定义了智能油田建设所需的 12 类 49 个项目；形成了一整套智能油田建设理论体系。

### 2. 通过对技术体系的研究，提出并建立了实现智能油田的完整技术体系

基于智能油田建设理论体系中智能油田的定义提出了 4 个层次的智能化业务目标，即全面感知、自动操控、预测趋势、优化决策；研究了智能油田的实现所需要的主要技术，包括大数据、物联网、云计算、知识管理、信息集成、感知技术、自动控制技术、分析模拟技术、决策支持技术和优化技术；研究总结了智能油田的技术体系，提出并建立了包含 5 个层次的应用技术和 3 个信息支撑技术，共 8 项关键技术；技术体系解决了智能油田的实现问题。

### 3. 通过对评估指标体系的研究，建立了智能油田建设成熟度评估模型

评估指标体系是为了衡量智能油田建设当前所处的状态及其带来的业务效果所设计的一系列指标；从特性评估指标和效果评估指标两个方面，根据可操作、可度量性提炼总结了三级评估体系共 69 个综合 KPI 指标，并将评估指标全部电子化，形成了完整的成熟度评估模型；同时完整论述了智能油田评估体系的使用方法；提出的智能油田成熟度评估模型，能够准确衡量智能油田建设的发展程度，确定当前的位置，找出差距和引导发展的方向。

### 4. 智能油田建设的示范工程，验证了智能油田理论的正确性，技术体系的完整性，评估模型的合理性

通过示范应用的实施，验证了"全面感知、自动操控、预测趋势、优化决策"的智能油田理论、技术体系和评估模型的正确性、适用性和完整性。

智能油田建设阶段如图 9-4 所示。

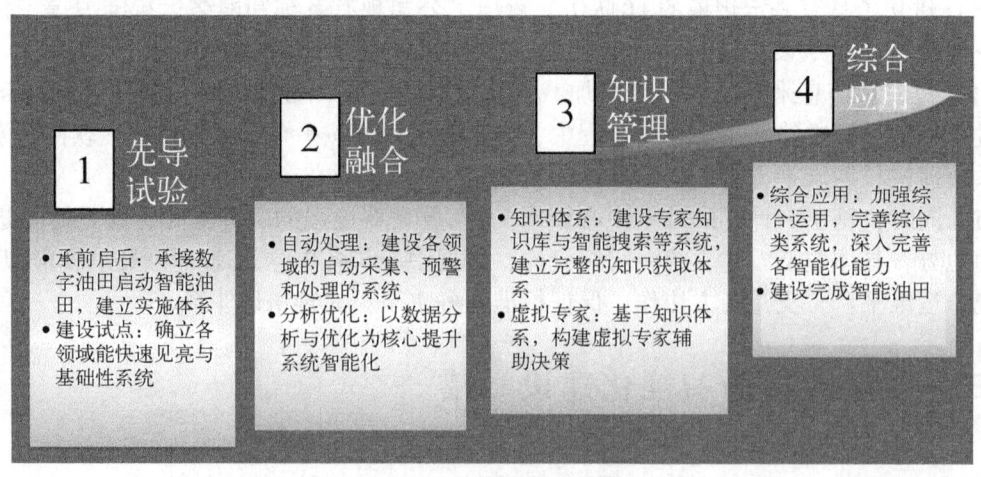

图 9-4　建设阶段示意图

智能油田建设分阶段、有步骤地实施了"8233 工程"，即：建设油田生产 8 个专业应用

(战略决策、勘探、油藏管理、生产管理、油井管理、井场、生产保障、储运)、建立 2 个管理中心（面向管理的一体化运行中心及面向 IT、基于云计算的数据中心）、升级 3 类基础设施（全面的传感网络、自动采集与控制设备、先进的 IT 基础设施）、创建 3 种协同环境（自动操控环境、主动优化环境、虚拟专家辅助研究环境）。

## 四、智能化应用实践

### 1. 风城油气生产物联网

风城油田是年产 $246×10^4$ t 的超稠油油田，油井多，范围广，生产工艺复杂，技术要求高，生产管理难度大。为保障油田安全平稳运行，提高综合经济效益，开展了油气生产物联网建设。选取 SAGD 井组、计量站、注汽站、处理站、油气水管网干线等生产关键环节进行物联网建设，实现油气生产、油气处理、配套工艺的全流程监控（数据监测点达 33000 多点），达到了集中监控、统一调度、高效管理的目标。传统的"定岗值守、按时巡检"转变为"集中监控、无人值守、故障巡检"的新型生产模式。通过自动控制、实时监控、提前预警、及时处置，杜绝了跑冒滴漏事故，提高了油田生产运行时率，大幅降低了生产运行成本，年创效益 4000 多万元。

### 2. 勘探开发协同工作环境

实现了基于三维图像实时、多用户、交互式的异地协同研究。通过构建应用会话共享与管理机制，身处不同地点的科研人员能够在同一画面中开展研究，并且都能对共享画面进行操作，开展交流协作，实现多用户异地协同研究。

风城油田的发现用了 28 年。在前 24 年的时间里，一直采取的是"分层勘探"模式，也就是科研人员以小组的形式，对这个区域中一个个有希望的"点"进行攻关。风城超稠油增储上产的关键节点和突破主要是 SAGD 技术的本土化，信息化起到了助推作用。

### 3. 采油二厂单井问题诊断与优化系统

采油二厂是有多年开发历史的老油田，井数多，井况复杂。复杂的油井生产，大都是依靠人工完成，准确性和及时性无法保证，油井措施管理急待优化。单井问题诊断系统对当天异常井进行自动识别筛选，确认一口异常井，通过实时示功图诊断给出诊断结果有"供液不足、气影响、凡尔漏失"3 种可能原因，再调用二次诊断（参数诊断）模型，进一步确诊异常原因，发现动液面和沉没度参数异常，最终诊断为供液不足。诊断过程在 1 分钟内完成，快速准确，可立即采取有效措施，保证该井恢复正常生产。采油二厂通过系统应用，有效减轻了人工劳动强度，措施准确率大幅提高，减少产量损失 7000 多吨，效益明显。

实践证明，通过单井系统从异常井发现、故障分析诊断、生产趋势预测到生产措施优化的全过程管理，使油井管理更加精细化，提高了生产时率，大大降低了单井生产成本。

### 4. 陆梁油田油井清蜡大数据分析与应用

陆梁油田由于含蜡较高，清蜡多采用固定周期。以油井结蜡分析作为突破口，建立大数据分析模型。通过对每口采油井的结蜡周期的精确预测，实现洗井周期的优化，在洗井作业维护上节支创效。

采用大数据分析,对油井历史数据进行全面分析,梳理出与结蜡相关的 21 个参数项,确定修井间隔时间、最大负荷、最小负荷、示功图负载均值、示功图面积等 12 个关键参数项,选取随机森林模型算法构建分析模型,通过不断测试和验证,最后确定预测模型,进行结蜡周期预测。依据大数据分析结果,洗井周期因井而异,周期有长有短,应按照实际情况采取相应措施。大数据分析给出措施建议,一方面避免过度洗井带来的投资浪费,另一方面可以避免洗井不及时造成的停产事故。

5. 一体化运行中心和数据中心

新疆油田已经完成"两大中心"的建设(图 9-5)。基于云计算的数据中心设计为 T4 标准,可容纳 2500 个标准机柜,将为智能油田提供基于云计算的高效 IT 服务。一体化生产运行中心将实现油田级的集中监控、统一调度,促使管理趋向扁平化。目前数据中心已成为中国石油数据中心,服务能力和范围获得进一步提升。

图 9-5　新疆油田一体化生产运行中心

# 第三节　长庆油田的智能化建设

长庆油田是我国著名的大油田,结合其"低产、低效、低渗"的三低油气田资源特性及其分布面广、区块跨度大、生产组织分散、地质赋存条件复杂、开发难度大、成本高、单井产能低、稳产难度大、油气开采高危险性、环境保护压力大等特点,积极推进工业化与信息化融合、建设智能油田。

长庆油田贯彻集团公司数字化转型、智能化发展的精益生产要求,落实油田智能化交流大会和集团公司长庆智能化示范区建设精神,坚持创新发展,坚持目标、问题、结果导向,坚持顶层设计为统领，充分挖掘数字化技术深度应用，高度重视数字化与智能化协同融合。在勘探开发、生产运行、协同研究、安全环保、企业管理等五方面，突出研究顶层设计、优化智能体系、强化数据治理、配套平台建设，推进油田公司管理模式改革深化，建成以全面感知、透明可视、智能分析、迭代提升为特色的智能油田，实现智能化油气田建设，打造"数字化、自动化、模型化、可视化、协同化、智能化"，铸造成长庆油田高质量发展的标志性品牌。

目前长庆油田开发经开采、转运以及处理等工艺后，产出的主要产品包括天然气、液化气、轻烃、原油等；次要产品包括硫磺、氦气、清水、污水、供电等。在油气田开发等一系列过程中，长庆油气田面临的主要问题有：

（1）油气田油气管道数量多、规格杂、输送介质差异明显、局部管线超龄服役占18%；

（2）油气管道12万千米，占中石油27%，其中90%以上为小口径，区域跨度大，分布零散；

（3）油气站场3033座，占中石油23%，智能化配套不到位，设备资产完整性管理刚刚起步；

（4）区域内有42条河流、52处水源保护区、16个水库、6个自然保护区，环保风险高；

（5）油区黄土高原为湿陷性土壤，地质灾害频发，采出液腐蚀性强，风险防控难度大；

（6）油气田井场19858个，油气水井共112796口，其中油井52180口、气井20616口；

（7）油田原油罐容为$450 \times 10^4 m^3$，气田天然气储气库建成储气库3座，库容$20 \times 10^8 m^3$。

# 一、长庆油田智能化建设的内容

长庆油田智能化建设从集团公司信息化的战略部署开始，以建设长庆油田的智能化油气田为目标，形成整体的体系设计，安排布置顶层设置的项目群，并不断推进和安排进度控制。具体内容包括：

## 1. 集团公司信息化战略

通过信息化建设和应用，持续推进中国石油数字化转型通过数据、信息、知识、资源服务等充分共享，创新形成以各类共享中心为主要特征的生产经营组织模式，由传统的"职能部门分工负责+现场值守"转变为"共享技术、资源+专业化运营"，大幅提高油气生产效益、全员劳动生产率和整体竞争实力。

建立起五个共享中心：生产运行共享中心、服务共享中心、专家共享中心、信息技术共享中心、云资源共享中心。

十大重点工程见表9-2。

表9-2 十大重点工程

| 序号 | 类别 | 工程名称 |
|---|---|---|
| 1 | 辅助决策类 | 数据仓库（DW） |
| 2 | | 天然气优化（GAPS） |
| 3 | 经营管理类 | 电子商务（Ecom2.0） |
| 4 | | 共享中心（SC） |

续表

| 序号 | 类别 | 工程名称 |
|---|---|---|
| 5 | 生产运行类 | 物联网（IOT） |
| 6 | | 工业互联网（IIOT） |
| 7 | | 智慧加油站（GS3.0） |
| 8 | | 人工智能（AL） |
| 9 | 基础设施类 | 云计算（Cloud） |
| 10 | | 信息安全中心（SOC） |

## 2. 勘探与生产信息化顶层设计

勘探与生产分公司提出了以"两统一、一通用"为核心、集成共享为目标的梦想云建设蓝图，以"统一数据湖、统一云平台"支撑"勘探业务、开发业务、协同研究、生产经营、安全环保"五大通用业务应用一体化运营，形成上游"一朵云、一个湖、一个平台、一个门户"的建设蓝图。

现场采取"95%+数据自动采集"措施，收集钻井、测井、录井等数据；展开"数据智能治理"，建立实时采集与生产工控系统（W15ML/OPC服务）；收集各类数据，完成"各类数据智能入湖"后智能推送，以支撑"数据智能共享应用"，并在智能分析后反馈。

## 3. 智能化建设目标

面向勘探开发、运行指挥、协同研究、安全环保、经营管理等主营业务，围绕精益生产、整合运营、全局优化目标，配套油公司运行模式改革，突出全域数据管理、全生命周期管理、全面一体化管理、全面闭环管理，建设实时感知、自动操控、透明可视、智能分析的智能油气田。具体建设目标如下：

（1）形成智能数据生态。生产物联网全覆盖，95%以上数据自动采集；各类数据智能入湖、智能治理与共享应用；基于机器学习实现智能分析，全面建成数据智能新生态。

（2）建成一流智能平台。建成性能卓越、功能强健、任务完备、安全稳定的一流云平台，具备全业务链智能认知和实时建模分析能力，打造智能共享、开发、运维的一流智能技术生态。

（3）综合研究智能协同。支持勘探、开发、工程、储量、矿权等全领域线上综合研究，实现多学科跨部门前后方异地智能协同、智能处理解释、实时自动模拟与智能预测等日常主流研究模式。

（4）方案决策智能优化。以业务流驱动，实现勘探部署、开发方案、井位部署、钻井设计、增产措施、修井作业、地面设计等全领域、多方案自动编制、实时论证、智能优化和精准科学决策。

（5）生产过程智能操控。生产现场全面实现自动控制，智能监控、智能诊断、自动预警与简单的、重复性的人工劳动被机器智能所取代，实现生产全过程智能联动与实时优化。

（6）安全环保智能管控。高危工作岗位被机器人替代；事故警情全面感知和自动处置；风险隐患全面智能预测与智能处置；全面实现安全环保智能受控。

（7）经营管理精细高效。项目、物资、设备、销售等一体化智能管控分析，新建规模油气田全生命周期智能管理、生产经营全过程实现智能预测、精准优化；全面实现高效经营和精益生产。

### 4. 智能化建设总体体系设计

长庆油田智能化建设总体体系设计如图9-6所示。

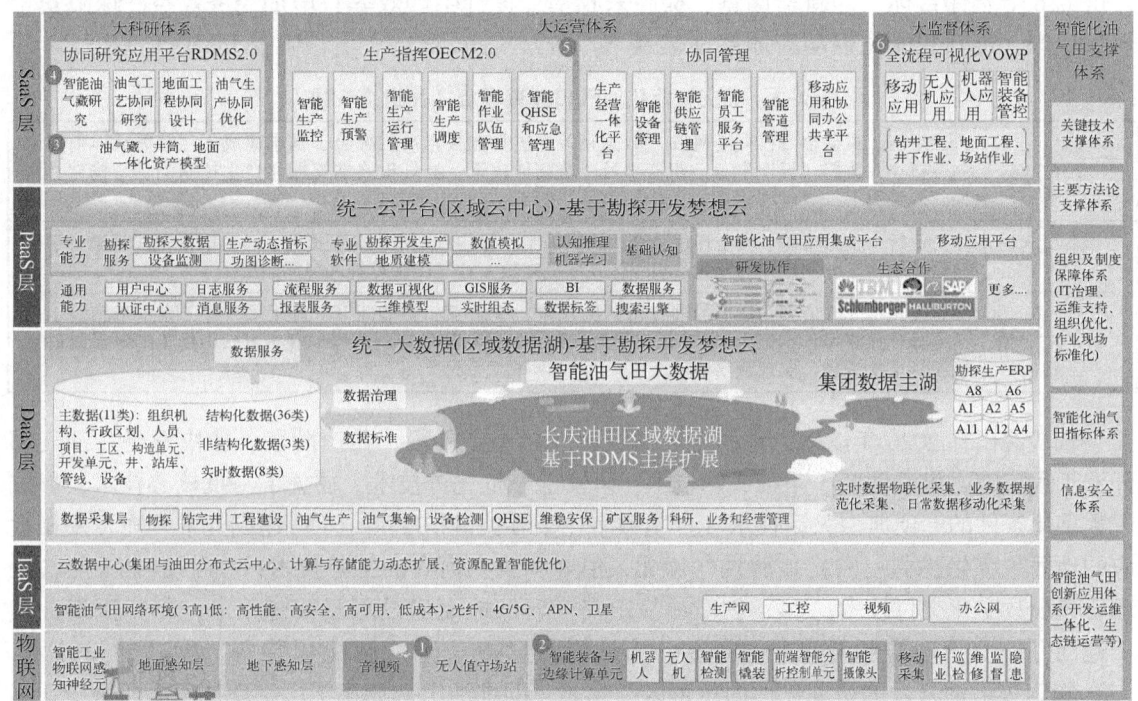

图9-6 长庆智能化油气田建设总体体系设计

根据系统设计的体系，将智能化油气田建设规划为8大类39个项目群，具体如下：

（1）智能化治理类，包括智能化油气田标准体系建设、智能化油气田指标体系设计、信息安全隐患治理、信息化队伍建设、运维体系建设；

（2）油气物联网类，包括无人值守站建设、网络隔离和升级扩容、智能装备研发、IPV6应用、工控安全加固、工业视频大数据系统；

（3）智能示范区建设，包括智能油田示范区、含硫化氢智能化管理、源/供/注智能管理示范区、智能气田示范区建设项目、气井智能开馆扩大试验、智能柱塞气举示范区、智慧管道示范区；

（4）统一云平台类，包括区域云计算中心建设、勘探开发梦想云本地化部署、智能化油气田应用集成平台、云桌面；

（5）统一大数据类，包括区域数据湖建设、数据治理、生产数据采集及报表系统升级推广、油气大数据分析；

（6）大科研体系，包括智能油气藏研究、智能油气工艺技术研究、地面工程协同设计、油气生产智能优化；

（7）大运营体系，包括生产指挥平台OECM2.0、生产经营一体化平台、智能供应链管理、智能设备管理、智能员工服务平台、智能管道管理、无纸化办公平台；

(8) 大监督系统，包括安全环保风险信息管理系统、QHSE2.0。

5. 项目实施进度安排和实现目标

长庆油田智能化建设分"三步稳走、四个阶段"，"十四五"末基本建成智能油田，达到操作自动化、数据可视化、安全本质化、平台一体化、决策智能化，实现智能油气田建设评价的6个宏伟目标，即新增储量、提高采收率、提升生产效率、增加经济效益、保障安全环保生产，创新智能化劳动新体系（表9-3）。

表9-3 长庆智能化油气田建设项目实施进度安排

| "十五五"末 | 人工智能、机器学习、神经网络、5G通信等先进智能技术高度融合，基本建成人工智能载体前端感知分析，大数据"云"共享、机器学习中端智能决策，油气田终端智能化自主控制的运行构架，迈向智慧油田 |
|---|---|
| "十四五"末 | 生产运行、技术支撑、安全环保、企业组织等工作智能管理水平显著提升，各类前沿智能试验、示范建设扩大推广并实现全面覆盖，组织体系扁平高效，油气田管理进入智能油田 |
| "十三五"末 | 以数字化、无人值守为特征的油气田"物联网"全覆盖，智能间开、排水采气等一批前端智能示范区差异化探索完善定型；"云"数据平台、集成四维油藏模型、勘探地震机器学习的RDMS系统研究取得深层次进展，实现数字油田 |

长庆油田在2020年以来，地面建设领域通过"上产阶段、稳产阶段、加快发展"油气田开发工程实施，集成创新了一批成熟技术，研发了一批先进技术，攻关了一批核心技术，形成了数字化条件的七项典型关键技术（七项数字化条件关键技术）：(1) 建成五千万吨开发相适应的地面数字化技术；(2) 试验油气田无人值守和少人值守的工艺技术；(3) 探索天然气处理厂建设数字化交付技术；(4) 创新油气田安全环保地面建设配套关键技术；(5) 探索油气田地面完整性管理检测与评价技术；(6) 创新形成长庆"智能化装备"模式建设技术；(7) 探索页岩油开发的智能化地面示范区新模式，助推油田智能化工厂管理技术不断进步。

为了落实数字化和智能化融合发展，抓住数字化应用效能提升，油气田地面建设领域继续开展八项技术研究攻关（八项智能化条件关键技术）：(1) 积极探索地面工程协同设计数据和平台建设；(2) 持续优化工艺流程创新构建新劳动组织模式；(3) 开展智能化条件下地面工程设计技术研究；(4) 探索长庆地面建设和管道数字化的交付技术；(5) 融合管道完整性管理建设集输管道智慧平台；(6) 整合站场和设备完整性管理创新智能化建设；(7) 建立长庆油田的GIS导航和空间数据库；(8) 持续理念变革价值驱动创新地面工艺技术，打造新老油气田智能化示范区建设地面模式。

## 二、长庆油田智能化建设的主要成果

1. 创新形成五种气田地面集气工艺模式（表9-4）。

表9-4 气田地面集气工艺模式

| 序号 | 气田模式 | 工艺特征 |
|---|---|---|
| 1 | 靖边气田常温集气模式 | 高压集气，集中注醇，多井加热，间歇计量，小站脱水，集中净化 |
| 2 | 榆林气田低温集气模式 | 多井高压集气、集中注醇、轮换计量、前期低温分离分散净化、后期常温分离集中处理 |

续表

| 序号 | 气田模式 | 工艺特征 |
|---|---|---|
| 3 | 苏里格气田中低压集气工艺模式 | 井下节流、中低压集气、带液计量、井间串接、常温分离、二级增压、集中处理 |
| 4 | 苏里格南国际合作区（道达尔） | 井下节流、井丛集中注醇，中压集气，井口带液连续计量，车载橇装移动计量分离器测试、常温分离、两次增压，气液分输，集中处理 |
| 5 | 长北合作区（壳牌） | 一期：井丛集气、井口节流、气液混输、井口计量、一级布站、低温分离、集中增压；二期：前期节流、后期增压、井口注醇、气液混输，丛式井场橇装化模式 |

## 2. 创新形成两种气田地面整体增压工艺模式

第一种增压工艺技术在靖边气田开展：采用"区域增压为主、集气站单站增压为辅"的增压模式，共建设增压站 30 座，总增产能力 $38×10^8 m^3/a$。预测到 2028 年累计生产天然气 $976.99×10^8 m^3$，增产天然气 $235.59×10^8 m^3$；采出程度提高 9.25%。

第二种增压技术在榆林气田应用实施：创建榆林气田"变规模生产、区域增压"工艺模式，共建设增压站 4 座，总增产能力 $20×10^8 m^3/a$。预测到 2031 年累计生产天然气 $118×10^8 m^3$，增产天然气 $53.66×10^8 m^3$；采出程度提高 10.12%。

## 3. 建立了无人机测绘设计技术

利用无人机平台搭载相机，航拍获取地面物体影像，能够制作丰富、多维、多元化的测绘成果，经过处理满足不同需求。公司 2018 年购置 MD4-1000 型四旋翼无人机（图 9-7），完成了上古天然气处理总厂工程调气管道测量，总长 79.7km，阀室 2 座，穿跨越 10 处，满足了精细化勘察设计需求，提高了设计效率及质量，形成了气田站场、线路、穿跨越的无人机测绘技术。

图 9-7 MD4-1000 型四旋翼无人机

## 4. 创建标准化、数字化设计技术

在多年推行标准化设计工作的成功经验基础之上，遵循"结构优化、共性突出；覆盖全面、系列完善；统一编码、统一格式；控制有效、拓展更新"的原则，以工程设计文件为主体，以技术标准的建设为重点，对标准化设计体系做了全面的优化、提升，构建了完整的标准化设计体系（图9-8），共形成65项气田标准化设计成果，气田标准化设计覆盖率达到100%，设计周期缩短60%，设计质量进一步提高，满足了不同类型、不同规模天然气场站建设的需要。

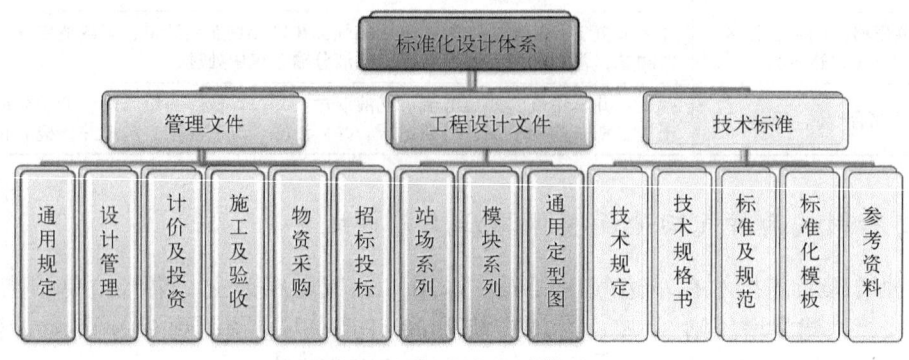

图9-8 标准化设计体系

形成了"2类、3层、6级"标准化设计体系文件层次（图9-9），包括气田井场、集气站、处理厂和前线保障点四大类25个系列，标准化站场集输模块、标准化水处理模块154个，形成电气、建筑、通信、仪表、道路、防腐阴极保护标准化图集共计76套，形成长庆气田造价指标5601项。

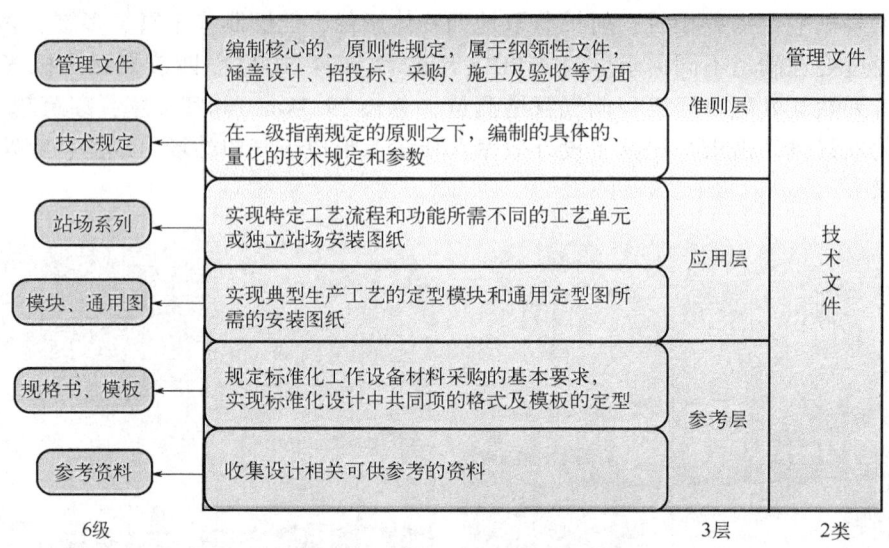

图9-9 标准化设计体系文件层次

建成了以采气厂为监控单元的SCADA系统，实现了生产数据的集中监控和分级控制，达到了井场、集气站、净化（处理）厂远程控制和集中调度的自控水平。搭建了数据传输的高速通道，建成了千兆至作业区、百兆至集气站、井场无线传输的通信系统，累计完成16个处理（净化）厂、275座站点、6377个井场、9306口气井的数字化建设。通过优化，实现了站场无人值守，形成了从技术、管理、建设三个方面向数字化无人值守气田转变的新技术，节省了人力成本、适应了快速建产模式。

长庆气田大部分区域位于黄土沟壑等复杂区域，为缩短应急响应时间，创新形成了"厂级监控中心监管+区部中心站指挥+生产保障点执行"的无人值守管理模式，建立了"油田公司+采气厂+中心站+智能气井"工艺流程。

为了加快推进劳动组织体系扁平化，量化作业区无人值守站应用情况，制定成熟度评价标准（图9-10）。

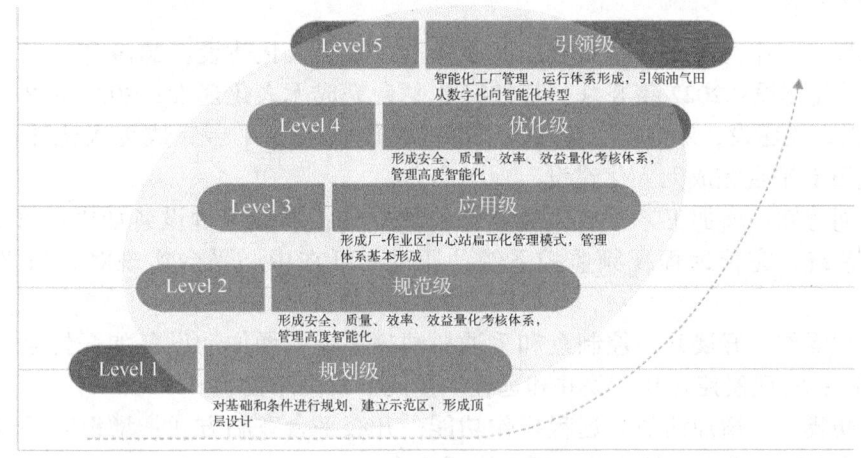

图9-10　成熟度评价标准

## 第四节　海上气田的智能化建设

2021年中国首个海上智能气田群——东方气田群全面建成，标志着海上油气生产运营迈入智能化和数字化时代（视频9-1、视频9-2）。东方气田群由10座海上生产平台、1座陆地处理终端和数条海底油气管线组成，是中国南海西部目前产量最大的自营气田群。

视频9-1　海上智能油田　　　　视频9-2　东方气田群

### 一、智能化建设的总体思路

通过对气田现有设施进行自动化提升改造，即完善视频监控系统、引入智能巡检机器人、激光对射泄漏监测等智能化设备，最大限度地减少现场作业人员，同时建设陆地操控中心，对海上油气生产全过程实时监控、远程操作、协同作业、科学决策，最终实现降本增效、重塑企业低成本优势、实现高质量发展的目标。总体建设目标是实现井口平台无人化、中心平台少人化、综合管理一体化。

1. 井口平台无人化

井口平台主要负责油气生产，将井口产物（油、气、水）通过海底管道输送至中心平台进行处理。井口平台具有工艺流程简单、动设备少的特点，升级改造难度低。但由于客观原因，需要人员长期驻守，通常采用守护船实现人员在中心平台、井口平台间每日转运，以维持平台生产，平台开发运营成本高。因此井口平台无人化是智能油气田建设的首要目标。

1）建设内容

2018年以来，中海油各大海域陆续开展海上平台无人化建设：2019年9月，某气田A平台完成无人化建设；2022年8月，某气田B平台完成无人化建设；2022年8月，某气田E平台完成无人化建设；2021年10月，某高温高压气田A平台完成无人化建设；2022年12月，某气田F平台完成无人化建设。

（1）全面感知：增加工艺系统远程参数监测点位；增加关键设备如中压开关柜、UPS等在线监测系统；完善远程视频监控系统；通过光纤在中心平台实现对井口平台的全面感知。

（2）远程操作：开展井口控制盘和采油树油嘴改造；增加动设备如开排泵、闭排泵等远程启停功能；实现遥控开井、关井和远程产量调节及生产控制。

（3）安防提升：增加消防泵远程操作功能；升级平台登临方式；增设防外部人员非法登临平台监控和防护措施，强化井口平台本质安全。

2）建设成效

以某气田A平台为例，通过自动化改造和智能化提升，中心平台不仅可以远程启停井口平台，而且可以调节产量，同时还可以全面监测井口平台设备、全面感知周边环境状况，从而开启了井口平台真正的无人值守模式。

井口平台驻守员工撤离到中心平台或陆岸终端，通过远程复产，2019年9月至2020年3月，该气田A平台成功远程复产6次；共计减少运输成本约12万元，减少产量损失$40.2\times10^4m^3$；另外，2019年9月至今，该平台无固定人员值守，免去每两周定期倒班2次，年度减少约50次船舶或者直升机穿梭费用25万，效益十分显著。

具体细节见表9-5。

表9-5 智能化远程诊断作业

| 时间 | 工作内容 |
| --- | --- |
| 2019年11月30日 | 平台因配合下游用户减气需求，远程关井，12月1日远程恢复生产 |
| 2020年12月18日 | 因中心平台发生一级关停触发A平台ESD3关停，在确定并复位报警后，远程配送电、恢复生产，减少产量损失$12.6\times10^4m^3$ |
| 2020年11月15日 | 因PRP一级关停触发平台ESD3关停，在确定并复位报警后，远程配送电、恢复生产，减少产量损失$13.8\times10^4m^3$ |
| 2021年3月14日 | 因中心平台大修，手动关井，大修结束后远程恢复生产 |
| 2021年4月19日 | 平台因13-2断电触发ESD3级关停，远程配送电、恢复生产，挽回产量损失$13.8\times10^4m^3$ |
| 2021年8月2日 | 平台因上岸海管穿孔，手动关停，8月4日远程恢复生产 |
| 2020年2月 | 平台可燃气探头故障报警，通过远程诊断，成功判断故障，并进行零点标定，节省运输成本1.2万元 |

## 2. 中心平台少人化

相对井口平台，中心平台常设置有燃气发电机、燃气透平压缩机、三甘醇脱水、脱烃系统等，工艺流程复杂、动设备多，如果进行中心平台无人化建设，则投资成本和安全风险将大幅度提升，且国际上尚无实施案例。紧密结合气田中心平台的实际情况，升级、完善及量身定制相关系统，打破传统管理模式，推动管理、技术的跨越式创新。

1) 建设内容

（1）减少现场巡检人员：增加现场工艺参数监测点位；完善视频监控；增设电动阀、电动油嘴等提升中心平台自动化水平；利用智能机器人替代人工巡检；降低现场人员巡检工作量，最大限度减少巡检人员。

（2）减少现场维修人员：增加智能设备管理软件，实现仪表、阀门智能诊断和管理；实现关键设备状态监测、故障预警，减少设备非计划停车次数，降低现场人员检修工作量，最大限度减少现场维修人员。

（3）减少项目施工人员：采用订单式维修模式，大型维修作业由陆地维修队负责，在陆地实施预制，减少现场维修作业工作量，将项目施工人员后移至陆岸终端，减少现场项目施工人员。

2) 建设成效

打破传统管理模式，推动管理、技术的跨越式创新，打造一专多能的复合型技能专家队伍，提质降本增效显著，每年至少降本1595万元，主要表现在以下几个方面：

（1）管理创新。打破传统管理模式，实现中心平台少人化管理模式，减少16个固定人员；修订配套智能化建设制度；作业公司3支队伍（海上装置操作队伍，操控中心技能人才队伍，作业公司专家队伍）优化建设。

（2）能力提升。打造一专多能的培训体系，培育复合型人才；编写智能一体化培训指南（理论到实操、知识点添加与融合）。

（3）技术创新。海上首次应用智能机器人；激光可燃气探头，灵敏度在PPM级别；视频监控系统自动巡检并与火气联动，动态监测、视频画面轮询切换；智能配气系统应用；智能仪表管理系统，能预知智能仪表健康状况，提高智能仪表设备的可靠性。

（4）降本增效。预计每年可节省服务费、交通费、餐饮费、飞行费和公杂费等757.43万元，节省人员（甲板人员+后勤人员+固定人员）费用772.43万元；智能化新增设备增加维修费15万元/年。

3. 综合管理一体化

在陆岸终端建设综合管理一体化平台，集成相关管理平台，避免形成"数据孤岛"，可同时实现海上井口平台、中心平台、水下生产设施、陆岸终端全覆盖，实现对油气生产全过程的实时监控、远程操作、协同作业、应急管理、专家支持等，打破以往跨专业间封闭的工作模式，提高远程操作、生产运行效率和决策水平。

海上平台综合管理一体化平台之间的通信方式主要包括以下两种：

（1）卫星通信。为保证生产稳定，海上平台和一体化管理平台之前的相互通信通过卫星实现。经过测试，当带宽达512kb时，远程操控和现场操控无延迟，可实现海上平台的远程操控。

（2）微波通信。微波通信具有传输数据量大的特点，海上平台的视频监控、辅助检测系统如振动检测系统、能耗检测系统、智能调配气系统等均通过微波实现双向通信。综合管理一体化管理平台与海上平台共设计三条微波链路,每条链路设计通信能力为 80Mbit/s。

海上井口平台与中心平台之间的通信采用光缆的方式实现,综合管理一体化平台和陆地数据库之间的数据传输采用运营商专线实现(图 9-11)。

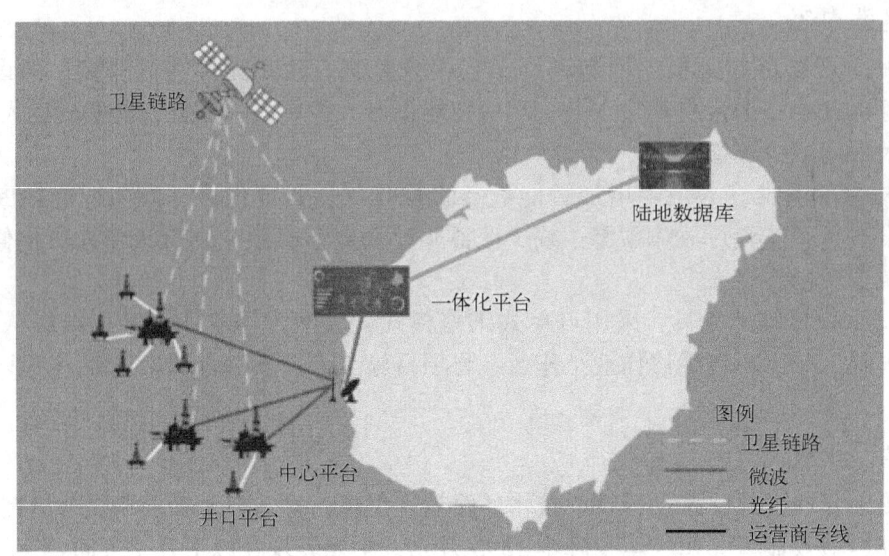

图 9-11　平台数据传输路线

综合管理一体化平台共设置 8 大功能模块,包括远程监控、生产管理、资产管理、能耗管理、调度管理、安全管理、仿真培训、专家系统,实现远程监控、生产可视化、跨专业协同作业、跨管理层级协同调度指挥、跨地域专家远程支持,起到了海上与陆地油气生产"作战部"和"指挥部"的作用。

综合管理一体化平台的应用将彻底改变原平台设备管理、项目管理、人员作业的工作模式。采用订单式维修模式,由陆地操控中心统一规划、统一管理,为平台提供物料、人员、技术、数据、管理等方面的支持,大幅度降低海上作业人员数量和技能要求,实现海上作业人员向陆地转移。同时为各专业协同作业、应急事件处置、专家辅助支持、不同层级管理人员指挥提供数据支持和可视化人机交互界面,大幅提高生产运营效率。

## 二、智能化建设的关键内容

### 1. 智能巡检机器人

通过在平台各层甲板及终端部署智能巡检机器人,利用机器人实现对压缩机、泵、管道、容器等生产工艺设备中的指针式压力表、指针式温度表及环境中气体、噪声、温度进行监测,识别异常工况,并进行预警,从而替代人工巡检,减轻现场员工的劳动强度,降低人工巡检的安全风险,实现有效、可靠巡检,提升设备的本质安全管理。

智能机器人具有五大功能:

(1)图像智能识别功能,通过对识别的图像和标准状态下的图像进行对比,对异常工况进行预警,并拍照取证;

(2)火灾识别功能,利用红外频谱功能准确识别现场火源;

（3）热成像功能，利用热成像技术检测异常热源，及时识别设备和管线的跑冒滴漏现象；

（4）激光可燃气检测功能，选用高精度、高选择性、快速响应的激光可燃气检测仪器进行天然气泄漏检测；

（5）音频识别功能，实时检测远传环境噪声，后台识别，检测设备运行工况。

2. 智能调配气系统

气田共包括3个气田群、100余口生产井，各平台及各单井之间组分差异巨大，单井组分甲烷含量范围25%~81%（体积分数）。下游共有5个用户，各用户组分差异明显，且用户对于组分波动较为敏感，组分的异常波动会导致下游用户跳车，经济损失难以估量。

智能调配气系统采用两级联控的方式，即优先通过对单井或井口平台的调整，降低组分波动的幅度；组分波动气到达陆岸终端后，通过自动调整工艺流程中的调节阀和脱碳系统的处理量，最终实现销售气满足下游用户的需求。

通过上线智能调配气系统，建立全流程模型、单井供气模型、海管储气和缓冲模型、调配气控制阀流量特性曲线，并引入"大数据""智能学习"等技术，实现算法的自动优化，最终实现异常工况预警、单井气量和销售气量的优化调整、异常生产工况组分波动处理，在实现销售气量最大化的前提下，保证下游用户稳定生产，降低生产运行成本。

3. 综合管理一体化平台

综合管理一体化平台建设目标是通过工作方式、管理机制的变革和流程的优化，利用自动化、数字化和智能化等技术手段，建立一套决策系统，用于海洋油气田远程监控、生产运行和应急指挥；打破以往跨专业间封闭的工作模式，实现多专业高效协同作业和生产操作精细化管理；充分发挥各领域技术专家优势，共享系统内知识与经验；提升海上油气田自动化和数字化水平；转变现有生产运营方式，实现决策点后移；利用大数据和人工智能算法深入挖潜数据价值，为生产运营、指挥和应急响应提供数据支持，助推公司实现数字化转型。

综合管理一体化的实施将全面推动海上平台业务重构、管理流程优化、管理效率提升、管理机制变革，加快推进海上气田生产运营数字化和智能化。

## 三、智能化建设的主要成果

1. 智能化建立的典型案例——智能仓储配送体系

基于5G技术构建了海上油田需求的智能仓储配送体系。打造"智慧化仓储管理""智能化仓储作业""配送全过程可视""物资全链条洞察"的智慧物资模式，保障了货物仓库管理各个环节执行速度和准确性，合理规划和控制企业库存，实现仓储配送的智能高效管理。

（1）智慧化仓储管理。通过建设核心仓储管理体系，整合流程、规范作业，应用上下架、拣配、补货、规划等策略，优化库存计划和执行能力，提升仓库运作效率，实现有效资源最优配置，削减仓库运营成本。

（2）智能化仓储作业。仓库管理业务与自动化设备应用结合，配合RFID移动终端，实时交互、同步运作，由劳动密集型作业向系统指导、资源优化、机械化作业转变，线上移动智能作业。

（3）配送全过程可视。围绕仓配全流程，打造可视化管理模式，实现仓、配、物的流程可视，追踪流程节点，借鉴电商物流的展现形式直观展示所有状态。

（4）物资全链条洞察。建立从采购、收货、检验、上架、库内管理、拣货、包装、装车、出库到运输、送达的物资全链条，综合监管分析。

2. 其他成果

1）生产可靠性提升

（1）中控系统国产化，破堵解卡，摆脱受制于人；（2）井控盘改造，增加自动复位功能，实现远程开关能力，远程恢复生产；（3）网络安全建设，提升生产数据可靠性、安全性；（4）电动阀门，实现多个系统同时操作，提升应急能力；（5）激光可燃气探头，高精度，大范围保护，提前发现小微泄露；（6）电动油嘴，提升恢复生产速度，减少人为操作。

2）产能可靠性提高

通过一系列的自动化改造，实现了各平台产能的远程调节，各关键设备（空压机、压缩机、发电机、井口控制盘等）、海上视频信号、气象条件的运行参数全部接入生产操控中心，值班人员评估台风风力大小程度及时做出产量调整，确保向下游用户供气的可靠性。

3）安全管理提升

（1）红外视频监控，提升海面入侵识别能力；（2）电动消防炮，提升火灾应急处置能力，远程灭火；（3）巡检机器人，进行定向巡检，不留死角；（4）反恐系统，提供防入侵雷达扫描，自动声音、水炮驱赶能力激光；（5）激光甲烷探头，对高风险区域进行全覆盖，提升可燃气探测能力，高精度、大范围自动拍照追踪可疑区域。

4）设备管理提升

（1）电气监测系统：协助现场对电气设备进行管理和维修故障排查，节省大量排查时间，在电气人员减少情况下提升维修效率，成功协助电气部门排查故障，利用电气设备温湿度及电流监控系统监测现场电气设备运行工况。

（2）仪表智能管理系统，投用以来，共检测到仪表异常工作状态110余次，大部分为可燃气探头、液位计等故障报警，通过远程诊断，成功判断故障，并进行零点标定，节省运输成本和人员成本60万元。

## 复习思考题

1. 数字化/智能化在油气田开发的哪一块得到了展示？
2. 勘探开发生产中的智能化应用包括哪些？
3. 影响油田机械采油系统能源利用效率的因素有哪些？
4. 新疆油田的智能化/数字化建设的成果有哪些？
5. 长庆油气田的智能化建设应用主要包括哪些内容？
6. 海上气田的智能化建设应用有哪些内容？
7. 调研最新油田智能化应用实践案例或者技术。

# 参 考 文 献

[1] 曾顺鹏，葛继科. 油田大数据应用技术［M］. 北京：石油工业出版社，2021.
[2] 姚军，张凯，刘均荣. 智能油田开发理论及应用［M］. 北京：科学出版社，2018.
[3] 陈新发，曾颖，李清辉，等. 开启智能油田［M］. 北京：科学出版社，2013.
[4] 石玉江，王娟，程启贵，等. 数字化油藏研究理念与实践［M］. 北京：石油工业出版社，2019.
[5] 中国石油长庆油田公司. 油气田数字化管理培训教程［M］. 北京：石油工业出版社，2013.
[6] 李剑峰，肖波，肖莉，等. 智能油田［J］. 国企管理，2021（8）：16.
[7] 韩小军，郑峰，李兴华. 油田数字化向智能化转变的前景［J］. 科技风，2016（1）：6.
[8] 韩兴温. 智能油田远程管控技术的研究与应用［D］. 西安：西安石油大学，2014.
[9] 杨金华，邱茂鑫，郝宏娜，等. 智能化——油气工业发展大趋势［J］. 石油科技论坛，2016，35（6）：36-42.
[10] 吕琼莹，刘晗，王晓博，等. 国内外数字化油田发展战略与技术途径［J］. 长春理工大学学报，2011，6（10）：182-183.
[11] 匡立春，刘合，任义丽，等. 人工智能在石油勘探开发领域的应用现状与发展趋势［J］. 石油勘探与开发，2021，48（1）：1-11.
[12] 李斌，刘伟，毕永斌，等. 智慧油田建设与发展［J］. 石油科技论坛，2018，37（3）：47-52.
[13] 贾爱林，郭建林. 智能化油气田建设关键技术与认识［J］. 石油勘探与开发，2012，39（1）：118-122.
[14] 刘冠辰. 智慧油田建设与发展研究［J］. 中国管理信息化，2020，23（16）：98-99.
[15] 贾承造. 中国石油工业上游发展面临的挑战与未来科技攻关方向［J］. 石油学报，2020，41（12）：1445-1464.
[16] 耿关庆. 大庆油田智能化储运系统建设展望［J］. 油气田地面工程，2022，41（11）：12-17.
[17] 王潇. 渤海油田无人平台智能分层注水工艺研究与应用［J］. 海洋石油，2022，42（3）：50-53.
[18] 姜力. 油田物资智能共享服务平台研究与应用［J］. 信息系统工程，2022（9）：63-66.
[19] 杨树坤，郭宏峰，郝涛，等. 海上油田电控智能控水采油工具研制及性能评价［J］. 石油钻探技术，2022，50（5）：76-81.
[20] 王福全，乔泉熙. 西北油田打造智能油田新名片［J］. 中国石化，2022（8）：52-53.
[21] 刘烨. 智能无线技术在海上油田的应用［J］. 中国石油和化工标准与质量，2022，42（15）：193-195.
[22] 李军. 油田注水井智能分层测调技术的应用［J］. 化学工程与装备，2022（8）：75-76.
[23] 李志红. 智能油田综合性数据中心建设探究［J］. 中国管理信息化，2022，25（14）：119-121.

[24] 冯高城，尹彦君，马良帅，等. 海上油田智能井技术发展应用及探讨 [J]. 西南石油大学学报（自然科学版），2022，44（4）：153-164.
[25] 郭永峰. Aera 公司推出公布智能油田 6 个成功案例 [J]. 中国石油企业，2022（6）：71.
[26] 刘天宇，闫娟，冯守松，等. 长庆油田低产井智能间抽技术发展与应用 [J]. 石油科技论坛，2022，41（3）：50-57.
[27] 聂晓炜. 智能油田关键技术研究现状与发展趋势 [J]. 油气地质与采收率，2022，29（3）：68-79.
[28] 杨琳，万骏，邱庆媛. 智能油田的数据治理工程及应用技术研究 [J]. 信息系统工程，2022（5）：149-152.
[29] 张晓雪. 智能油田提高采油时率方法分析 [J]. 中国管理信息化，2022，25（10）：119-121.
[30] 李楠. 海上油田智能精细分层注水技术研究与应用 [J]. 石油和化工设备，2022，25（5）：44-47.
[31] 毕岩滨. 浅谈国内外智能油田建设现状 [J]. 中国石油和化工标准与质量，2022，42（8）：100-102.
[32] 赵孟丽. 大数据在智能油田中的应用策略 [J]. 信息系统工程，2022（3）：16-19.
[33] 沈竺霖. 油田智能视频监控系统研究 [J]. 电视技术，2022，46（3）：18-20，37.
[34] 殷亚楠. 大数据在智能油田中的应用探讨 [J]. 网络安全技术与应用，2022（3）：112-113.
[35] 杨勇. 胜利油田勘探开发大数据及人工智能技术应用进展 [J]. 油气地质与采收率，2022，29（1）：1-10.
[36] 林杨，单延武，安创锋，等. 验证与确认技术在智能油田信息化建设中的应用 [J]. 石油钻采工艺，2022，44（1）：131-138.
[37] 田永刚. 渤海某智能油田基于 Web 系统的调度管理探讨 [J]. 信息系统工程，2022（1）：40-43.
[38] 李增强. 坚持低碳发展，打造绿色智能油田 [J]. 中国环境监察，2021（12）：81-83.
[39] 孙恩斯，祖智慧. 智能油田的数据治理工程及其应用 [J]. 中国信息化，2021（11）：78-79.
[40] 陈溯. 渤海某智能油田系统架构设计与实践 [J]. 信息系统工程，2021（11）：43-46.
[41] 香明贤，李吟，辛丽丽. 智能油田的数据治理及应用技术研究 [J]. 中国管理信息化，2021，24（22）：82-83.
[42] 于佳. 胜利油田加速推进智能化建设 [J]. 中国石化，2022（8）：50-51.
[43] 李春雨，何鹏程，耿立娟，等. 智能阴极保护系统在青海油田的应用与评价 [J]. 石油化工腐蚀与防护，2022，39（6）：60-64.
[44] 陆吉，林伯韬，史璨，等. 克拉玛依油田七区砂砾岩油藏智能岩性识别 [J]. 深圳大学学报（理工版），2023，40（3）：361-369.
[45] 曹万岩，张德发，张丹丹，等. 油田站场智能化运维应用场景展望 [J]. 油气与新能源，2021，33（4）：65-68.
[46] 王梁. 油田智能化建设思路 [J]. 中国管理信息化，2021，24（10）：98-99.
[47] 刘宇闲. 建立智能化油田管理初探 [J]. 清洗世界，2021，37（5）：99-100.

[48] 章浩炯,屈胜元,代强. 智能化油田勘探系统 [J]. 山东化工, 2021, 50 (8): 153-154, 157.

[49] 罗李黎,吴东,张建河. 采油系统 4.0 在油田智能化建设中的研究与应用 [J]. 中国管理信息化, 2021, 24 (5): 87-89.

[50] 刘志忠,刘晓垒. 油田智能化建设的构想与实践 [J]. 信息系统工程, 2020 (8): 128-129.

[51] 高胜,王妍,任永良,等. 大型复杂油田注水系统优化运行关键技术与智能化展望 [J]. 东北石油大学学报, 2020, 44 (4): 91-98, 11-12.

[52] 王晓涵,任新华,吴佳欢,等. 油田地面智能化管理及运维的数据分析 [J]. 石油规划设计, 2020, 31 (3): 42-44, 48.

[53] 梁根生,常小虎,马有龙,等. 智能化油田技术研究 [J]. 山东化工, 2020, 49 (9): 142-144.

[54] 许洪东,赵大伟. 油田智能化建设的构想与实践认识 [J]. 电脑知识与技术, 2019, 15 (31): 284-285, 291.

[55] 诸葛敏. 浅析油田生产过程的智能化发展 [J]. 中国管理信息化, 2019, 22 (4): 69-70.

[56] 李忠俊,张永峰,宋波. 油田智能化建设问题分析 [J]. 电脑知识与技术, 2018, 14 (35): 228-229, 231.

[57] 朱春江,张明江. 智能化让油田开发"上天入地" [J]. 中国石油企业, 2018 (12): 76.

[58] 李锴,李江,顾清林,等. 西气东输智慧管网建设实践 [J]. 油气储运, 2021, 40 (3): 241-248.

[59] 杨斌,李岩,杨冬黎,等. 智能化油田计量自动监控系统的设计与研究 [J]. 黑龙江科学, 2015, 6 (4): 30-32.

[60] 肖璐. 基于物联网的智能化井场系统的研究与应用 [D]. 西安: 西安石油大学, 2015.

[61] 蒋其斌,樊玉新,何周. SAGD 智能化油田建设研究 [J]. 中国信息界, 2012 (8): 50-52.

[62] 李英存. 集油站优化设计智能化研究 [D]. 青岛: 中国石油大学(华东), 2009.

[63] 刘银鹏. 油气生产物联网未来发展趋势研究 [J]. 中国设备工程, 2022 (17): 256-258.

[64] 邱利瑞,徐震,王者云,等. 面向智能油气田的数字化管理体系建设与实践 [J]. 国际石油经济, 2022, 30 (7): 53-63.

[65] 聂晓炜. 智能油田关键技术研究现状与发展趋势 [J]. 油气地质与采收率, 2022, 29 (3): 68-79.

[66] 孙敏. 智能油田的数据治理工程及其应用 [J]. 中国管理信息化, 2018, 21 (6): 49-50.

[67] 王新,石宁. 油田大型注水系统智能优化运行技术解析 [J]. 石化技术, 2022, 29 (1): 200-201.